2판

CAE 엔지니어를 위한

구조해석 유한요소법

Finite Element Method for Structural Analysis

최종근 저

북스힐

PREFACE
머리말

* 2판을 내며

모든 것은 변한다. 오직 변하지 않는 것은 '모든 것은 변한다'는 사실만 변하지 않을 뿐이다. 그러므로 학문도 학문의 결과도 시간의 함수일 뿐 변한다. 유한요소법의 이론이 태동하고 정립되어 산업에 활용되기 시작한 지 50년이란 세월이 흘렀고, 이 책의 초판이 나온 지 10년이 지났다. 초판에는 유한요소법의 이론과 상용코드의 사용법을 묶어서 책을 냈었다. 그러나 상용코드라는 것이 유한요소법의 이론은 변하지 않아도 컴퓨터의 사용환경이 변함에 따라 시장에서 생존하기 위해 컴퓨터 운용방법은 스스로 빠르게 진화하는 속성을 갖고 있다. 그런 탓에 초판에 실렸던 사용법은 컴퓨터와 프로그래밍 기술이 변함에 따라 10년이 지나니 옛 것이 되어 버렸다. 더불어 책도 옛 것이 되어 버렸다.

이번에 2판을 낼 때에는 상용코드 사용법을 버리고, 유한요소 구조해석의 이론만으로 책을 다시 만들었다. 상용코드 사용법은 각 상용코드를 판매하는 회사의 매뉴얼을 보는 것이 변화에 대응하는 가장 좋은 길이기 때문이다.

150년 전에 정립된 탄성론과 재료역학이라는 학문이 그러하였듯이, 유한요소법의 이론도 앞으로 긴 시간 동안 변하거나 바뀌거나 하지 않을 것이다. 모든 상용코드가 아무리 진화를 통한 변신을 한다 해도 유한요소의 근본 이론을 바꾸지는 못할 것이다. 다만 컴퓨터의 프로그래밍 기술과 사용환경만 바뀌게 될 것이다. 그러므로 이 책도 어느 정도 긴 시간 동안 생명력을 유지할 것이다.

이 책은 탄성론과 재료역학과 구조해석의 유한요소법이 한 권의 책에 쓰인 것으로, 구조해석 기술자가 반드시 이해하여야 하는 이 세 가지 내용을 한 권에 엮은 것이다. 종국에는 모든 설계가 유한요소법의 상용코드로 이루어지므로 상용코드 사용법만 알면 된다고 생각하지 않기를 바란다. 유한요소 상용코드 해석 결과를 분석하고 평가하는 능력이 곧 엔지니어의 설계 능력이다. 그리고 탄성론과 재료역학은 그 능력을 결정짓는 초석이다. CAE 엔지니어들이 상용코드 해석결과의 현란한 색에 속지 않기를 바란다. 여러분 모두 현란한 색을 꿰뚫어 버리고, 계산된 수치의 결과값을 냉정하게 저울에 달 줄 아는 CAE 엔지니어가 되기를 희망한다.

30년 동안 유한요소법과 함께 살아왔다. 배웠고, 연구하였고, 사용하였다. 최근 5년간은 기업체에서 구조물을 직접 설계, 개발, 제작, 설치, 운전하여 그 적용성을 온몸으로 느껴보았다. 그리고서 느낀 것은 '엔지니어는 진실해야 한다'였다.

이 책은 진실한 마음으로 썼다고 생각한다. 그러나 곳곳에 많은 오탈자가 있을 수 있으며, 부족한 능력에서 비롯된 오류도 없다고 단언할 수 없다. 하지만 나는 이 책이 오랫동안 살아 숨 쉬는 생명력 있는 책이 되길 희망한다. 그리고 이 책을 통하여 단 한 사람이라도 알고 싶은 것을 알게 되는 기쁨을 누리는 사람이 있기를 희망한다.

마지막으로 이 책이 세상에 다시 태어날 수 있도록 해 주신 북스힐 조승식 사장님께 더 없는 감사를 드리며, 북스힐 편집부에 계신 모든 분들께 진심으로 감사드리고 싶다.

한국산업기술대학교 A동 313호연구실에서
2017년 8월 12일
무상 최종근

CONTENT
차 례

CHAPTER 05. 유한요소법의 응용 / 265

CHAPTER 01 CHAPTER

공학문제의 해석방법과 구조해석

1.1 자연현상을 이해한다는 것은?

우리가 자연현상을 이해하고 안다고 할 때에는 현상의 변화에 대한 예측이 가능하다는 것을 의미한다. 현상의 변화에 대한 예측도 정성적이 아닌 정량적일 때를 말하고, 언제나 재현성이 존재하여야 한다. 현상이란 여러 인자들이 조합되어 인과관계를 맺음으로써 나타나는 결과이므로 현상의 파악을 위해서는 현상을 일으키는 인자들을 추출하고, 인자들 간의 관계를 찾는 것이 우선된다. 다음으로 그들 간의 관계를 정량적으로 나타내어야 하는데, 이때 수학이라는 언어를 사용하게 된다.

현상을 지배하는 인자들을 추출하고, 인자들 간의 관계를 수학적으로 올바르게 표현하여 현상에 대한 정량적이고 재현성 있는 예측이 가능하도록 하는 것이 자연현상을 이해하려는 과학자들의 행위이다. 따라서 우리가 자연현상을 이해한다고 말할 때에는 수학적 기술(mathematical description)을 통한 정량적 이해를 원칙으로 하고 있다. 현존하는 자연현상을 정량적 이해가 아닌 정성적으로만 이해하고 있다면, 우리는 이것을 과학의 범주에 포함시키지 못하며, "우리는 아직 그 현상을 이해하지 못하고 있다."고 말한다.

결국 현상의 과학적 이해는 다음 도식과 같이 나타낼 수 있을 것이다.

누구나 알고 있는 Newton은 자연현상을 과학적으로, 즉 그림 1.1과 같이 이해하여 현상의 이해를 과학의 영역으로 정립시킨 최초의 과학자이다. 물체의 운동이라는 현상을 이해하기 위하여, 물체의 운동을 지배하는 인자들인 질량, 가속도, 그리고 힘이라는 개념(인자)을 추출하였고, 이들 간의 관계인 '힘=질량×가속도'라는 수학적 관계를 정립

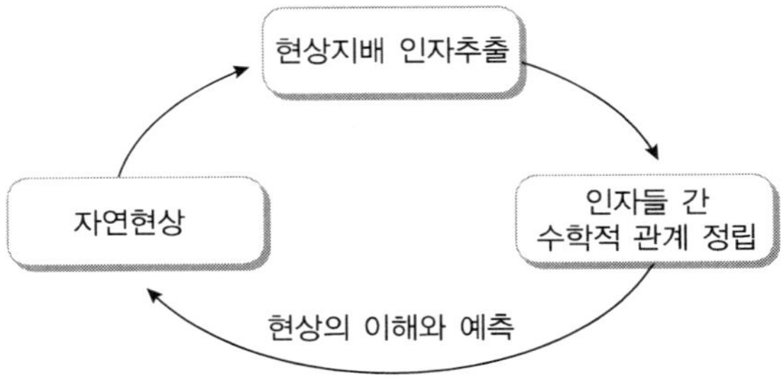

그림 1.1

하였다.

고전물리학에서 이 관계식은 언제나 성립하는 것으로 검증되어 Newton의 운동법칙이라 부르게 되었다. 따라서 물체의 운동이라는 자연현상을 이해하려고 할 때에는 이 관계식을 활용하게 된다.

또 하나의 예를 들어보자. 물체의 운동과 유사한 자연현상이지만 분명히 다른 물체의 변형이라는 자연현상을 이해하기 위하여 과학자들은 많은 노력을 하였다(물체의 운동은 질점과 강체의 개체의 운동이지만 물체의 변형은 연속체의 운동으로 이해하면 두 현상을 구별할 수 있다). 갈릴레이 갈릴레오가 1638년 최초로 인장시험과 굽힘시험을 통해 물체의 변형에 대하여 과학적으로 이해하려고 하였지만, 인자들의 추출과 관계식의 정립은 그 이후 약 150년이라는 기간을 필요로 하였고 탄성론(elasticity)이라는 학문분야로 구축되었다. 그것을 그림 1.1과 같은 과학적 이해의 도식 속에서 표현하면 그림 1.3과 같다.

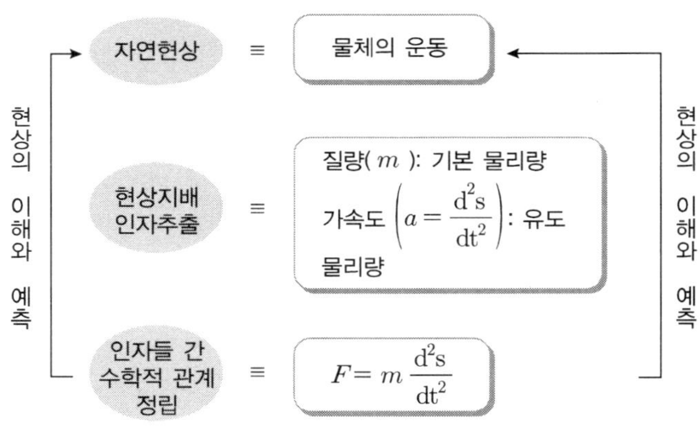

그림 1.2 물체운동의 이해(동역학 분야 태동)

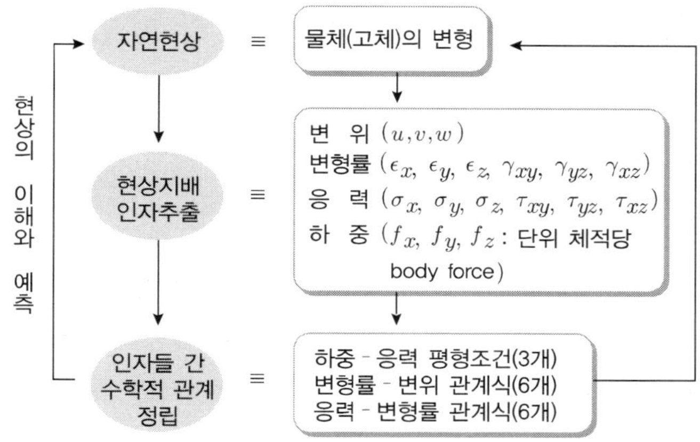

그림 1.3 물체(고체) 변형의 이해[구조해석(탄성론, 재료역학)분야 태동]

예를 한 가지 더 들어보자. 물체의 변형이라는 자연현상 속에도 물체(연속체)는 고체와 유체로 나누어진다. 그림 1.3은 물체 중 고체의 변형에 대한 과학적 이해이다. 물체 중 유체의 변형에 대한 과학적 이해를 그림 1.3과 같이 하려면 재현성과 예측에 오류가 발생하게 된다. 따라서 과학자들은 물체 중 유체의 변형에 대한 이해를 위한 새로운 인자의 추출과 관계식들을 정립하였다. 이것이 유체역학(유동해석)이라는 학문분야로 구축되었다. 이것을 과학적 이해의 도식으로 표현하면 그림 1.4와 같다.

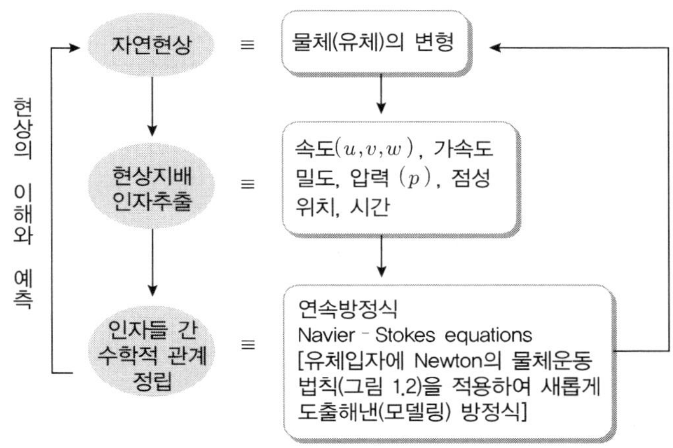

그림 1.4 물체(유체) 변형의 이해(유체역학)

1.2 자연현상의 구조와 학문의 갈래

그러면 우리 인간이 과학적으로 이해하고자 하는 자연현상은 어떤 구조를 갖고 있는지 생각해 보자. 옛날 사람들은 해양의 상태와 육지의 기상 사이에는 아무런 관계가 없다고 생각하였다. 그러나 오늘날 과학자들에겐 누구도 부정하지 않는 사실로 해양 조류와 육지 기상의 상관관계가 밀접하다는 것으로 모두에게 이해되고 있다. 이것을 확장하면 많은 과학자들에게는 자연현상이 모두 연관되어 있고 내부적으로 연동되어 있는 구조(interwoven structure)로 이해되고 있다. 도식적으로 설명하면 그림 1.5와 같은 그물모양을 생각할 수 있다.

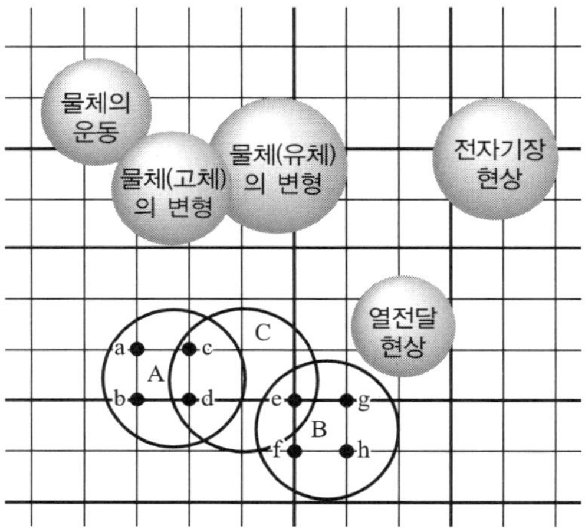

그림 1.5 자연현상의 구조와 학문의 갈래

물체 운동의 개별적 이해	⟶	$F = m\dfrac{d^2x}{dt^2}$
물체(고체) 변형의 개별적 이해	⟶	$F = kx$
물체(유체) 변형의 개별적 이해	⟶	$F = c\dfrac{dx}{dt}$

⇩

물체 변형의 통합적 이해	⟶	$F = m\dfrac{d^2x}{dt^2} + c\dfrac{dx}{dt} + kx$

그림 1.5에서 그물의 격자교점을 현상을 지배하는 인자로 생각하고, 원형경계를 현상이라 하자. 그리고 그 인자들 간의 관계를 정립하여 현상을 이해한다고 생각해 보자. A 현상과 B 현상은 관계가 없는 것처럼 보이고 A 현상의 인자는 B 현상에 영향을 미치지 않는 것처럼 생각될 수 있다.

매우 감각적으로 얘기하면, A 현상의 인자 점 a를 잡아당기면 가장 인접한 b, c, d가 많이 움직이며 A 현상을 지배한다. a, b, c, d의 관계를 찾아내어 A 현상을 이해할 수 있다. 점 a를 잡아당기면 점 h는 작게 움직이고, 인자 a와 인자 h는 관계가 없는 것으로 여겨지나 그들 관계가 무시할 수 있을 만큼 작을 뿐이지 zero 상태, 즉 완전히 없는 것이 아닌 것이다. 내재 연동구조(interwoven structure)가 그와 같은 것이다. 여기서 중요한 것은 공학적으로 무시할 수 있느냐, 무시할 수 없느냐 하는 것이다. 이는 다음 절에서 논하게 될 모델링(modeling)에서 가장 중요한 관점 중의 하나이다.

현상을 보다 통합적으로 이해한다면 추출인자를 달리하면서 통합적인 관계식의 정립이 필요하게 된다. 즉, A 현상과 B 현상을 통합적으로 이해하려는 C 현상을 과학적으로 설명하려면 포괄적인 보다 많은 인자들의 추출과 이들 사이의 관계식 정립을 새로이 요구하게 된다.

예를 들면, Newton의 물체의 운동에 대한 이해로 뉴턴의 운동법칙 $F = m\dfrac{d^2x}{dt^2}$가 정립되었고, 비슷한 시대에 Hooke에 의한 실험식인 물체(고체)의 변형에 대한 이해로 $F = kx$라는 훅의 법칙이 정립되었다. 또한 물체(유체)의 변형에 대한 이해에서 뉴턴의 점성법칙 $F = c\dfrac{dx}{dt}$가 정립되었다. 각각의 개별현상에 대한 이해에서 비롯된 인자들과 관계식들이 오늘날에는 통합적으로 이해되어 물체의 운동현상을 논할 때 $F = m\dfrac{d^2x}{dt^2} + c\dfrac{dx}{dt} + kx$와 같은 운동방정식으로 정립되어 이해되고 있다.

지금까지 논의한 각각의 자연현상들에 대한 인자들의 추출과 인자들 간의 관계식 정립은 각 자연현상에 대한 일반적인 이해방법에 관한 것이다. 예를 들어, 물체(고체)의 변형현상에 대한 과학적 이해를 위하여 인자를 추출하고, 인자들 간의 관계식(하중-응력 평형조건, 변형률-변위 관계식, 응력-변형률 관계식)을 정립하였지만 이것은 모든 물체 변형에 적용될 수 있는 일반식(generalized relations)이 되는 것이다. 물체 변형이라 하여도 눈에 보이는 모든 물체의 형상(geometry)이 다르고, 재질(material)도 다르고, 경계조건(boundary conditions)도 다르고, 주어지는 하중(loads)도 다르게 된다. 결국 일회용 종이컵의 변형현상과 유리컵의 변형현상은 똑같이 손에 힘을 주어도 변형 정도가 다르게 된다. 그 변형량을 정확하게 예측하여 현상을 이해하려면 일반식을 이용하여 각각의 경우를 풀어야 한다.

여기에서 학문의 카테고리(category)가 생기고 분야가 나누어지게 되는 것이다. 학문의 갈래는 특정한 자연현상에 대한 일반화된 인자들과 관계식이 새롭게 생길 때마다 분

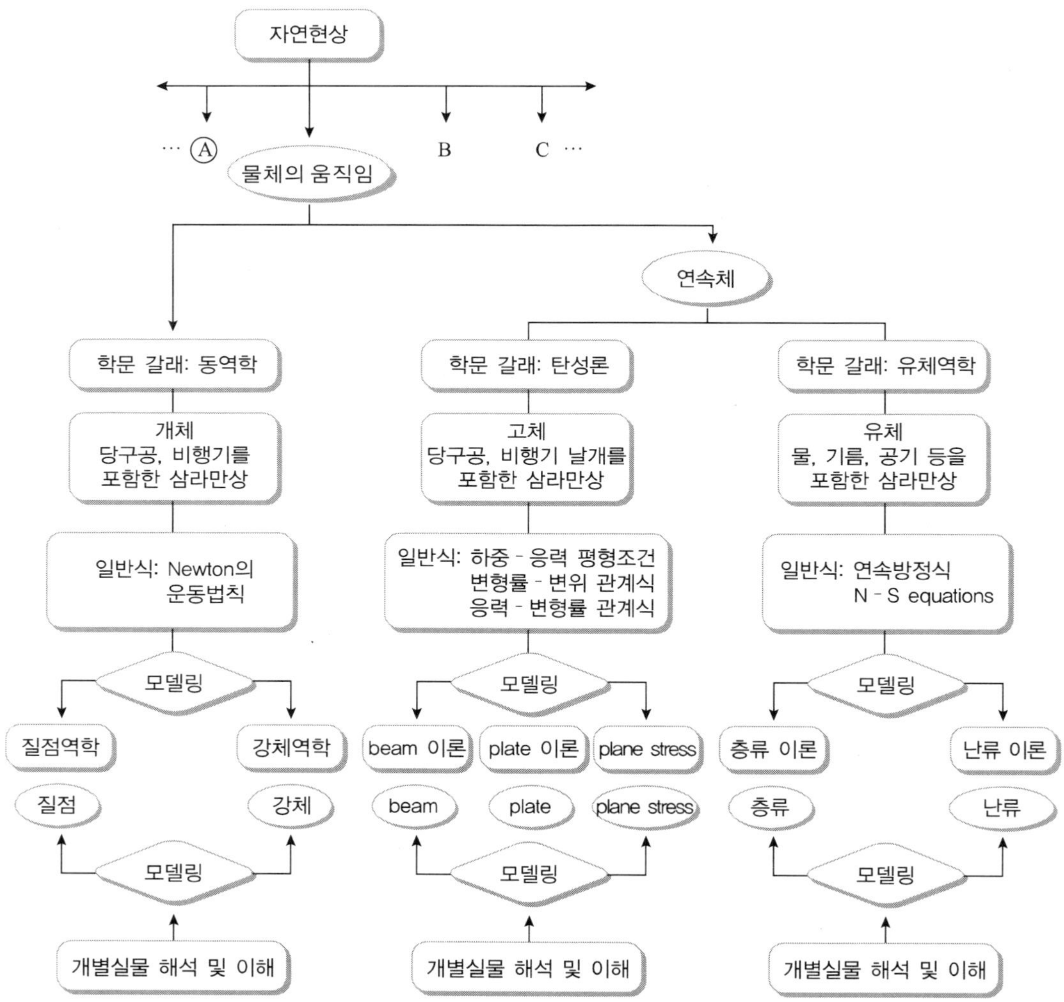

그림 1.6 자연현상의 구조와 학문의 갈래

기된다고 할 수 있다. 또한 특정한 자연현상에 대한 일반화된 인자들과 관계식을 새롭게 정립하려는 사람들을 우리는 과학자(scientist)라 할 수 있고, 이런 분야를 총칭하여 과학(science)이라 할 수 있다.

Navier(1785～1836)는 그림 1.3의 물체(고체)의 변형(탄성론)의 일반화된 관계식 정립에 기여를 하였고, 그림 1.4의 물체(유체)의 변형(유체역학)의 일반화된 관계식인 Navier – Stokes equations을 정립시킨 과학자이다. 지금은 유체역학을 전공한다, 고체역학을 전공한다고 하며 학문의 영역을 구별하지만, 과학 정립의 초창기에는 그와 같은 학문의 영역구별이 없이 자연현상 자체를 이해하려는 노력만 있었다. 우리는 이런 이들을 진정한 과학자라고 한다.

그러면 공학(engineering)은 무엇이고 공학해석(engineering analysis)은 어떻게 이루어지는가? 공학은 흔히 '응용과학'이라 말한다. 자연현상을 살펴보면 큰 카테고리로 구분하여 일반화시켜 이해할 수 있고, 다시 그 카테고리 안에서도 구체적인 작은 카테고리를 나눌 수 있으며, 보다 더 나아가 작은 카테고리 안에서 구체적인 실물(physical object)을 분석할 수가 있다. 앞에 들었던 예들을 인용하여 예를 들면, 물체의 움직임(운동과 변형)을 이해한다고 하면 물체를 개체와 연속체로 나눌 수 있고, 연속체는 다시 고체와 유체로 나눌 수 있으며, 거기에 따르는 일반화된 관계식들이 각각 존재할 수 있다. 개체도 질점과 강체로 나누어지고, 강체에서 개별실물을 따지면 당구공, 연필, 자동차, 비행기, 미사일 등 삼라만상이 모두 대상이 될 수 있다. 또한 고체의 변형에서도 개별실물을 따지면 비행기 날개에서부터 반도체칩에 이르는 삼라만상이 모두 해석대상이 된다. 유체도 마찬가지이다.

공학이란 큰 카테고리의 일반식과 작은 카테고리의 일반식을 적용하여 개별실물들의 현상을 이해하여 인간에게 유익하게 응용하고 적용하도록 하는 학문이고, 공학해석이란 개별실물들의 현상을 이해하고자 일반식들을 적용하여 해석하는 행위를 말한다. 이상의 설명은 도식적으로 표현하면 그림 1.6과 같다.

1.3 공학해석과정

앞 절에서 공학해석(engineering analysis)이란 '개별실물(physical object)들의 현상을 이해하고자 이미 도출된 일반식들을 적용하여 해석하는 행위를 말한다.'고 하였다. 그러면

이 행위는 어떤 과정을 거쳐야 완성될까? 공학해석과정은 일반적으로 모델링(modeling), 해석(analysis), 평가(evaluation)의 과정을 거치게 된다. 공학해석에서 이 세 과정은 필수적인 것이고, 이 세 과정 없이 개별실물에 대한 이해는 불가능하다고 할 수 있다. 그러면 이 세 과정을 포함한 공학해석의 전반적인 흐름을 도식화하여(flow chart) 그림 1.7에 나타내어 보고, 각각의 과정을 상세히 설명하여 보자.

1.3.1 모델링(modeling)

모델링이란 자연현상을 과학적으로 이해하기 위하여 수학적 언어로 전환하는 전 과정을 말한다. 여기에서 자연현상이란 가장 큰 카테고리에서부터 그 카테고리 내부의 작

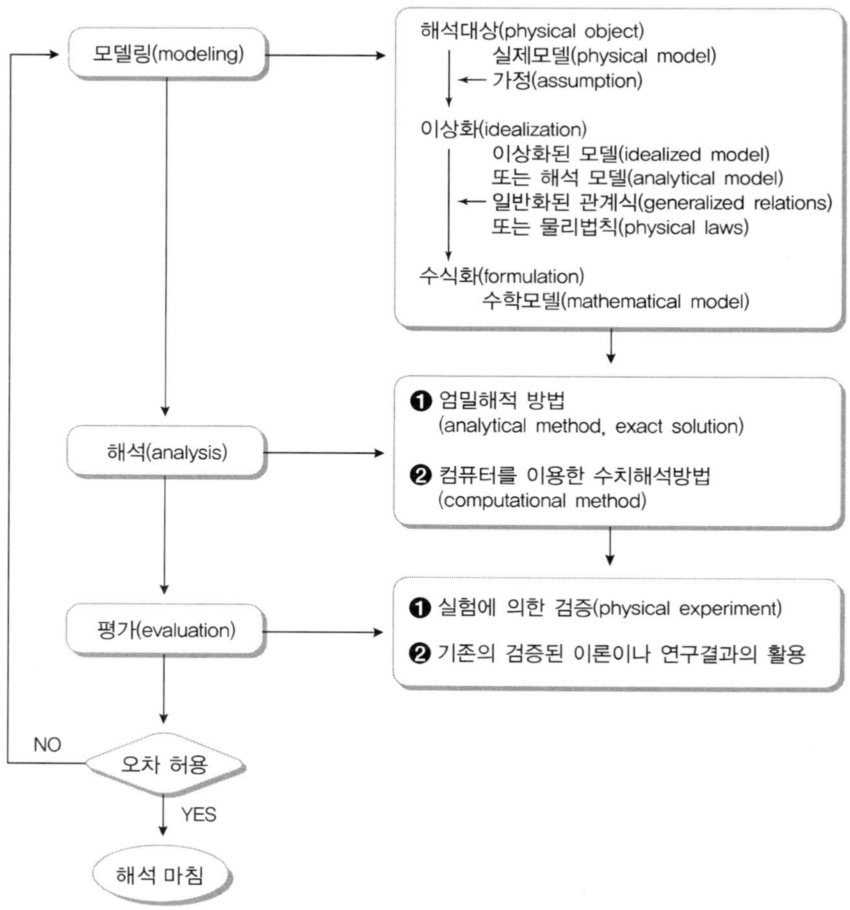

그림 1.7 공학해석과정

은 카테고리, 작은 카테고리 내부의 또 작은 카테고리를 지나 최하단의 개별실물의 현상까지를 모두 포함한다. 가장 큰 카테고리에 대한 모델링을 하여 수학적 언어로 전환하고 (1.1절에서처럼 인자추출 및 관계식 도출) 평가를 거쳐 검증이 되었다면 그것은 새로운 물리법칙으로 성립되어 '물리법칙(physical laws)'이라 통상적으로 불리게 될 것이다. 내부의 보다 작은 카테고리에 대해서도 모델링이 되어 검증된다면 역시 무슨 이론(theory)이나 방정식(equations) 등으로 불리게 된다. 카테고리 내부의 가장 작은 원소라 할 수 있는 개별실물에 대한 모델링을 할 때에는 상위의 이론이나 방정식 또는 그 상위의 물리법칙 등을 활용한다. 엄밀히 말해서 공학해석은 여기에 해당된다. 즉, 공학해석은 새로운 이론이나 방정식을 만드는 데 있는 것이 아니라 카테고리 내부에 이미 검증된 이론이나 방정식 및 물리법칙을 활용하여 최소단위의 개별실물현상을 모델링(수학적으로 표현)하여 해석하고 이해하는 것이다.

따라서 모델링이란 개념은 자연현상을 해석함에 있어 가장 큰 카테고리의 법칙이나 이론을 만드는 데서부터 가장 작은 단위의 개별실물현상을 해석하여 이해하는 데까지 모두 적용되는 광범위한 개념이 되는 것이다. 또한 현상을 이해하는 과정의 첫 단추로서 가장 중요한 과정이 되는 것이다.

1 해석대상(physical object)

해석대상이란 자연현상에서 알고자 하는 내용이 분명히 정의된 대상(object)을 말하며 실제모델(physical model)이라고도 한다. 해석대상은 자연현상의 큰 카테고리에서부터 최소단위인 개별실물의 현상에 이르기까지의 모든 것이 될 수 있다. 그러나 이 책에서는 공학해석을 다루므로 이제부터는 개별실물현상을 지칭하기로 한다.

해석대상에서 가장 중요한 것은 알고자 하는 내용(인자들)이 무엇이고, 주어진 내용(인자들)이 무엇인지 분명히 정의되어야 하는 것이다. 즉, 현상을 지배하는 인자들이 명확히 정의되어 있어야 한다는 말이다. 이것이 명확히 정의되어야 이후의 수식화 과정에서 방향이 결정되기 때문이다. 동일한 대상이라 하더라도 알고자 하는 내용이 무엇이냐에 따라 이후의 과정이 달라지고, 모델링의 결과인 수학모델(mathematical model)이 다르게 표현된다.

예를 들면, 골프공을 쳤을 때 알고자 하는 내용이 골프공의 속도인가, 골프공의 찌그러진 변형량인가에 따라 그 이후의 과정이 달라진다는 말이다. 따라서 '해석대상'이란

'알고자 하는 내용이 분명히 정의된 대상'을 말한다.

2 이상화(idealization)

이상화 과정은 해석대상에 적절한 가정을 도입하여 단순화시킨 이상화된 모델(idealized model)을 만드는 과정을 말한다. 이상화된 모델은 다른 말로 해석모델(analytical model)이라고도 하며, 수학적으로 해석하여 이해하기 위한 수학모델 전 단계의 모델이 된다. 이것은 현상을 지배하는 인자들(알고자 하는 인자들, 알고 있는 인자들) 사이의 관계식을 도출하기 쉽도록 단순화시키게 된다. 적절한 가정(assumption)이 꼭 필요하며, 도입된 가정이 얼마나 타당한가에 따라 해석 결과가 실제현상을 얼마만큼 유사하게 묘사하는지를 결정한다. 일반적으로 자유물체도(free body diagram)를 통하여 표현된다.

현상을 단순화시키기 위해 가정을 많이 도입할수록 해석이 쉽게 되겠지만, 해석 결과는 실제현상과 멀어지는 결과를 초래할 수 있다. 또한, 도입된 가정이 적으면 적을수록 이상화된 모델은 실제모델과 근사하겠지만, 수학모델이 복잡한 형태를 갖게 되어 수학적으로 풀 수 없는 경우도 발생할 수 있다. 오늘날은 일반적으로 컴퓨터를 이용한 해석이 수행되므로 수학적으로 풀 수 없는 경우가 거의 발생하지 않는다. 따라서 가능한 가정을 줄이고 실제 현상과 가깝게 묘사하여 해석하려는 경향이 있다. 그러나 계산비용, 결과의 유용성 및 계산시간 등을 고려하여 적절하게 가정하여 이상화된 모델을 만드는 것은 CAE에서도 필요하다.

3 수식화(formulation)

수식화 과정은 해석모델(이상화된 모델)에 관계되는 물리법칙 또는 이론 및 관계식들을 적용하여 현상을 지배하는 인자들 사이의 관계식을 도출하고 수학모델(mathematical model)을 만드는 과정을 말한다. 일반적으로 수학모델은 미분방정식 형태로 표현되지만 특수한 경우의 문제들은 대수함수 관계식으로 표현할 수 있다.

자연현상에서 개별실물현상들의 수학모델을 얻는 것은 쉬운 일이 아니며, 수학모델을 엄밀해적 방법으로 해석하는 것도 쉬운 일이 아니다. 대부분의 공학서적에 기술되어 있는 각 분야별 해석 내용들은 엄밀해적 방법으로 해석 가능한 전형적인 문제들에 국한되어 있다. 그리고 그 문제들 또한 그 카테고리를 지배하는 이론이나 방정식을 곧바로 적용하기만 하면 수식화되고, 풀릴 수 있는 것들이 공학서적에 있는 대상들이다. 이 말은 공학서적에 있는 문제들을 모두 이해하였다고 해서 그 분야의 개별실물현상들을 모두 해석할 수 있다고 생각하는 것은 잘못이다.

왜냐하면 개별실물현상이 공학서적에 정리되어 있는 최소단위의 카테고리를 조금만 벗어나게 되면 모델링부터 다시 해야 하기 때문이다. 이런 이유로 모델링 능력이 공학해석 능력이 된다고도 말할 수 있게 된다.

1.3.2 해석(analysis)

해석이란 미분방정식 형태나 대수함수 형태로 표현된 수학모델을 풀어서 알고자 하는 인자의 값을 영역(domain) 내에서 정량적으로 밝혀내는 과정을 말한다. 우리가 흔히 손으로 푼다고 하는 엄밀해적 방법(analytical method)과 컴퓨터를 이용한 수치해석적 근사해법(numerical method) 두 가지가 있다.

1.3.3 평가(evaluation)

모델링과 해석을 통하여 자연현상이 해석되면, 그 해석 결과가 실제 현상을 잘 묘사하고 있는지 여부를 검토하는 평가(evaluation) 단계가 필요하다. 자연현상을 앞에서 큰 카테고리에서 내부의 작은 카테고리, 또 내부의 작은 카테고리로 계속 가다가 마지막으로 구체적인 개별실물현상까지로 그림 1.8과 같이 계층적으로 생각할 수 있다고 하였다.

어떤 카테고리의 현상을 해석하여 평가를 마쳐 검증이 되면, 그 수학모델은 그 카테고리를 지배하는 이론으로 불리게 된다. 하위 카테고리는 모델링할 때 적용하는 물리법칙이나 관계식들로 상위 카테고리의 것들을 사용하게 된다. 상위 카테고리의 이론을 적용하여 하위 카테고리를 모델링하고 해석하면 그 결과를 평가(evaluation)하여야 한다. 이때의 평가는 매우 철저히 이루어져야 한다. 왜냐하면 이 결과가 그 카테고리를 지배하는 새로운 이론이 되고 그 카테고리 내부의 보다 작은 카테고리나 개별실물현상을 해석할 때 사용되는 기본 관계식이 되기 때문이다.

일반적으로 평가방법은 실험을 많이 택하고, 기존의 검증된 이론이나 연구 결과를 활용하기도 한다. 평가를 통하여 해석 결과가 실험 결과와 많은 차이를 보일 때는 모델링과 해석 단계를 다시 살펴보아야 한다. 이상화 과정에서 가정은 올바르게 하였는지, 수

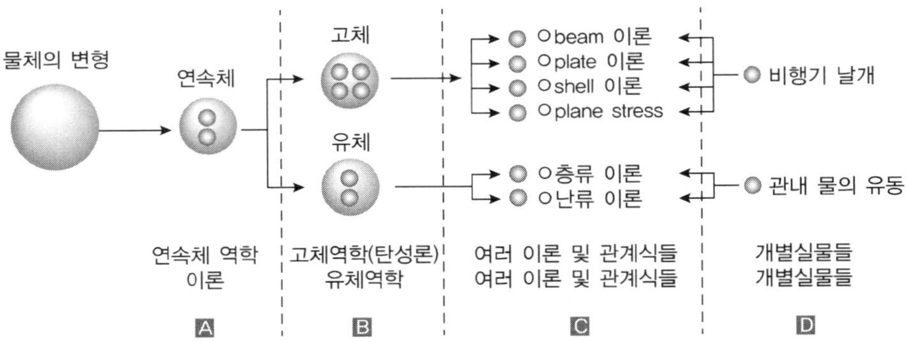

그림 1.8 자연현상 카테고리의 계층적 구조와 모델링, 해석, 평가 검증된 이론 관계

식화 과정에서 물리법칙은 적절하게 적용되었는지, 해석은 제대로 하였는지 등을 검토하여야 한다. 물론, 실험은 제대로 하였다는 전제하에 이와 같은 재검토가 이루어지는데, 모델링에서 오류가 발생하는 경우가 대부분이기 때문에 자연현상 과정에서 모델링이 가장 중요한 단계라고 하는 것이다.

예를 들어 보자. 그림 1.8에서 '비행기 날개'라는 개별실물을 해석하고자 할 때 모델링 단계에서 beam 이론을 적용할지 plate 이론을 적용할지 plane stress & strain 이론을 적용할지를 결정한다. 결정된 후 해석을 통하여 결과를 얻으면 실험결과와 비교하여 평가(evaluation)를 하게 된다. 평가를 통하여 오차가 허용한 수준을 벗어나면 모델링을 다시하며, 이때 다른 이론을 적용하게 된다. 결과 오차가 허용할 만하면 앞으로는 '비행기 날개'를 해석할 때에는 그 이론을 적용하게 되고 그때부터는 특별히 복잡한 평가절차를 거치지 않고 그 결과를 수용하게 된다. 또 비행기 날개와 유사한 개별실물을 해석할 때에도 그 이론을 적용하고 결과 평가를 생략하는 경우도 가능하다. 즉 개별실물에 대한 공학해석에서는 이미 검증된 이론을 사용할 경우, 평가절차를 간략히 하는 경우도 많다. 특히, 이 책에서 다루고자 하는 구조해석 분야의 FEM은 이미 검증이 충분히 되어 있어 평가를 생략하는 경우가 대부분이다.

1.4 FEM(Finite Element Method)을 이용한 공학해석과정

지금까지 앞에서 논의한 내용들은 자연현상의 큰 카테고리에서 개별실물현상에 이르기까지 과학적 해석방법의 일반론을 설명한 것이다. 1960년 Clough에 의해 FEM(Finite

Element Method)이라는 컴퓨터를 이용한 공학해석방법의 명칭이 나오기 전까지는 대다수 학자들이나 엔지니어들은 앞에서의 방법으로 현상들을 해석하였다. 엄밀히 말해 공학해석의 목적은 개별실물들에 대한 해석에 있다. 그리고 FEM은 형상(geometry), 재질(materials), 하중(loads)과 경계조건(boundary conditions)이 결정된 개별실물들에 대한 컴퓨터를 이용한 해석방법이므로 1960년 이후부터는 대부분의 공학해석은 FEM을 이용하게 되었다. 근 50년 넘게 FEM이 발전을 거듭하여 이제는 모든 공학분야에서 보편적으로 활용되고 있는 실정이다. 이 책은 FEM의 활용에 관해 사용자들이 그 이론과 체계를 이해하도록 하는 목적으로 쓰여지고 있다. FEM의 구체적인 내용은 이후에 상세히 논할 예정이다. 여기에서는 공학해석과정으로서의 FEM에 관해 기술하여 독자들로 하여금 숲

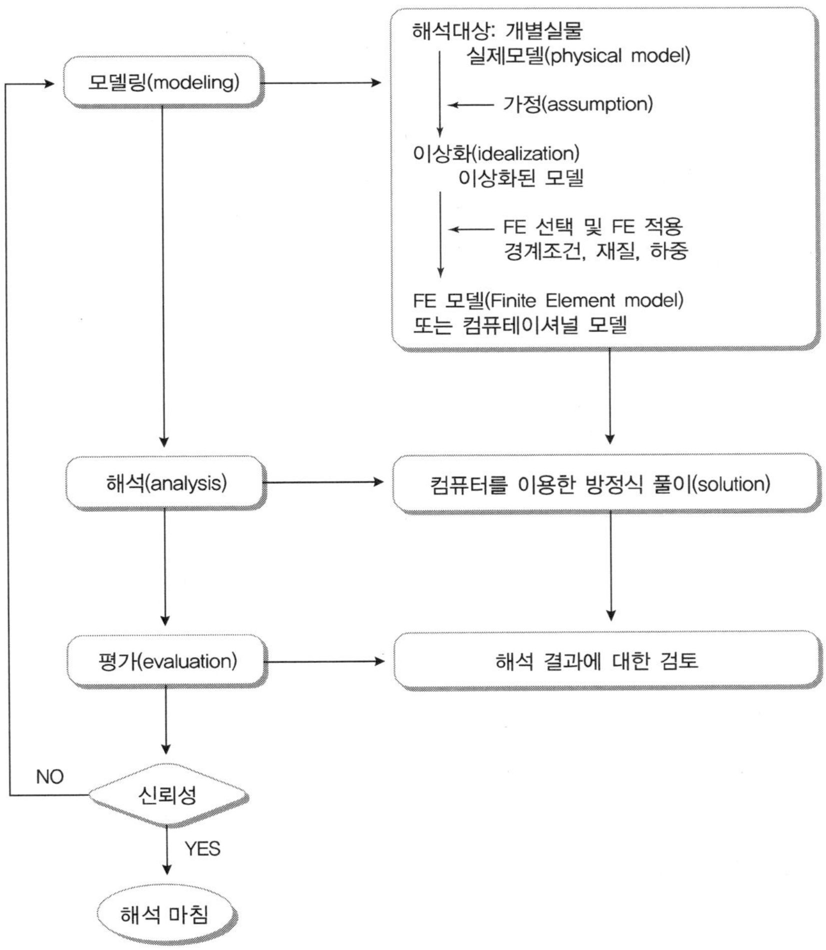

그림 1.9 FEM을 이용한 공학해석과정(finite element analysis 과정)

전체의 모양을 이해시키고자 한다. FEM을 이용한 공학해석과정을 도식화하면 그림 1.9와 같다. 물론 FEM 해석도 공학해석이므로 모델링, 해석, 평가의 기본 과정은 동일하다. 다만 모델링의 방법과 해석, 평가의 방법이 약간 다를 뿐이다.

1.4.1 모델링(modeling for FE)

FEM을 이용한 공학해석과정에서 모델링이란 유한요소 모델(Finite Element Model)을 얻는 것을 말한다. 이것은 FE 모델이라고도 하며 또 컴퓨테이셔널 모델이라고도 불린다. FE 모델링의 과정은 해석대상, 이상화, FE 모델의 단계를 가지며 공학해석의 일반적인 모델링 과정과 다른 점은 이상화된 모델에 물리법칙이나 관계식을 적용하는 대신 이미 검증된 유한요소(FE)를 적용한다는 것이다. 비교하여 설명하면 다음 그림 1.10과 같다.

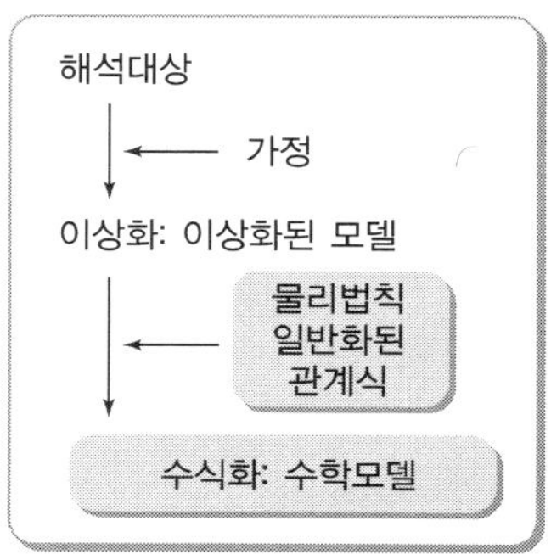

(a) 수학적 모델링

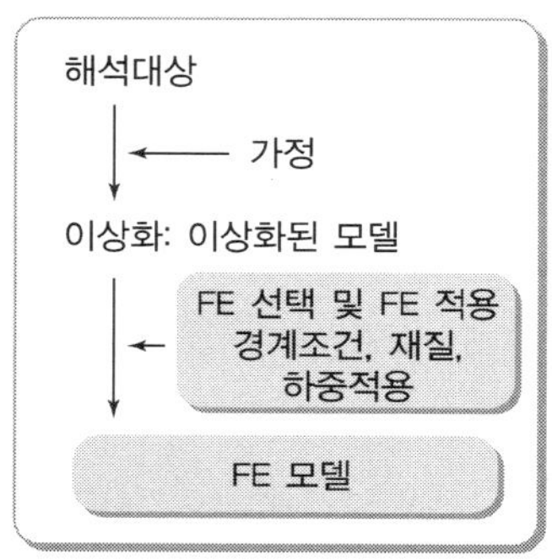

(b) 유한요소를 이용한 모델링

그림 1.10

1 해석대상

여기에서 해석대상은 개별실물들에 한정된다. 모든 개별실물들은 형상, 재질, 경계조건, 하중 네 가지의 조합으로 이루어져 있다. FE 모델링에서는 해석대상의 형상, 재질, 경계조건, 하중을 파악하는 것이 중요하다. 해석대상에 적절한 가정을 하여 형상, 재질, 경계조건, 하중을 결정하면 이상화된다.

❷ 이상화된 모델

해석대상에 적절한 가정을 하여 형상, 재질, 경계조건, 하중을 분명하게 결정하면 이상화된 모델을 얻게 된다. 이상화된 적절한 유한요소(finite element)를 선택하여 적용하고, 경계조건, 재질, 하중을 적용하면 FE 모델이 완성된다.

❸ FE 모델

이상화된 모델의 형상에 선택한 요소와 경계조건, 재질, 하중을 적용하면 FE 모델이라 한다. 유한요소 모델 또는 컴퓨테이셔널 모델이라고도 불린다. FE 모델까지 만들면 모델링은 끝나고 해석과 평가의 과정이 남게 된다. FE 모델은 수학모델과 달리 이미 컴퓨터에 수치해법으로 풀 수 있도록 프로그래밍되어 있는 유한요소(finite element)를 적용하는 것이므로 이후의 해석과정은 매우 단순하다.

1.4.2 해석(analysis: solution)

FE 모델의 해석과정은 컴퓨터상에서 명령어 하나로 처리가 되는 아주 간단한 과정이다. 실제로 프로그램 내부는 복잡한 과정을 거친 방정식 풀이가 진행되지만 외부에서는 단순한 명령어 하나로 처리된다는 뜻이다.

1.4.3 평가(evaluation)

1.3절에서 개별실물에 대한 공학해석에서는 이미 검증된 이론을 사용할 경우 평가절차를 간략히 하는 경우가 많다고 하였다. 특히, FE 모델은 이미 검증된 FE(Finite Element)를 사용하므로 FE 모델링에서 이상화 과정과 요소 선택 및 적용을 올바르게 하였다면 복잡한 평가절차(실험이나 기타 이론 활용에 의한)를 생략하는 경우가 대부분이다.

1.5 구조해석의 배경

1.5.1 구조해석이란?

자연현상 중에서 '물체의 변형' 그중에서도 '고체의 변형'에 대한 과학적 이해를 위한 해석을 '구조해석'이라 한다. 고체의 변형에 대한 이해는 인간이 지구상에서 세운 가장 큰 건설 토목 구조물에서부터 일상생활에 사용되는 휴대폰에 내장된 작은 반도체 칩에 이르기까지 쉽게 파손되지 않도록 설계하는 관점에서 가장 중요한 공학해석 분야에 해당된다. 그런 이유로 과학의 시작이 물체운동의 이해(Newton의 운동법칙)와 고체 변형의 이해(Galileo's problem)에서 비롯되었다고 해도 과언이 아니다. 이 둘은 동시대에 비롯되었지만 물체운동의 이해는 당시 Newton에 의해 정립되었다. 그러나 고체 변형의 이해는 Galileo's problem(1638년) 이후로 약 150년간 많은 과학자들의 노력이 더 필요하였다. 그만큼 '고체 변형의 이해'는 새로운 개념과 인자들의 도출 및 그들 간의 일반화된 관계식의 정립이 쉽지 않았다는 것을 반증하는 것이고, 약 150년간의 '고체 변형'에 관한 연구 속에 여러 새로운 분야의 학문이 파생되었다. 또한 이 책의 핵심 내용인 FEM(유한요소법)에 관한 연구의 시작도 '고체의 변형'에 관한 컴퓨터를 이용한 해석방법의 연구에서 비롯되었다. 구조해석은 결과적으로 공학분야 패러다임 변화의 시작 역할을 많이 한 셈이다.

구조해석은 17세기에 시작되어 18세기를 거쳐 19세기에 완성된 학문분야이다. 근 200년을 거치는 과정에서 '탄성론'이라는 일반론적인 분야와, 보다 실용적으로 현장 엔지니어들에게 적용성이 높도록 꾸며진 '재료역학(고체역학)'이라는 분야로 정립되었다. 20세기 중반 컴퓨터가 등장하기 전까지는 모든 '고체의 변형'에 관한 문제는 이 두 분야에서 제공하는 해석방법으로 이해하고 설계에 응용되었다. 1950년대에 컴퓨터가 등장하자 컴퓨터를 이용하여 방정식을 풀면서 '고체의 변형'을 해석하려는 연구방법이 시작되었는데, 바로 유한요소법(Finite Element Method)의 시작이었다. 지금은 거의 모든 산업현장이나 연구소에서 '고체의 변형'에 대한 해석으로 '유한요소법'을 활용하고 있다. 따라서 '구조해석'은 '탄성론', '재료역학', '유한요소법'에 대한 전반적인 이해를 필요로 한다. 특히, 유한요소법은 탄성론과 재료역학의 기본적인 이해가 중요하다.

1.5.2 탄성론과 유한요소법의 배경

고체의 파손에 관한 문제를 최초로 제기한 과학자는 Galileo이다. 1638년 여러 분야에 걸친 그의 개인적인 연구들이 집대성된 “Two New Sciences”가 출판되었는데, 여기에 외팔보가 외력을 받을 때 파손저항력의 분포에 관한 검토가 실려 있었다. 이것은 특히 “Galileo's problem”으로 알려졌고, 그 이후 ‘고체의 변형’을 이해하려는 과학자들이 지향했던 연구의 방향을 제시한 문제였다.

1678년 Robert Hooke는 그의 논문에서 탄성체에서의 힘과 변위의 비례관계를 그의 이름을 본떠 “Hooks's Law”라 발표하였다. “The power of any spring is in the proportion with the tension thereof: 스프링의 힘은 늘어난 양에 비례한다.”는 이 법칙은 실험에 의해 얻어진 것으로 탄성론의 수학적 이론의 기초를 이루게 되었으며, 오늘날 유한요소법 수식화 과정에서도 중요하게 활용되는 유용한 법칙이다.

탄성론의 일반화된 미분방정식을 처음으로 유도한 과학자는 1821년 Navier이다. 1678년 Hooke의 법칙 발견과 1821년 Navier에 의한 탄성론의 일반화된 미분방정식 도출과의 사이에는 우리가 익히 들어왔던 Bernoulli, Euler, Lagrange, Coulomb, Thomas Young 등의 학자들이 주로 Galileo's problem과 bar, plate의 진동문제 및 기둥의 좌굴문제에 관심을 쏟고 있었다. 그러나 이때까지의 근 150년간 소요된 모든 연구의 결실은 -Beam과 Plate의 굽힘에 관한 부적절한 이론과 오류투성이의 비틀림 이론, bar와 plate의 증명되지 않은 진동 이론, 그리고 Young's modulus의 정의-로 요약될 수 있는 것들이었다.

실제로 오늘날의 응력(stress) 개념을 창안하여 탄성론에 도입한 사람은 1822년 Cauchy였다. 그는 탄성체의 입자 사이에 힘들이 작용한다 하여 유도된 Navier의 탄성론 기본 구성방정식을 흥미롭게 검토한 뒤 면에 수직하게 압력형태로 힘들이 작용(이것이 응력의 개념)한다고 하여 응력의 평형미분방정식과 변형률-변위 관계식을 제시하였고, 6개의 응력 성분과 6개의 변형률 성분을 맺어주는 응력-변형률 관계식을 다음과 같이 제시하였다.

$$\begin{aligned}
&\frac{\partial \sigma_x}{\partial x} + \frac{\partial \tau_{yx}}{\partial y} + \frac{\partial \tau_{zx}}{\partial z} + X = 0 \\
&\frac{\partial \tau_{xy}}{\partial x} + \frac{\partial \sigma_y}{\partial y} + \frac{\partial \tau_{zy}}{\partial z} + Y = 0 \\
&\frac{\partial \tau_{xz}}{\partial x} + \frac{\partial \tau_{yz}}{\partial y} + \frac{\partial \sigma_z}{\partial z} + Z = 0
\end{aligned} \tag{1.1}$$

$$\begin{aligned}
&\epsilon_x = \frac{\partial u}{\partial x},\ \epsilon_y = \frac{\partial v}{\partial y},\ \epsilon_z = \frac{\partial w}{\partial z} \\
&\gamma_{xy} = \frac{\partial u}{\partial y} + \frac{\partial v}{\partial x} \\
&\gamma_{yz} = \frac{\partial v}{\partial z} + \frac{\partial w}{\partial y} \\
&\gamma_{xz} = \frac{\partial w}{\partial x} + \frac{\partial u}{\partial z}
\end{aligned} \tag{1.2}$$

$$\begin{aligned}
&\sigma_x = k\epsilon_x + K\theta,\ \sigma_y = k\epsilon_y + K\theta,\ \sigma_z = k\epsilon_z + K\theta \\
&\tau_{xy} = \frac{k}{2}\gamma_{xy},\ \tau_{xz} = \frac{k}{2}\gamma_{xz},\ \tau_{yz} = \frac{k}{2}\gamma_{yz}
\end{aligned} \tag{1.3}$$

다음으로 19세기 중반에 논란이 되었던 것이 재료의 탄성계수에 관한 것이다. Navier는 등방성 재료에서 탄성상수(elastic constant)를 1개로 생각하여 기본 구성방정식을 기술하였고, Cauchy는 2개[식 (1.3)에서 k, K]를 생각하여 응력-변형률 관계식을 기술하였다. 또한 비등방성 재료에서는(nonisotropic materials) 36개의 탄성상수가 기본 구성방정식을 통하여 기술되지만, Cauchy와 Poisson은 일반적인 경우 15개로 줄일 수 있음을 보여주었다. 이와 같은 맥락으로 Poisson은 등방성 봉의 횡방향 수축과 종방향 인장의 비(이것을 'Poisson's ratio: 푸아송비'라 부름)가 이론적으로 ¼, 즉 0.25가 되어야 한다고 주장하였다. 모든 등방성 재질에서 푸아송비가 0.25의 단일값을 갖게 되면 재료상수(탄성상수)는 종탄성계수(E) 1개의 값만 필요하게 되는 것이다. 이 시대의 과학자 Navier, Cauchy, Poisson, Lame', Clapeyron 등은 모두 이 주장에 동의하여 등방성 재료에는 1개의 재료상수, 비등방성 재료는 15개의 재료상수가 필요하다고 생각하였다.

그러나 이런 패러다임에 큰 변화를 일으킨 사람이 George Green(1793~1841)이었다. 그는 앞선 과학자들과 달리 탄성체가 분자구조의 집합체라는 가설을 사용하지 않고 오직 에너지보존법칙에 따라야 하는 것으로 하여 방정식을 기술하였다. 이 경우에 비등방성 재료에서 21개의 탄성상수, 등방성 재료에서는 2개의 탄성상수(재료상수)를 필요로

함을 밝히게 되었다. 이제 Navier와 Cauchy의 주장을 따르는 학자들과 Green의 주장을 따르는 학자들로 나뉘게 되었는데, 사실을 검증하기 위한 실험들이 함께 이루어졌다. Wertheim(1815～1861), Kupffer(1799～1865), Neumann(1798～1895), Kirchhoff(1824～1887)는 이 실험의 공로자들이다.

Neumann은 거울을 이용하여 사각단면봉의 굽힘 중에 단면이 직사각에서 사다리꼴로 변형되며, 이에 따른 상대적인 회전각으로 푸아송비를 측정하였다. Kirchhoff는 Neumann의 제자였는데 Neumann과 같이 광학거울을 이용하여 steel에서 푸아송비가 0.294, brass에서 푸아송비가 0.387이 됨을 1859년에 밝혀냈다. 이에 따라 재료상수에 대한 논란은 종결되었고 탄성론에서 George Green이 제안한 비등방성 재료에서 21개의 재료상수, 등방성 재료에서 2개의 재료상수로 표현되는 식 (1.4) 응력-변형률 관계식이 오늘날 지배적으로 사용되게 되었다.

즉, 오늘날 탄성론의 기본 구성방정식은 식 (1.1), (1.2), (1.4)가 되는 것이다.

$$\begin{aligned} \epsilon_x &= \frac{1}{E}\left[\sigma_x - \nu(\sigma_y + \sigma_z)\right] \\ \epsilon_y &= \frac{1}{E}\left[\sigma_y - \nu(\sigma_x + \sigma_z)\right] \\ \epsilon_z &= \frac{1}{E}\left[\sigma_z - \nu(\sigma_x + \sigma_y)\right] \end{aligned} \tag{1.4}$$

$$\gamma_{xy} = \frac{\tau_{xy}}{G}, \ \gamma_{yz} = \frac{\tau_{yz}}{G}, \ \gamma_{zx} = \frac{\tau_{zx}}{G}$$

여기서, $G = \dfrac{E}{2(1+\nu)}$

19세기 말에는 오늘날 사용되는 탄성론 이론이 거의 완성되었고, 이 시기의 학자들로 Castigliano(1847～1884), Rayleigh 등을 들 수 있다. 이들은 복잡한 미분방정식을 직접 풀지 않고 에너지를 이용하여 해를 얻을 수 있는 에너지법에 관한 방법들을 제시하였다.

특히 Rayleigh는 근사적인 방법을 이용하여 복잡한 문제들의 많은 해를 제시해 보였고, 이것이 Rayleigh-Ritz Method라 하여 오늘날 유한요소법의 근간이 되었다. Rayleigh-Ritz Method는 1870년 Rayleigh에 의해 Vibration 문제의 연구로 시작되었는데, 1909년 Ritz는 근사함수장(approximating field)을 도입함으로써 이 방법을 일반화시켰다. Ritz는 평형문제(equilibrium problem)와 고유치 문제(eigenvalue problem)에 이 방법을 적용하였는데, 이때의 평형문제에 적용한 방법이 오늘날 구조해석 유한요소법 정식화 방법의 모태가 되었다.

20세기 초에는 주로 2차원 평면문제, plate & hell 문제, stability 등에 관한 많은 연구가 있었고, 산업의 발전과 함께 많은 과학자들이 앞서 이루어 놓았던 탄성론에 기초하여 실제적인 문제들에 적용하는 연구가 많이 이루어졌다. 특히, 자동차, 철도, 프로펠러, 항공기, 선박 등의 등장으로 beam이나 plate의 해석방법이 중요시되었다. 하지만 탄성론이나 재료역학적인 순수한 해석적 방법으로만 모든 구조물들을 해석한다는 것은 어려운 문제이므로 유한요소법의 전신인 강성행렬 방정식을 구성하여 근사적으로 해석하는 매트릭스 구조해석법이 나오게 되었다. 그러나 수백 개의 자유도를 갖는 연립방정식을 직접 손으로 푼다는 것은 당시로선 불가능하여 이 방법은 활용되지 못하였다.

1950년대에는 컴퓨터의 등장과 함께 항공기는 프로펠러 추진에서 제트 추진으로 변화를 시도하였고, 날개 또한 수평익에서 후퇴익으로 바뀌게 되었다. 따라서 제트 추진과 후퇴익에 대한 구조해석이 필요하게 되었다. 보잉사(Boeing Airplane company)의 Turner는 1953년 최초로 오늘날 유한요소법의 삼각형 평면응력 요소와 컴퓨터를 이용하여 항공기의 날개를 해석하였다. 이 당시는 자유도 100개 정도의 문제가 큰 문제에 해당되었는데, 이와 유사한 문제가 영국에서 Argyris에 의해 수행되었으며, 이것들이 유한요소법의 출발점이었다.

실제로 "Finite Element Method(유한요소법)"라는 이름이 처음으로 붙여진 것은 1960년 Clough에 의해서였다. 이와 때를 같이하여 응력해석을 위한 새로운 요소들이 개발되었고 많은 연구자들이 이 분야를 집중연구하게 되었다. 1965년에는 구조해석 이외에 열전도 문제, 유동해석 문제 등에 관한 논문도 나오게 되었다. 1970년대 초에는 NASTRAN, ANSYS와 같은 상용 유한요소 프로그램이 출현하게 되었으며, 구조해석 문제는 거의 완전하게 해결된 상태였다.

이와 같이 탄성론의 태동에서 유한요소법의 완성에 이르기까지 구조해석의 배경을 살펴보았는데, Galileo가 외팔보의 문제를 최초로 제기한 이래 300년 가까이 학자들의 연구대상이었던 구조해석 문제가 컴퓨터와 유한요소법의 만남으로 불과 30년 만에 완전히 해결된 것이다. 그러나 Galileo, Euler, Hooke, Navier, Cauchy, Poisson, Green, Rayleigh, … 등의 수많은 학자들의 연구가 밑거름이 되지 않았다면 오늘날 유한요소법의 발달과 성과는 불가능한 것이었음을 다시 한 번 되새겨 보며 탄성론과 유한요소법의 배경을 간략히 마친다.

CHAPTER 02 CHAPTER

탄성론

2.1 탄성론 개요

2.1.1 탄성론이란 무엇인가?

"탄성론은 주어진 탄성체 재료(materials)의 형상(geometry), 하중조건(loads) 및 경계조건(boundary condition) 상태에서 탄성체의 변형거동을 평형(equilibrium), 응력(stress), 변형률(strain), 변위(displacement)의 개념을 도입하여 수학적으로 표현하고 해석하여 탄성체의 변형 정도를 응력, 변형률, 변위의 값으로 나타내고 탄성체 내부의 위치의 함수로 일반화시켜 파악하는 학문이다."

위의 명확한 정의(definition)에서 알 수 있듯이 탄성체의 변형이라는 '변형(deformation)'은 매우 정성적인 단어이고 개념이다. 이 현상을 지배하는 인자와 개념을 정량적인 것으로 새롭게 추출하여야 하였고 그것이 응력(stress), 변형률(strain), 변위(displacement)였다. 여기에서 '변위'만 하여도 1차적인 감각으로 파악되지만 응력과 변형률은 2차적인 개념이다. 이 새로운 개념을 추출하고 이들 사이의 일반화된 관계식을 도출하는 과정이 탄성론 정립의 과정이었다고 1.5.2절에서 설명하였다.

2.1.2 탄성론의 일반화된 관계식(기본 구성방정식)

1 하중-응력 평형조건(평형방정식)

$$\frac{\partial \sigma_x}{\partial x} + \frac{\partial \tau_{yx}}{\partial y} + \frac{\partial \tau_{zx}}{\partial z} + X = 0$$
$$\frac{\partial \tau_{xy}}{\partial x} + \frac{\partial \sigma_y}{\partial y} + \frac{\partial \tau_{zy}}{\partial z} + Y = 0 \qquad (2.1)$$
$$\frac{\partial \tau_{xz}}{\partial x} + \frac{\partial \tau_{yz}}{\partial y} + \frac{\partial \sigma_z}{\partial z} + Z = 0$$

2 변형률-변위 관계식(변형의 적합조건)

$$\epsilon_x = \frac{\partial u}{\partial x},\ \epsilon_y = \frac{\partial v}{\partial y},\ \epsilon_z = \frac{\partial w}{\partial z}$$
$$\gamma_{xy} = \frac{\partial u}{\partial y} + \frac{\partial v}{\partial x}$$
$$\gamma_{yz} = \frac{\partial v}{\partial z} + \frac{\partial w}{\partial y} \qquad (2.2)$$
$$\gamma_{xz} = \frac{\partial w}{\partial x} + \frac{\partial u}{\partial z}$$

3 응력-변형률 관계식

$$\epsilon_x = \frac{1}{E}\left[\sigma_x - \nu(\sigma_y + \sigma_z)\right]$$
$$\epsilon_y = \frac{1}{E}\left[\sigma_y - \nu(\sigma_x + \sigma_z)\right]$$
$$\epsilon_z = \frac{1}{E}\left[\sigma_z - \nu(\sigma_x + \sigma_y)\right] \qquad (2.3)$$
$$\gamma_{xy} = \frac{\tau_{xy}}{G},\ \gamma_{yz} = \frac{\tau_{yz}}{G},\ \gamma_{zx} = \frac{\tau_{zx}}{G}$$

탄성론을 구성하는 일반화된 관계식은 식 (2.1), (2.2), (2.3)에서 보듯이 하중-응력 평형방정식 3개, 변형률-변위 관계식 6개, 응력-변형률 관계식 6개로, 총 15개이다. 탄성론은 고체의 변형에 대한 것인데 '변형'을 과학적으로 이해하기 위한 인자가 응력, 변형률, 변위이다. 결국 탄성론의 기본 구성방정식은 이 인자들 간의 관계식인 것이다. 이 인자들을 알면 변형(deformation)을 정량적으로 알게 되는 것이다. 그러면 이 인자들은 몇 개인가?

응력, 변형률, 변위의 3개의 개념이지만 각각의 성분이 있어서 응력에 σ_x, σ_y,

σ_z, σ_{xy}, σ_{yz}, σ_{zx}로 6개, 변형률에 ϵ_x, ϵ_y, ϵ_z, ϵ_{xy}, ϵ_{yz}, ϵ_{zx}로 6개, 변위에 u, v, w로 3개로 변형을 이해하는 데 총 15개의 성분인자가 존재한다.

탄성론 문제를 간단히 요약하면 다음과 같다.

방정식 개수 15개
알아내고자 하는 미지 성분 개수 15개

- 응력 성분 6개(σ_x, σ_y, σ_z, σ_{xy}, σ_{yz}, σ_{zx})
- 변형률 성분 6개(ϵ_x, ϵ_y, ϵ_z, ϵ_{xy}, ϵ_{yz}, ϵ_{zx})
- 변위 성분 3개(u, v, w)

현상을 지배하는 알아내고자 하는 미지 인자 개수와 그 인자들 간의 관계식의 개수가 같다는 것이다. 따라서 탄성체로 생각할 수 있는 고체의 변형문제에 있어서 재질(materials) E, ν가 결정되어 있고, 하중(loads)과 경계조건이 정의된다면 어떠한 형상(geometry)의 고체 변형문제도 탄성론으로 귀속시킬 수가 있게 된다. 즉, 형상, 재질, 하중, 경계조건이 정의된 해석대상에 탄성론의 일반화된 관계식(기본 구성방정식) 15개를 적용하여 모델링을 하여 수학모델을 구하고, 해석을 통해 고체의 변형을 이해하는 것이 탄성론의 해석과정이 되는 것이다. 도식화하면 그림 2.1과 같다.

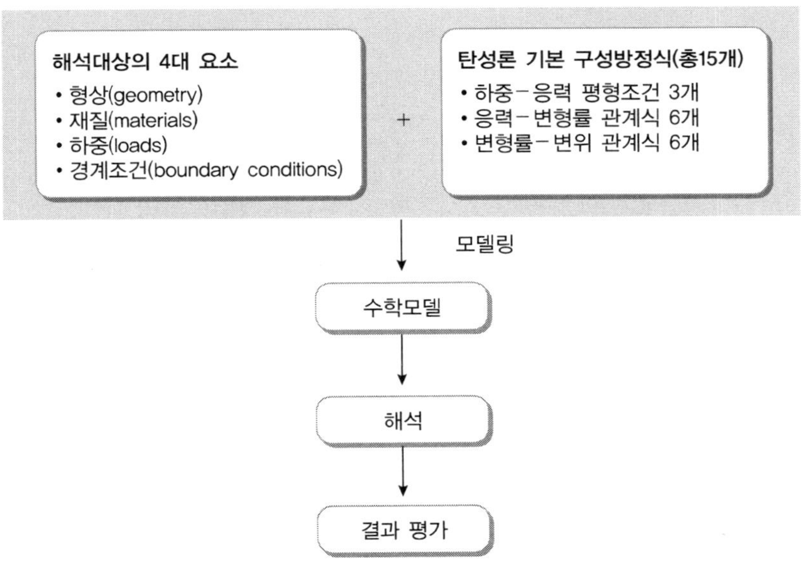

그림 2.1 탄성론 해석과정 요약

2.1.3 탄성론의 일반화된 관계식을 직접 적용한 개별실물현상 해석 예

앞 절에서 설명한 탄성론의 해석과정을 그대로 따르는 전형적인 예를 들어보자.

해석대상

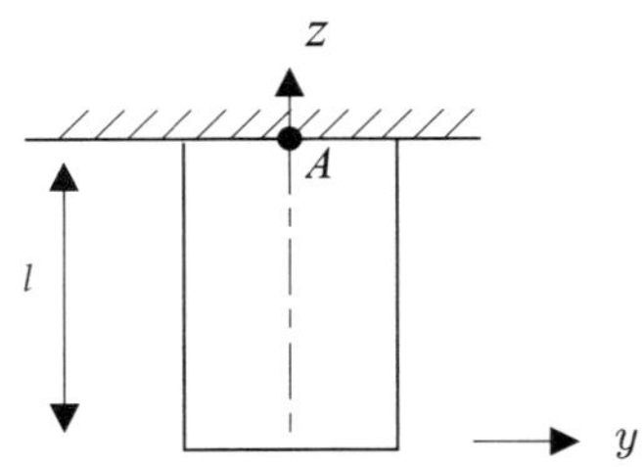

형상: 균일단면 Bar
재질: E, ν
하중: 자중
body force - ρg
경계조건: 그림과 같고 뒤에 상세 기술함

탄성론 기본 구성방정식

» 하중-응력 평형조건

$$\begin{aligned} &\frac{\partial \sigma_x}{\partial x} + \frac{\partial \tau_{yx}}{\partial y} + \frac{\partial \tau_{zx}}{\partial z} + f_x = 0 \\ &\frac{\partial \tau_{xy}}{\partial x} + \frac{\partial \sigma_y}{\partial y} + \frac{\partial \tau_{zy}}{\partial z} + f_y = 0 \\ &\frac{\partial \tau_{xz}}{\partial x} + \frac{\partial \tau_{yz}}{\partial y} + \frac{\partial \sigma_z}{\partial z} + f_z = 0 \end{aligned} \tag{2.1}$$

» 변형률-변위 관계식

$$\begin{aligned} &\epsilon_x = \frac{\partial u}{\partial x},\ \epsilon_y = \frac{\partial v}{\partial y},\ \epsilon_z = \frac{\partial w}{\partial z} \\ &\gamma_{xy} = \frac{\partial u}{\partial y} + \frac{\partial v}{\partial x} \\ &\gamma_{yz} = \frac{\partial v}{\partial z} + \frac{\partial w}{\partial y} \\ &\gamma_{xz} = \frac{\partial w}{\partial x} + \frac{\partial u}{\partial z} \end{aligned} \tag{2.2}$$

» 응력-변형률 관계식

$$\epsilon_y = \frac{1}{E}\left[\sigma_y - \nu(\sigma_x + \sigma_z)\right]$$

$$\epsilon_z = \frac{1}{E}\left[\sigma_z - \nu(\sigma_x + \sigma_y)\right] \tag{2.3}$$

$$\gamma_{xy} = \frac{\tau_{xy}}{G}, \ \gamma_{yz} = \frac{\tau_{yz}}{G}, \ \gamma_{zx} = \frac{\tau_{zx}}{G}$$

모델링 ➜ 가 정

$$f_x = f_y = 0, \quad f_z = -\rho g \tag{a}$$

$$\sigma_z \neq 0, \quad \sigma_x = \sigma_y = \tau_{xy} = \tau_{yz} = \tau_{zx} = 0 \tag{b}$$

모델링 ➜ 수학모델

가정 (a), (b)를 식 (2.1), (2.2), (2.3)에 대입하여 다시 쓰면 식 (c), (d), (e)와 같이 표현되고, 이것을 정리하면 식 (f_1)~(f_7)과 같은 수학모델을 얻게 된다.

» 하중-응력 평형조건

$$\frac{\partial \sigma_z}{\partial z} - \rho g = 0 \tag{c}$$

» 변형률-변위 관계식

$$\epsilon_x = \frac{\partial u}{\partial x}, \qquad \epsilon_y = \frac{\partial v}{\partial y}, \qquad \epsilon_z = \frac{\partial w}{\partial z}$$

$$\gamma_{xy} = \frac{\partial v}{\partial x} + \frac{\partial u}{\partial y} \quad \gamma_{yz} = \frac{\partial w}{\partial y} + \frac{\partial v}{\partial z} \quad \gamma_{zx} = \frac{\partial u}{\partial z} + \frac{\partial w}{\partial x} \tag{d}$$

» 응력-변형률 관계식

$$\epsilon_x = \frac{-\nu}{E}\sigma_z, \quad \epsilon_y = \frac{-\nu}{E}\sigma_z, \quad \epsilon_z = \frac{1}{E}\sigma_z$$

$$\gamma_{xy} = 0 \qquad \gamma_{yz} = 0 \qquad \gamma_{zx} = 0 \tag{e}$$

식 (c), (d), (e)를 조합하여 정리하면 다음과 같이 7개의 방정식으로 표현된다.

수학모델

$$
\begin{cases}
\dfrac{\partial \sigma_z}{\partial z} - \rho g = 0 & (f_1) \\
\epsilon_z = \dfrac{\partial u}{\partial x} = \dfrac{-\nu}{E}\sigma_z & (f_2) \\
\epsilon_y = \dfrac{\partial v}{\partial y} = \dfrac{-\nu}{E}\sigma_z & (f_3) \\
\epsilon_z = \dfrac{\partial w}{\partial z} = \dfrac{1}{E}\sigma_z & (f_4) \\
\dfrac{\partial v}{\partial x} + \dfrac{\partial u}{\partial y} = 0 & (f_5) \\
\dfrac{\partial w}{\partial y} + \dfrac{\partial v}{\partial z} = 0 & (f_6) \\
\dfrac{\partial u}{\partial z} + \dfrac{\partial w}{\partial x} = 0 & (f_7)
\end{cases}
$$

식 (f_1)~(f_7)의 수학모델은 7개의 연립미분방정식이고, 미지수는 u, v, w, ϵ_x, ϵ_y, ϵ_z, σ_z의 7개이다. 결국 이 연립미분방정식을 푸는 과정이 모델링 이후의 해석과정이 된다.

해석

경계조건을 이용하여 수학모델을 푸는 것이 해석과정이 된다. 먼저 식 (f_1)을 적분하면 다음과 같이 식 (g)를 얻는다.

$$
\begin{aligned}
&\frac{\partial \sigma_z}{\partial z} - \rho g = 0 \\
&\sigma_z = \rho g z + c_1(x,\ y)
\end{aligned}
\qquad (g)
$$

식 (g)의 적분상수는 경계조건 $z = 0$에서 $\sigma_z = 0$(자유표면)이므로, $c_1(x,\ y) = 0$으로 구해지고 σ_z는 다음과 같이 위치의 함수로 얻어진다.

$$\sigma_z = \rho g z \qquad (h)$$

식 (h)를 식 (f_4)에 대입하면

$$\frac{\partial w}{\partial z} = \frac{\rho g}{E} z$$

와 같이 되고, 이것을 적분하면 w에 관한 식 (i)를 얻는다. 여기에서 w_o는 x, y만의 함수를 나타낸다.

$$w = \frac{\rho g}{2E} z^2 + w_o(x, y) \tag{i}$$

식 (i)를 식 (f_6)와 (f_7)에 대입하면 다음 식 (j)를 얻는다.

$$\begin{aligned} \frac{\partial w_o}{\partial y} + \frac{\partial v}{\partial z} = 0 \\ \frac{\partial u}{\partial z} + \frac{\partial w_o}{\partial x} = 0 \end{aligned} \tag{j}$$

식 (j)를 적분하면 다음 식 (k)를 얻는다.

$$\begin{aligned} u = -z\frac{\partial w_o}{\partial x} + u_o(x, y) \\ v = -z\frac{\partial w_o}{\partial y} + v_o(x, y) \end{aligned} \tag{k}$$

식 (k)를 식 (f_2), (f_3), (f_5)에 대입하면 식 (l)을 얻는다.

$$-z\frac{\partial^2 w_o}{\partial x^2} + \frac{\partial u_o}{\partial x} = -\frac{\nu \rho g}{E} z \tag{1_1}$$

$$-z\frac{\partial^2 w_o}{\partial y^2} + \frac{\partial v_o}{\partial y} = -\frac{\nu \rho g}{E} z \tag{1_2}$$

$$\left(-z\frac{\partial^2 w_o}{\partial x \partial y} + \frac{\partial v_o}{\partial x}\right) + \left(-z\frac{\partial^2 w_o}{\partial x \partial y} + \frac{\partial u_o}{\partial y}\right) = 0 \tag{1_3}$$

식 (1_1), (1_2), (1_3)에서 u_o, v_o는 x, y만의 함수이므로 (1_1), (1_2)에서

$$\frac{\partial u_o}{\partial x} = \frac{\partial v_o}{\partial_y} = 0$$

이 되어야 하고, 이때

$$\frac{\partial^2 w_o}{\partial x^2} = \frac{\partial^2 w_o}{\partial y^2} = \frac{\nu \rho g}{E}$$

가 된다. 또한, 식 (1_3)는

$$-2z\frac{\partial^2 w_o}{\partial x\,\partial y}+\frac{\partial u_o}{\partial y}+\frac{\partial v_o}{\partial x}=0$$

이 되므로

$$\frac{\partial u_o}{\partial y}+\frac{\partial v_o}{\partial x}=0,\qquad \frac{\partial^2 w_o}{\partial x\,\partial y}=0$$

이 되어야 한다.

그러므로 정리하면 다음이 성립하여야 한다.

$$\begin{aligned}&\frac{\partial u_o}{\partial x}=\frac{\partial v_o}{\partial y}=0\\&\frac{\partial u_o}{\partial y}+\frac{\partial v_o}{\partial x}=0\end{aligned}\tag{m}$$

$$\begin{aligned}&\frac{\partial^2 w_o}{\partial x^2}=\frac{\partial^2 w_o}{\partial y^2}=\frac{\nu\rho g}{E}\\&\frac{\partial^2 w_o}{\partial x\partial y}=0\end{aligned}\tag{n}$$

식 (m), (n)을 만족하는 u_o, v_o, w_o는 다음과 같이 기술할 수 있다.

$$\begin{aligned}u_o&=ay+b\\v_o&=-ax+c\\w_o&=\frac{\nu\rho g}{2E}(x^2+y^2)+dx+ey+f\end{aligned}\tag{o}$$

식 (o)를 식 (i)와 (k)에 대입하면 적분상수를 포함하는 변위함수 u, v, w는 다음과 같이 기술할 수 있다.

$$\begin{aligned}u&=-\frac{\nu\rho g}{E}xz-dz+ay+b\\v&=-\frac{\nu\rho g}{E}yz-ez-ax+c\\w&=\frac{\rho g}{2E}z^2+\frac{\nu\rho g}{2E}(x^2+y^2)+dx+ey+f\end{aligned}\tag{p}$$

식 (p)에서 6개의 적분상수는 고정지점 A에서 6개의 경계조건으로 구한다.

경계조건

점 A에서 변위 $u = v = w = 0$

점 A에서 x, y축에 관한 회전 $\frac{\partial u}{\partial z} = \frac{\partial v}{\partial z} = 0$ (q)

z축에 관한 회전 $\frac{\partial v}{\partial x} = 0$

6개의 경계조건으로 적분상수를 구하면 다음과 같다.

$$a = b = c = d = e = 0, \quad f = -\frac{\rho g l^2}{2E} \tag{r}$$

식 (r)의 적분상수를 식 (p)에 대입하면 변위함수를 얻게 되고, 7개의 미지성분을 다음과 같이 모두 얻게 되는 것이다.

해석 결과

$$u = -\frac{\nu \rho g}{E} xz$$

$$v = -\frac{\nu \rho g}{E} yz \tag{s}$$

$$w = \frac{\rho g}{2E} z^2 + \frac{\nu \rho g}{2E}(x^2 + y^2) - \frac{\rho g l^2}{2E}$$

$$\sigma_z = \rho g z \tag{t}$$

$$\epsilon_x = -\frac{\nu \rho g}{E} z$$

$$\epsilon_y = -\frac{\nu \rho g}{E} z \tag{u}$$

$$\epsilon_z = \frac{\rho g}{E} z$$

2.2 탄성론 해석 예

2.2.1 탄성론 문제는 어떻게 풀렸는가?

그림 2.1과 같은 도식화된 탄성론 해석방법에서 '고체의 변형' 문제는 어떻게 풀렸을까? 2.1절 (3)항의 자중에 의한 변형문제는 15개의 방정식을 동시에 사용하여 해석이 되는 전형적인 예에 불과하며, 모든 개별실물들이 이와 같은 방법으로 해석되지는 않는다.

일반적으로 15개의 인자가 포함된 15개의 연립미분방정식을 푸는 것은 실제로 거의 불가능하다. 따라서 학자들은 해석대상의 형상(geometry)과 변형 양상에 따라 가정(assumption)을 통한 모델링으로 해석대상을 유형화하였다. 즉, 해석대상의 유형화를 통하여 15개의 미분방정식을 1~2개로 축약하여 새로운 수학모델을 구성하고, 그 수학모델이 그런 유형을 지배하는 새로운 이론이 되었으며, 그런 유형의 문제를 포괄하는 작은 카테고리가 된 것이다.

탄성론에서 이렇게 유형화된 카테고리는 plane stress & strain, torsion, beam, plate & shell 등으로 크게 나누어진다. 그림 2.2를 참조하라.

결국 탄성론에서 유형화 과정은 18세기, 19세기에 걸쳐 plane, torsion, beam, plate라는 작은 카테고리를 지배하는 지배방정식(governing equation)들의 도출과정이었다. 15개의 탄성론 구성방정식을 작은 카테고리를 지배하는 1~2개의 지배방정식으로 축약하는 새로운 모델링의 과정이었다. 그 1~2개의 지배방정식으로 개별실물들을 대상으로 변형해석을 하게 된 것이 구조해석의 산업현장 적용이 된 것이다.

이제 각각의 카테고리의 방정식 축약과정(모델링 과정)과 지배방정식을 이용한 개별실물 해석 예를 보여주겠다. 이 과정은 사실 지루하고 복잡한 수학이므로 이 과정 자체에 흥미가 없는 독자들은 읽지 않고 건너뛰어도 책 전체를 이해하는 데는 부족하지 않다.

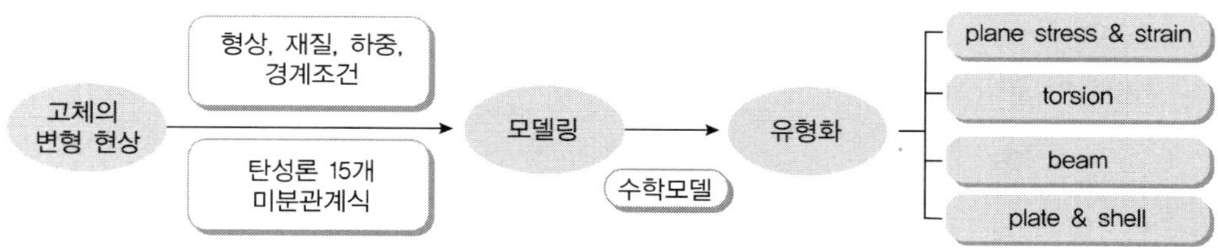

그림 2.2 탄성론 해석의 유형화 과정

2.2.2 평면응력과 평면변형률(plane stress & plane strain) 문제

1 평면응력(plane stress)

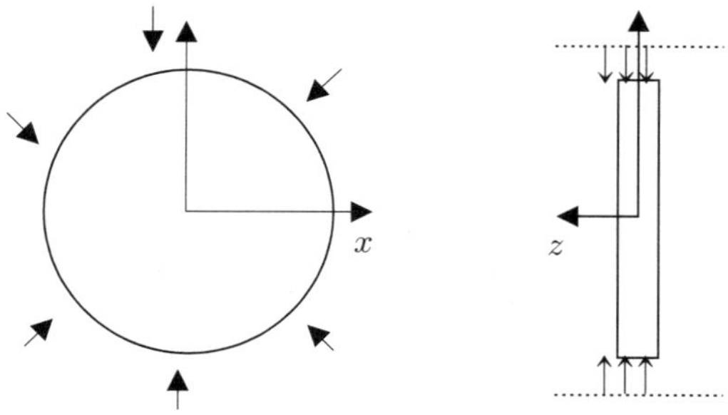

그림 2.3 plane stress

그림 2.3과 같이 얇은 판이 경계에서 판에 평행하게 두께 전체에 균일한 하중을 받는 경우를 생각해 보자. 사실 형상, 하중, 경계조건, 재질의 조합은 무수히 많아서 세상의 삼라만상이 모두 해석대상이 되지만 이 중에서 다음과 같은 작은 카테고리의 대상을 말한다.

- 형상(geometry): 얇은 판형
- 하중(loads): 판에 평행하고(z 방향 하중 없음) 두께에 균일할 것
- 재질(materials): 특별한 제한조건 없음
- 경계조건(boundary conditions): 특별한 제한조건 없음

이 작은 카테고리 안에서도 무수히 많은 개별실물들을 생각할 수가 있게 된다. 형상이 얇은 판형이라 하더라도 삼각형, 사각형, 원형, … 무수히 많이 생각할 수 있다는 뜻이며, 동일한 사각형의 얇은 판에서도 하중의 작용이 다양하게 위의 조건 속(판에 평행, 두께 균일작용)에 나타날 수가 있다는 뜻이다. 이런 카테고리가 plane stress라는 이름으로 유형화되고 풀리는 과정을 보여주려는 것이다.

위와 같은 경우는 판의 표면에서 $\sigma_z = \tau_{xz} = \tau_{yz} = 0$이 되고 또한 판의 내부에서도 $\sigma_z = \tau_{xz} = \tau_{yz} = 0$으로 가정할 수 있다. 이렇게 되면 존재하는 응력은 σ_x, σ_y, τ_{xy}뿐이므로 평면방향으로만 응력이 존재한다 하여 평면응력(plane stress)이라 한다. 평면응력은 결국 $\sigma_x = \sigma_x(x, y)$, $\sigma_y = \sigma_y(x, y)$, $\tau_{xy} = \tau_{xy}(x, y)$로 남은 응력은 x, y만의 함수가 된다.

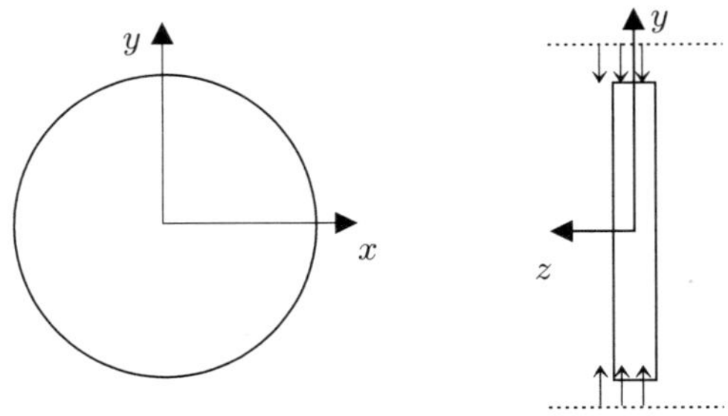

형상(geometry)과 하중(loads)

가정: $\sigma_z = \tau_{xz} = \tau_{yz} = 0$

구해야 할 인자 8개

변위: $u = u(x, y),\ v = v(x, y)$

응력: $\sigma_x = \sigma_x(x, y),\ \sigma_y = \sigma_y(x, y),\ \tau_{xy} = \tau_{xy}(x, y)$

변형률: $\epsilon_x = \epsilon_x(x, y),\ \epsilon_y = \epsilon_y(x, y),\ \gamma_{xy} = \gamma_{xy}(x, y)$

◎ 하중–응력 평형방정식

$$\frac{\partial \sigma_x}{\partial x} + \frac{\partial \tau_{xy}}{\partial y} + f_x = 0 \qquad (1)$$

$$\frac{\partial \tau_{xy}}{\partial x} + \frac{\partial \sigma_y}{\partial y} + f_y = 0 \qquad (2)$$

(2.4)

◎ 변형률–변위 관계식

$$\epsilon_x = \frac{\partial u}{\partial x} \qquad (3)$$

$$\epsilon_y = \frac{\partial v}{\partial y} \qquad (4)$$

$$\gamma_{xy} = \frac{\partial u}{\partial y} + \frac{\partial v}{\partial x} \qquad (5)$$

(2.5)

◎ 응력–변형률 관계식

$$\epsilon_x = \frac{1+\nu}{E}\left((1-\nu)\sigma_x - \nu\,\sigma_y\right) \qquad (6)$$

$$\epsilon_y = \frac{1+\nu}{E}\Big((1-\nu)\sigma_y - \nu\,\sigma_x\Big) \qquad (7)$$

$$\gamma_{xy} = \frac{\tau_{xy}}{G} = \frac{2(1+\nu)}{E}\gamma_{xy} \qquad (8)$$

(2.6)

- **변형률의 적합방정식(compatibility equations for strain)**

평면응력 문제에서 미지수는

- 응력 성분 3개: σ_x, σ_y, τ_{xy}
- 변형률 성분 3개: ϵ_x, ϵ_y, γ_{xy}
- 변위 성분 2개: u, v

총 8개인데, 인자들 간의 관계식은 가정을 통해 줄인 평형방정식 2개, 변형률-변위 관계식 3개, 응력-변형률 관계식 3개로 총 8개이다. 이렇게 되면 이 카테고리를 지배하는 방정식 수와 미지수의 수가 일치하여 해를 얻을 수 있는 방법이 가능하게 된다. 그러나 이 8개의 연립미분방정식을 푸는 일이 쉽지 않으므로 보다 축약할 필요가 있다. 다음은 이 8개의 미분방정식을 1개로 축약하는 과정이 된다.

탄성체의 변형에 있어서 변형률-변위 관계식은 기하학적 변형조건에 해당된다. 평면응력에 대한 변형률-변위 관계식[식 (2.5)의 (3), (4), (5)]은 기하학적인 변형조건을 만족시키면서 다음과 같이 1개의 방정식으로 축약할 수가 있다.

식 (3)을 y에 관해 두 번 미분하면 식 (3)′을 얻는다.

$$\frac{\partial^2 \epsilon_x}{\partial y^2} = \frac{\partial^3 u}{\partial y^2\,\partial x} \qquad (3)'$$

식 (4)를 x에 관해 두 번 미분하면 식 (4)′을 얻는다.

$$\frac{\partial^2 \epsilon_y}{\partial x^2} = \frac{\partial^3 v}{\partial x^2\,\partial y} \qquad (4)'$$

식 (5)를 x, y에 관해 미분하면 식 (5)′을 얻는다.

$$\frac{\partial^2 \gamma_{xy}}{\partial x\,\partial y} = \frac{\partial^3 u}{\partial x\,\partial y^2} + \frac{\partial^3 u}{\partial x^2\partial y} \qquad (5)'$$

식 (3)′, (4)′, (5)′을 연산하면 [(3)′ + (4)′ - (5)′] 식 (9)를 얻는다.

$$\frac{\partial^2 \epsilon_x}{\partial y^2} + \frac{\partial^2 \epsilon_y}{\partial x^2} = \frac{\partial^2 \gamma_{xy}}{\partial x \partial y} \tag{9}$$

식 (9)는 평면응력에 대한 변형의 기하학적 조건인 변형률-변위 관계식 3개[식 (2.5)]를 1개로 축약한 것으로 변형률에 관한 적합조건식(compatibility equation for strain)이라 부른다.

- **응력의 적합방정식(compatibility equations for stress)**

식 (9)에 응력-변형률 관계식 (6), (7), (8)을 대입하면 식 (10)을 얻는다.

$$\frac{\partial^2}{\partial y^2}(\sigma_x - \nu\sigma_y) + \frac{\partial^2}{\partial y^2}(\sigma_y - \nu\sigma_x) = 2(1+\nu)\frac{\partial^2 \tau_{xy}}{\partial x \partial y} \tag{10}$$

즉, 식 (10)은 변형률-변위 관계식 (3), (4), (5)와 응력-변형률 관계식 (6), (7), (8)의 6개가 1개로 축약된 방정식이 된다. 이렇게 되면 식 (1)~(8)의 8개가 식 (1), (2), (10)의 3개로 축약되었다. 이것을 보다 축약하기 위해 하중-응력 평형조건 (1), (2)를 다음과 같이 처리하여 식 (10)에 대입한다.

식 (1)을 x에 관해 미분하면 식 (1)′을 얻는다.

$$\frac{\partial^2 \sigma_x}{\partial x^2} + \frac{\partial^2 \tau_{xy}}{\partial x\, \partial y} + \frac{\partial f_x}{\partial x} = 0 \tag{1$'$}$$

식 (2)를 y에 관해 미분하면 식 (2)′을 얻는다.

$$\frac{\partial^2 \tau_{xy}}{\partial x \partial y} + \frac{\partial^2 \sigma_y}{\partial y^2} + \frac{\partial f_y}{\partial y} = 0 \tag{2$'$}$$

식 (1)′, (2)′을 연산하면 [(1)′ + (2)′] 식 (2)″을 얻는다.

$$2\frac{\partial^2 \tau_{xy}}{\partial x \partial y} = -\frac{\partial^2 \sigma_x}{\partial x^2} - \frac{\partial^2 \sigma_y}{\partial y^2} - \frac{\partial f_x}{\partial x} - \frac{\partial f_y}{\partial_y} \tag{2$''$}$$

식 (2)″을 식 (1)에 대입하면 식 (2.7)을 얻는다.

$$\left(\frac{\partial^2}{\partial x^2} + \frac{\partial^2}{\partial y^2}\right)(\sigma_x + \sigma_y) = -(1+\nu)\left(\frac{\partial f_x}{\partial x} + \frac{\partial f_y}{\partial y}\right) \tag{2.7}$$

식 (2.7)은 최초 탄성론 기본 구성방정식 15개를 평면응력(plane stress) 유형의 문제에서 가정을 통해 8개의 방정식으로 줄인 후 그것을 다시 1개로 축약시킨 것이다. 이렇게 축약시킨 식 (2.7)을 평면응력에서 응력에 관해 일반화된 적합방정식(general form of compatibility equations for stress in case of plane stress)이라 부른다.

사실 식 (2.7)을 풀 수만 있다면, 그래서 $\sigma_x = \sigma_x(x, y)$, $\sigma_y = \sigma_y(x, y)$를 구할 수만 있다면 이들을 평면응력의 관계식 8개에 대입하고 경계조건들을 활용하여 미지수 8개를 모두 구할 수 있을 것이다. 그러나 식 (2.7)은 하나의 방정식에 미지수 σ_x, σ_y의 2개가 포함되어 직접적으로 풀 수가 없는 경우가 된다.

그래도 평면응력 문제의 카테고리에서 15개의 방정식을 1개의 지배방정식으로 축약시켜 놓은 것은 이런 유형의 문제를 풀 수 있는 실마리를 제공해 놓은 것이다. Airy(1801~1892)는 이렇게 축약된 방정식을 이용하여 개별실물을 실제로 풀 수 있는 방법을 제시하였다. Airy stress function이라는 개념을 도입하였는데 이는 나중에 상세히 기술할 것이다.

❷ 평면변형률(plane strain)

그림 2.4와 같이 z 방향으로 두꺼운 구조물이 경계에서 z 방향에 따른 변화 없는 균일한 하중을 x, y 방향으로 받을 때 구조물 내부의 변형률을 $\epsilon_z = \gamma_{yz} = \gamma_{xz} = 0$으로 가정할 수 있다. 이 가정을 15개의 탄성론 기본 구성방정식에 적용하면 존재하는 변위

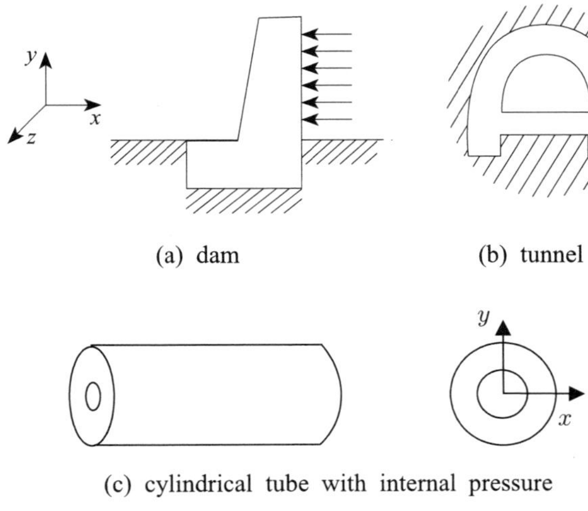

그림 2.4 plane strain

는 u, v로 2개, 변형률은 ϵ_x, ϵ_y, γ_{xy}로 3개, 응력은 σ_x, σ_y, γ_{xy}, σ_z로 4개가 된다. 이 중에서 응력 σ_z는

$$\epsilon_z = \frac{1}{E}(\sigma_z - \nu(\sigma_x + \sigma_y)) = 0$$

이므로 $\sigma_z = \nu(\sigma_x + \sigma_y)$와 같이 σ_x, σ_y로 표현된다. 따라서 응력에서 독립적으로 구해야 되는 성분은 σ_x, σ_y, τ_{xy}로 3개가 된다. 이것은 평면응력(plane stress)과 똑같은 미지성분이 된다. 이렇게 되면 평면변형률(plane strain) 문제가 평면응력(plane stress) 문제와 구별되는 것은 응력-변형률 관계식의 계수만 다르게 되고 나머지 평형조건, 변형률-변위 관계식은 동일하게 된다.

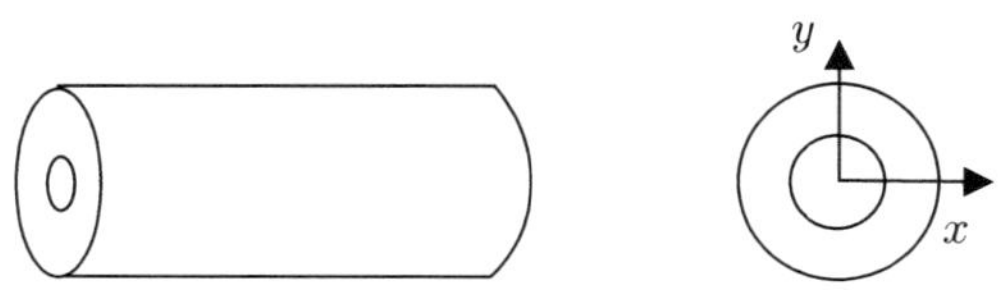

형상과 하중

가정: $\epsilon_z = \gamma_{yz} = \gamma_{xz} = 0$

구해야 할 인자 8개(x, y의 함수)

변위: u, v

응력: σ_x, σ_y, τ_{xy}

변형률: ϵ_x, ϵ_y, τ_{xy}

하중-응력 평형방정식

$$\frac{\partial \sigma_x}{\partial x} + \frac{\partial \tau_{xy}}{\partial y} + f_x = 0 \qquad (1)$$

$$\frac{\partial \tau_{xy}}{\partial x} + \frac{\partial \sigma_y}{\partial y} + f_y = 0 \qquad (2) \qquad (2.8)$$

변형률-변위 관계식

$$\epsilon_x = \frac{\partial u}{\partial x} \qquad (3)$$

$$\epsilon_y = \frac{\partial v}{\partial y} \qquad (4) \qquad (2.9)$$

$$\gamma_{xy} = \frac{\partial u}{\partial y} + \frac{\partial v}{\partial x} \qquad (5)$$

◎ 응력-변형률 관계식

$$\epsilon_x = \frac{1+\nu}{E}\left((1-\nu)\sigma_x - \nu\,\sigma_y\right) \quad (6)$$

$$\epsilon_y = \frac{1+\nu}{E}\left((1-\nu)\sigma_y - \nu\,\sigma_x\right) \quad (7) \qquad (2.10)$$

$$\gamma_{xy} = \frac{\tau_{xy}}{G} = \frac{2(1+\nu)}{E}\gamma_{xy} \quad (8)$$

식 (2.8), (2.9), (2.10)의 8개의 방정식을 평면응력에서의 방법과 똑같이 하나의 방정식으로 축약하면 평면변형률에서 응력에 관한 일반화된 적합방정식(general form of compatibility equations for stress in case of plane strain)을 다음 식 (2.11)과 같이 얻게 된다.

$$\left(\frac{\partial^2}{\partial x^2} + \frac{\partial^2}{\partial y^2}\right)(\sigma_x + \sigma_y) = -\frac{1}{1-\nu}\left(\frac{\partial f_x}{\partial x} + \frac{\partial f_y}{\partial y}\right) \qquad (2.11)$$

식 (2.11) 역시 식 (2.7)과 마찬가지로 8개의 연립미분관계식이 1개로 축약되어 이 식만 풀게 되면 나머지 성분들은 8개의 관계식으로 찾을 수 있다. 하지만 식 (2.11) 역시 하나의 방정식에 미지성분 σ_x, σ_y의 2개가 존재하므로 직접 풀기가 어렵다. (1)항 평면응력의 말미에 기술하였듯이 Airy(1801~1892)는 이렇게 축약된 방정식에 stress function이라는 개념을 도입하여 실제 개별실물 문제를 풀 수 있는 방법을 제시하였다.

3 Airy 응력함수(The Airy stress function)

• 적합방정식이 고려되지 않는 최초의 Airy stress function

George Biddell Airy는 수학을 공학문제에 응용하는 것을 좋아하였는데 실제로 Britannia bridge 건설에 관여하였다. 이때 교량의 beam을 2차원 평면응력 문제로 처리하여 계산을 해 보였고 1862년 이것을 논문으로 발표하였다. 이것이 stress function이라는 개념이 처음 사용된 것이었고, 평면응력이나 평면변형률 문제에 대한 탄성론 문제를 풀 수 있게 된 유용한 방법의 출발이 된 것이다. 이때까지만 하여도 8개의 연립미분방정식을 개별실물에 적용하여 해석을 할 수 없었기 때문이다. 그러면 Airy는 어떻게 문제를 해결하였는가?

평면응력 문제에서는 가정이 다음과 같이 됨을 앞에서 보였다.

$$\sigma_z = \tau_{xz} = \tau_{yz} = 0$$

Airy는 사각형 beam을 2차원 평면응력 문제로 생각하였는데 body force가 없는 것으로 가정하였다.

$$f_x = f_y = f_z = 0$$

이렇게 되면 하중-응력 평형조건이 다음과 같이 축약된다.

이것은 식 (2.4)에서 $f_x = f_y = 0$이 되는 것과 같다.

$$\begin{aligned}
&\frac{\partial \sigma_x}{\partial x} + \frac{\partial \tau_{xy}}{\partial y} + \frac{\partial \tau_{zx}}{\partial z} + f_x = 0 \\
&\frac{\partial \tau_{xy}}{\partial x} + \frac{\partial \sigma_y}{\partial y} + \frac{\partial \tau_{zy}}{\partial z} + f_y = 0 \\
&\frac{\partial \tau_{xz}}{\partial x} + \frac{\partial \tau_{yz}}{\partial y} + \frac{\partial \sigma_z}{\partial z} + f_z = 0
\end{aligned} \tag{2.12}$$

식 (2.12)에 위의 가정을 대입하여 다시 쓰면 하중-응력 평형조건은 다음과 같이 된다.

$$\begin{aligned}
&\frac{\partial \sigma_x}{\partial x} + \frac{\partial \tau_{yx}}{\partial y} = 0 \\
&\frac{\partial \sigma_y}{\partial y} + \frac{\partial \tau_{xy}}{\partial x} = 0
\end{aligned} \tag{2.13}$$

Airy는 σ_x, σ_y, τ_{xy}에 어떤 함수 ϕ를 도입하여 다음과 같이 표현되면 식 (2.13)이 성립되는 것에 착안하였다.

$$\sigma_x = \frac{\partial^2 \phi}{\partial y^2}, \quad \tau_{xy} = -\frac{\partial^2 \phi}{\partial x \, \partial y}, \quad \sigma_y = \frac{\partial^2 \phi}{\partial x^2} \tag{2.14}$$

Airy는 어떤 함수 ϕ를 polynomial로 취하였고, 경계조건을 만족하도록 polynomial의 계수를 선택하여 beam 문제를 해결하였다. 이때까지만 하여도 Airy는 탄성론의 기본 구성방정식 ① 하중-응력 평형조건, ② 변형률-변위 관계식, ③ 응력-변형률 관계식 중에서 하중-응력 평형조건만 만족시키는 응력 성분을 찾은 것이다. 평면응력 문제는 앞에서 논했듯이 8개의 관계식이 1개로 축약된 적합방정식(compatibility equation)을 만족해야 한다. 그러나 ②, ③을 제외한 ①의 하중-응력 평형조건만 만족하도록 하는 응력 성분을 찾은 것이므로 Airy가 최초로 개별실물인 beam 문제에 적용한 평면응력 문제의 해법은 완벽한 상태가 아니었다. 하지만 이렇게 도입한 어떤 함수 ϕ를 'stress function'이라 하여 불가능하게 보였던 평면응력 문제의 개별실물현상 해석을 해결할 수 있음을 처음으로 보인 것이다. 이때가 1862년이므로 탄성론 이론이 완성된 지 100년이 넘게 경과한 것이다.

- **적합방정식이 고려된** Airy stress function

body force가 고려되지 않았을 때 응력의 적합방정식(compatibility equation for stress)은 평면응력과 평면변형률 문제 모두 식 (2.15)로 표현된다.

$$\left(\frac{\partial^2}{\partial x^2} + \frac{\partial^2}{\partial y^2}\right)\left(\sigma_x + \sigma_y\right) = 0 \tag{2.15}$$

Airy의 stress function ϕ를 도입하여 하중-응력 평형조건이 만족되도록 한 응력성분 식 (2.14)

$$\sigma_x = \frac{\partial^2 \phi}{\partial y^2}, \quad \tau_{xy} = -\frac{\partial^2 \phi}{\partial x\, \partial y}, \quad \sigma_y = \frac{\partial^2 \phi}{\partial x^2}$$

를 적합방정식 (2.15)에 대입하면 식 (2.16)을 얻는다.

$$\frac{\partial^4 \phi}{\partial y^4} + 2\frac{\partial^4 \phi}{\partial x^2\, \partial y^2} + \frac{\partial^4 \phi}{\partial x^4} = 0 \tag{2.16}$$

다시 쓰면 $\nabla^4 \phi = 0$

식 (2.16)은 stress function ϕ가 도입되어 평면응력(plane stress) 문제에서 8개의 미분관계식이 1개의 지배방정식으로 축약된 것을 보여준다. 결국 식 (2.16)은 평면응력 문제를 지배하는 지배방정식이 되는 것이다. $\phi = \phi(x,\ y)$로 함수 ϕ를 가정하고, 경계조건을 만족하도록 계수를 결정하면 2차원 문제를 풀게 되는 것이다.

body force가 고려되었을 때는 평면응력과 평면변형률 문제가 식 (2.17), (2.18)과 같이 우변만 계수 형태가 달라지는데 이 책의 방향성에서 벗어나므로 유도하는 과정은 생략하고 결과식만 정리하면 다음과 같다.

» 평면응력에서 body force가 고려된 Airy stress function

$$\nabla^4 \phi = (1-\nu)\left(\frac{\partial f_x}{\partial x} + \frac{\partial f_y}{\partial y}\right) \tag{2.17}$$

» 평면변형률에서 body force가 고려된 Airy stress function

$$\nabla^4 \phi = \frac{1+2\nu}{1-\nu}\left(\frac{\partial f_x}{\partial x} + \frac{\partial f_y}{\partial y}\right) \tag{2.18}$$

4 2차원 문제 해석방법의 요약(평면응력과 평면변형률 문제 해석방법의 요약)

지금 이 절에서는 탄성론이 유형화되어 풀린 내용 가운데 첫 번째로 plane stress & plane strain, 즉 2차원 문제 유형에 대한 모델링과 해석방법을 기술하였다. 탄성론 이론이 정립된 이후에도 100년 넘게 2차원 문제에 대한 개별실물 현상을 해석하지 못하고 있다가 1862년 Airy가 stress function을 도입하여 beam 문제에 적용한 것이 최초의 개별실물현상 해석의 예이다.

그만큼 연립미분방정식을 푸는 것이 쉽지 않았다는 반증이기도 하다. 여기에서는 2차원 문제의 유형화 과정을 도식적으로 일목요연하게 표현해 본다. 그림 2.5에 나타낸 이것은 독자들에게 모델링의 개념을 전달하려는 목적이 더 크다.

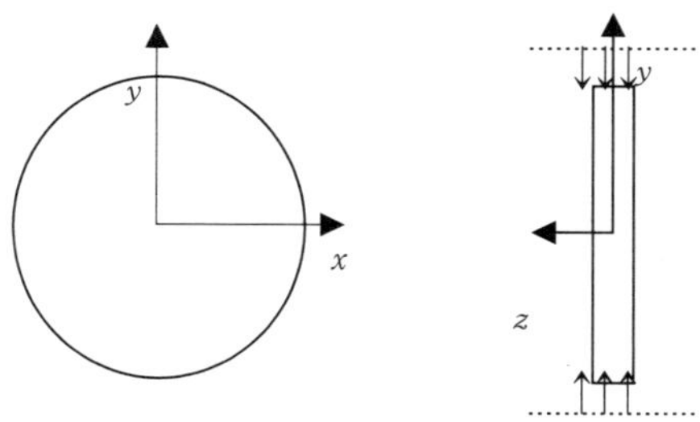

형상과 하중(2차원 문제)

탄성론 기본 구성방정식 15개

하 중-응력 평형조건 3개
변형률-변위 관계식 6개
응 력-변형률 관계식 6개

가정: $\sigma_z = \tau_{xz} = \tau_{yz} = 0$
구해야 할 인자 8개
변위: u, v
응력: σ_x, σ_y, τ_{xy}
변형률: ϵ_x, ϵ_y, τ_{xy}

평면응력 문제에서 관계식 8개로 축약

» 하중-응력 평형방정식

$$\frac{\partial \sigma_x}{\partial x} + \frac{\partial \tau_{xy}}{\partial y} + f_x = 0 \qquad (1)$$

$$\frac{\partial \tau_{xy}}{\partial x} + \frac{\partial \sigma_y}{\partial y} + f_y = 0 \qquad (2)$$

» 변형률-변위 관계식

$$\epsilon_x = \frac{\partial u}{\partial x} \qquad (3)$$

$$\epsilon_y = \frac{\partial v}{\partial y} \qquad (4)$$

$$\gamma_{xy} = \frac{\partial u}{\partial y} + \frac{\partial v}{\partial x} \qquad (5)$$

» 응력-변형률 관계식

$$\epsilon_x = \frac{1}{E}(\sigma_x - \nu \sigma_y) \qquad (6)$$

$$\epsilon_y = \frac{1}{E}(\sigma_y - \nu \sigma_x) \qquad (7)$$

$$\gamma_{xy} = \frac{2(1+\nu)}{E}\tau_{xy} \qquad (8)$$

↓ 변형률의 적합방정식을 만듦[(3), (4), (5) 사용]
↓
응력의 적합방정식을 만듦[(3), (4), (5), (6), (7), (8) 사용]

평면응력 문제에서 미지성분 2개를 갖는 관계식 1개로 축약

$$\left(\frac{\partial^2}{\partial x^2} + \frac{\partial^2}{\partial y^2}\right)\left(\sigma_x + \sigma_y\right) = -\left(1+\nu\right)\left(\frac{\partial f_x}{\partial x} + \frac{\partial f_y}{\partial y}\right)$$

↓ Airy가 평형방정식을 만족시키는 stress function ϕ 를 도입(1862년)
body force가 없는 경우 ($f_x = f_y = 0$) ((1), (2) 사용))

평면응력 문제에서 미지성분 1개를 갖는 관계식 1개로 축약

$$\frac{\partial^4 \phi}{\partial x^4} + 2\frac{\partial^4 \phi}{\partial x^2 \partial y^2} + \frac{\partial^4 \phi}{\partial y^4} = 0$$

다시 쓰면 $\nabla^4 \phi = 0$

여기서, $\sigma_x = \dfrac{\partial^2 \phi}{\partial y^2}$, $\tau_{xy} = \dfrac{\partial^2 \phi}{\partial x \partial y}$, $\sigma_y = \dfrac{\partial^2 \phi}{\partial x^2}$ 인 stress function ϕ

그림 2.5 평면응력 문제에서 Airy stress function에 의한 지배방정식 도출과정 요약

5 2차원 문제의 적용 예[1]

그림 2.6과 같은 2차원 사각형 형상의 문제를 생각해 보자.

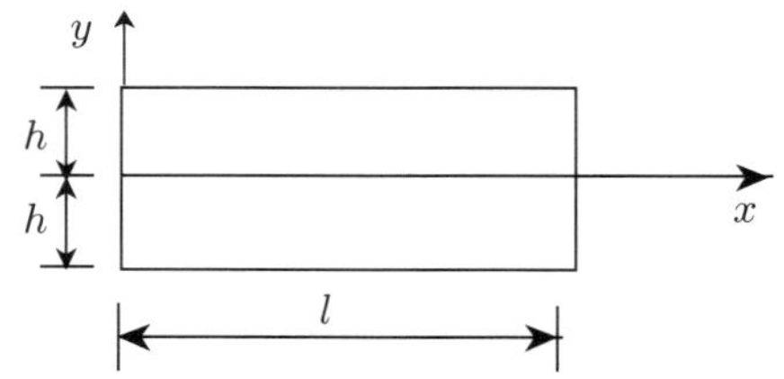

그림 2.6

Airy stress function이 도입된 2차원 문제의 지배방정식은 식 (a)와 같이 표현된다.

$$\frac{\partial^4\phi}{\partial x^4} + 2\frac{\partial^4\phi}{\partial x^2\partial y^2} + \frac{\partial^4\phi}{\partial y^4} = 0 \tag{a}$$

- **Airy stress function을 식 (b)와 같이 2차 다항식으로 가정한 경우**

$$\phi = \phi_2 = a_2x^2 + b_2xy + c_2y^2 \tag{b}$$

식 (b)는 식 (a)를 만족하므로 stress 분포는 식 (c)와 같이 된다.

$$\begin{aligned}\sigma_x &= \frac{\partial^2\phi}{\partial y^2} = c_2\\ \sigma_y &= \frac{\partial^2\phi}{\partial x^2} = a_2\\ \tau_{xy} &= -\frac{\partial^2\phi}{\partial x\partial y} = -b_2\end{aligned} \tag{c}$$

즉, 이 경우는 그림 2.6의 2차원 문제에서 응력분포가 경계를 포함하여 그림 2.7과 같이 모두 상수로 되는 경우에 해당된다.

1) Timoshenko and Goodier, *Theory of Elasticity*, p.35.

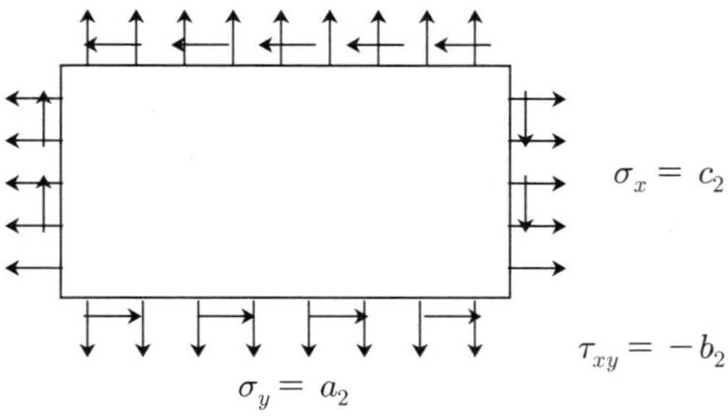

그림 2.7

- Airy stress function을 식 (d)와 같이 3차 다항식으로 가정한 경우

$$\phi = \phi_3 = a_3x^3 + b_3x^2y + c_3xy^2 + d_3y^3 \tag{d}$$

식 (d)는 식 (a)를 만족하므로 stress 분포는 식 (e)와 같이 된다.

$$\begin{aligned}\sigma_x &= \frac{\partial^2\phi}{\partial y^2} = c_3x + d_3y \\ \sigma_y &= \frac{\partial^2\phi}{\partial x^2} = a_3x + b_3y \\ \tau_{xy} &= -\frac{\partial^2\phi}{\partial x\partial y} = -b_3x - c_3y\end{aligned} \tag{e}$$

(i) 응력상태가 $\sigma_y = \tau_{xy} = 0$인 경우(pure bending)

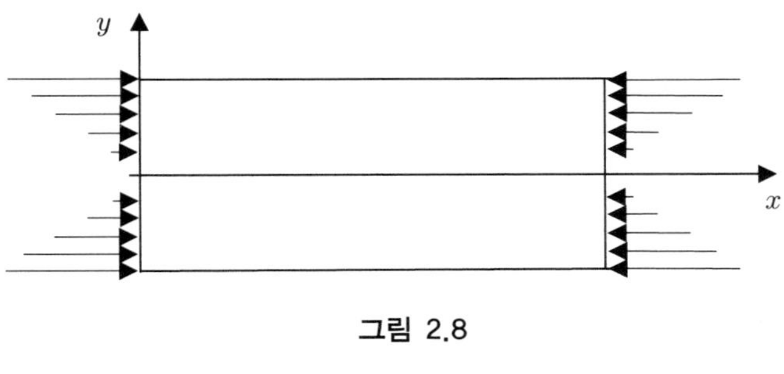

그림 2.8

이 경우는 x, y에 관계없이 $\sigma_y = \tau_{xy} = 0$이므로 식 (e)의 계수에서 $a_3 = b_3 = c_3 = 0$이 되어야 하고, 남는 응력은 σ_x뿐이다.

$$\sigma_x = d_3y \tag{f}$$

(ii) 응력상태가 $\sigma_x = 0$, $\sigma_{y=\pm h} = \text{const.}$인 경우

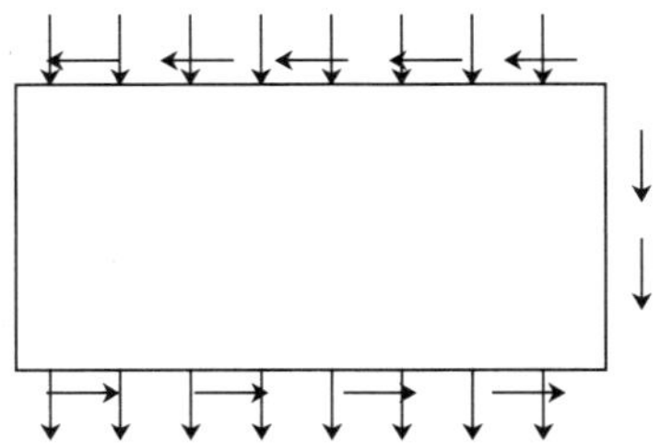

그림 2.9

이 경우는 x, y에 관계없이 $\sigma_x = 0$이므로 식 (e)의 계수에서 $c_3 = d_3 = 0$이 되어야 한다. 또한 $\sigma_{y=\pm h} = \text{const.}$이므로 $\sigma_y = a_3 x \pm b_3(\pm h) = \text{const.}$에서 $a_3 = 0$이 된다. $a_3 = c_3 = d_3 = 0$이므로 남는 응력은 σ_y, τ_{xy}이다.

$$\begin{aligned} \sigma_y &= b_3 y \\ \tau_{xy} &= -b_3 x \end{aligned} \tag{g}$$

• **Airy stress function을 식 (h)와 같이 4차 다항식으로 가정한 경우**

$$\phi = \phi_4 = a_4 x^4 + b_4 x^3 y + c_4 x^2 y^2 + d_4 x y^3 + e_4 y^4 \tag{h}$$

식 (h)를 식 (a)에 대입하면 식 (i)와 같이 되고 이것은 만족되어야 한다.

$$6a_4 + c_4 + 6e_4 = 0 \tag{i}$$

식 (i)가 만족될 때 응력분포는

$$\begin{aligned} \sigma_x &= \frac{\partial^2 \phi}{\partial y^2} = 2c_4 x^2 + 6d_4 xy + 12e_4 y^2 \\ \sigma_y &= \frac{\partial^2 \phi}{\partial x^2} = 12a_4 x^2 + 6b_4 xy + 2c_4 y^2 \\ \tau_{xy} &= -\frac{\partial^2 \phi}{\partial x \partial y} = -3b_4 x^2 - 4c_4 xy - 3d_4 y^2 \end{aligned} \tag{j}$$

응력상태가 $\sigma_y = 0$인 경우

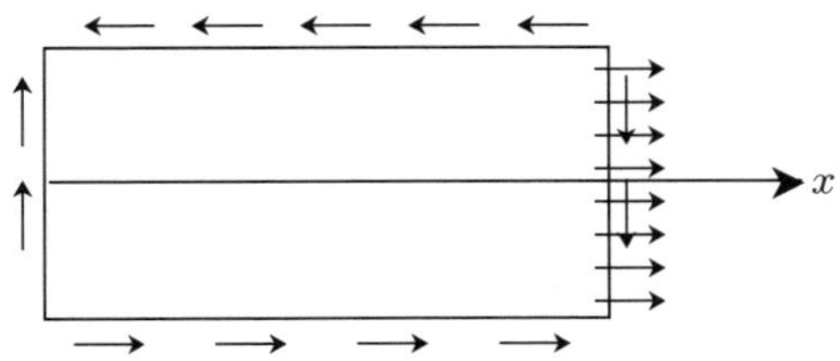

그림 2.10

이 경우 x, y에 관계없이 $\sigma_y = 0$이므로 식 (j)의 계수에서 $a_4 = b_4 = c_4 = 0$이 된다. 식 (i)에서 $e_4 = -\frac{1}{6}(c_4 + 6a_4)$를 σ_x에 대입하면 남는 응력분포는 식 (k)와 같이 된다.

$$\begin{aligned} \sigma_x &= 6d_4xy \\ \tau_{xy} &= -3d_4y^2 \end{aligned} \tag{k}$$

- **beam 문제에 적용**

그림 2.11과 같이 끝단에 하중 P가 작용하는 외팔보의 문제를 2차원 문제 해들의 조합으로 생각해 보자.

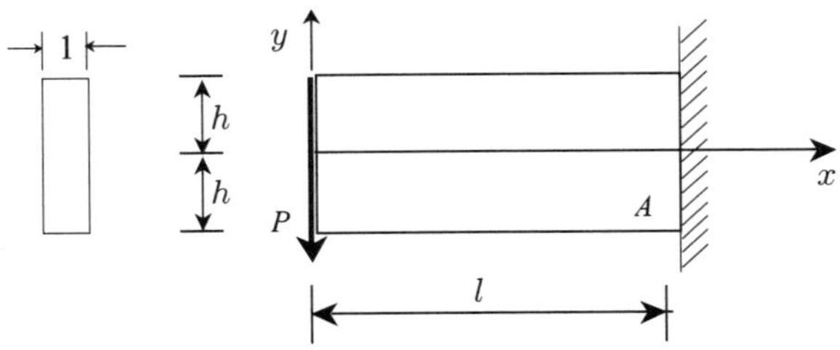

그림 2.11

그림 2.11의 응력상태는 그림 2.7에서 순수전단(pure shear) 부분과 그림 2.10의 응력상태의 조합으로 생각할 수 있다.

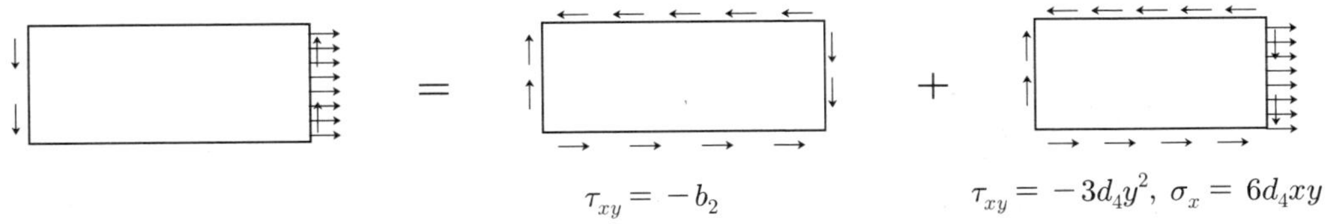

그림 2.11　　그림 2.7　　그림 2.10

따라서 그림 2.11의 응력상태는 식 (1)과 같이 된다.

$$\begin{aligned}\sigma_x &= 6d_4xy \\ \sigma_y &= 0 \\ \tau_{xy} &= -b_2 - 3d_4y^2\end{aligned} \tag{1}$$

외팔보는 $y = \pm h$에서 자유경계이므로 $\tau_{xy} = 0$이 된다.

$$\left.\tau_{xy}\right)_{y=\pm h} = -b_2 - 3d_4h^2 = 0 \tag{m}$$

식 (m)에서

$$d_4 = -\frac{1}{3}\frac{b_2}{h^2} \tag{n}$$

외팔보는 $x = 0$에서 shear force가 $-P$이므로

$$\int_{-h}^{h}\tau_{xy}\,dy = \int_{-h}^{h}\left(-b_2 + \frac{b_2}{h^2}y^2\right)dy = -P$$

가 되며, 이 식을 풀면 b_2를 구할 수 있고, b_2를 식 (n)에 대입하면 계수를 다음과 같이 모두 구할 수 있다.

$$\begin{aligned}b_2 &= \frac{3}{4}\frac{P}{h} \\ d_4 &= -\frac{1}{4}\frac{P}{h^3}\end{aligned} \tag{o}$$

식 (o)의 계수를 식 (1)의 응력분포식에 대입하여 정리하면 외팔보의 응력분포를 다음과 같이 위치의 함수로 얻게 된다.

$$\begin{aligned}\sigma_x &= -\frac{Pxy}{I}, \quad \sigma_y = 0 \\ \tau_{xy} &= -\frac{P}{I}\frac{1}{2}(h^2 - y^2)\end{aligned} \tag{p}$$

$I = \frac{2}{3}h^3$: 단면 2차 모멘트

응력분포를 위치의 함수로 얻었으므로 변위분포를 구하기 위하여 응력-변형률 관계식과 변형률-변위 관계식에 다음과 같이 적용한다.

$$\epsilon_x = \frac{\partial u}{\partial x} = \frac{1}{E}\Big(\sigma_x - \nu\,(\sigma_y + \sigma_z)\Big) = \frac{\sigma x}{E} = -\frac{Pxy}{EI} \tag{q}$$

$$\epsilon_y = \frac{\partial v}{\partial y} = \frac{1}{E}\Big(\sigma_y - \nu\,(\sigma_x + \sigma_z)\Big) = -\frac{\nu\,\sigma x}{E} = \frac{\nu\,Pxy}{EI} \tag{r}$$

$$\gamma_{xy} = \frac{\partial u}{\partial y} + \frac{\partial v}{\partial x} = \frac{\tau_{xy}}{G} = -\frac{P}{2IG}(h^2 - y^2) \tag{s}$$

식 (q)를 적분하면

$$u = -\frac{Px^2y}{2EI} + f\,(y) \tag{q)$'$}$$

식 (r)을 적분하면

$$v = \frac{\nu\,Pxy^2}{2EI} + g\,(x) \tag{r)$'$}$$

식 (q)′, (r)′을 식 (s)에 대입하면

$$-\frac{Px^2}{2EI} + f\,'(y) + \frac{\nu\,Py^2}{2EI} + g\,'(x) = -\frac{P}{2IG}(h^2 - y^2) \tag{s)$'$}$$

식 (s)′에서 x만의 함수, y만의 함수, x와 y에 독립적인 상수항으로 구별하여 다시 쓰면 식 (s)″과 같이 된다.

$$F(x) + G(y) = K \tag{s)$''$}$$

여기서, $F(x) = -\dfrac{Px^2}{2EI} + g\,'(x)$

$$G(y) = \frac{\nu\,Py^2}{2EI} - \frac{Py^2}{2IG} + f\,'(y)$$

$$K = -\frac{Ph^2}{2IG}$$

$F(x)$, $G(y)$는 x, y의 변화에 관계없이 각각 상수값을 가져야 한다.

$$F(x) = -\frac{Px^2}{2EI} + g'(x) = c_1$$

$$G(y) = \frac{\nu Py^2}{2EI} - \frac{Py^2}{2IG} + f'(y) = c_2$$

이것을 $g'(x)$, $f'(y)$에 관해 다시 쓰면 다음과 같이 된다.

$$g'(x) = \frac{Px^2}{2EI} + c_1$$

$$f'(y) = -\frac{\nu Py^2}{2EI} + \frac{Py^2}{2IG} + c_2$$

$g'(x)$, $f'(y)$를 적분하면 식 (t)와 같이 $g(x)$, $f(y)$를 얻게 된다.

$$\begin{aligned} g(x) &= \frac{Px^3}{6EI} + c_1x + d_1 \\ f(y) &= -\frac{\nu Py^3}{6EI} + \frac{Py^3}{6IG} + c_2y + d_2 \end{aligned} \qquad \text{(t)}$$

식 (t)의 $g(x)$, $f(y)$를 식 (q)′, (r)′에 대입하면 적분상수를 포함하는 변위함수를 식 (u_1), (u_2)와 같이 얻게 된다.

$$u = -\frac{Px^2y}{2EI} - \frac{\nu Py^3}{6EI} + \frac{Py^3}{6IG} + c_2y + d_2 \qquad (u_1)$$

$$v = \frac{\nu Pxy^2}{2EI} + \frac{Px^3}{6EI} + c_1x + d_1 \qquad (u_2)$$

적분상수 c_1, c_2, d_1, d_2는 3개의 구속조건과 식 (s)″의 조건으로 다음과 같이 구속조건 4개를 기술할 수 있다.

$$c_1 + c_2 = K = -\frac{Ph^2}{2IG} \qquad (v_1)$$

$$x = l,\ y = 0\text{에서 } u = 0 \qquad (v_2)$$

$$x = l,\ y = 0\text{에서 } v = 0 \qquad (v_3)$$

A점에서 수평축이 고정된 경우 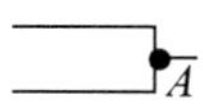

$$x = l,\ y = 0\text{에서}\ \frac{\partial u}{\partial y} \neq 0,\ \frac{\partial v}{\partial x} = 0 \qquad (v_4)$$

A점에서 수직축이 고정된 경우 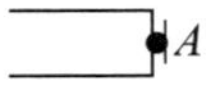

$$x = l,\ y = 0\text{에서}\ \frac{\partial u}{\partial y} = 0,\ \frac{\partial v}{\partial x} \neq 0 \qquad (v_4{}')$$

구속조건 (v_1), (v_2), (v_3), (v_4)를 이용하면 적분상수 c_1, c_2, d_1, d_2를 다음과 같이 얻게 된다.

$$\begin{aligned} c_1 &= -\frac{Pl^2}{2EI} \\ c_2 &= \frac{Pl^2}{2EI} - \frac{Ph^2}{2IG} \\ d_1 &= \frac{Pl^3}{3EI} \\ d_2 &= 0 \end{aligned} \qquad (w)$$

적분상수 식 (w)를 변위함수 u, v에 대입하면 변위분포는 x, y의 함수로 다음과 같이 얻게 된다.

$$u = -\frac{Px^2y}{2EI} - \frac{\nu Py^3}{6EI} + \frac{Py^3}{6IG} + \left(\frac{Pl^2}{2EI} - \frac{Ph^2}{2IG}\right)y \qquad (x_1)$$

$$v = \frac{\nu Pxy^2}{2EI} + \frac{Px^3}{6EI} - \frac{Pl^2}{2EI}x + \frac{Pl^3}{3EI} \qquad (x_2)$$

구속조건 (v_1), (v_2), (v_3), ($v_4{}'$)을 이용하면 c_1, c_2, d_1, d_2와 변위함수 u, v를 다음과 같이 얻게 된다.

$$\begin{aligned} c_1 &= -\frac{Pl^2}{2EI} - \frac{Ph^2}{2IG} \\ c_2 &= \frac{Pl^2}{2EI} \\ d_1 &= \frac{Pl^3}{3EI} \\ d_2 &= 0 \end{aligned} \qquad (y)$$

$$u = -\frac{Px^2y}{2EI} - \frac{\nu Py^3}{6EI} + \frac{Py^3}{6IG} + \frac{Pl^2}{2EI}y \tag{z_1}$$

$$v = \frac{\nu Pxy^2}{2EI} + \frac{Px^3}{6EI} - \left(\frac{Pl^2}{2EI} + \frac{Ph^2}{2IG}\right)x + \frac{Pl^3}{3EI} \tag{z_2}$$

최대처짐(maximum diflection)은 구속조건 (v_4), (v_4')에 관계없이 다음과 같이 산출되며, 이것은 beam 이론의 결과와 동일하다.

$$v_{\max}\Big|_{x=0} = \frac{Pl^3}{3EI}$$

또한 중립축의 처짐곡선(detlection curve)은 구속조건 (v_4), (v_4')에서 다음과 같이 각각 나타난다.

(v_4)에서 $$v\Big|_{y=0} = \frac{Px^3}{6EI} - \frac{Pl^2}{2EI}x + \frac{Pl^3}{3EI}$$

(v_4')에서 $$v\Big|_{y=0} = \frac{Px^3}{6EI} - \left(\frac{Pl^2}{2EI} + \frac{Ph^2}{2IG}\right)x + \frac{Pl^3}{3EI}$$

또한 $x = l$에서 x 방향 변위는 구속조건 (v_4), (v_4')에서 다음과 같이 각각 나타난다.

(v_4)에서 $$u\Big|_{x=l} = -\frac{\nu Py^3}{6EI} + \frac{Py^3}{6IG} - \frac{Ph^2}{2IG}y$$

(v_4')에서 $$u\Big|_{x=l} = -\frac{\nu Py^3}{6EI} + \frac{Py^3}{6IG}$$

또한 구속점에서 기울기는 구속조건 (v_4), (v_4')에서 다음과 같이 각각 나타난다.

(v_4)에서 $$\frac{\partial u}{\partial y}\Big|_{\substack{x=l \\ y=0}} = -\frac{Ph^2}{2IG}$$

(v_4')에서 $$\frac{\partial v}{\partial x}\Big|_{\substack{x=l \\ y=0}} = -\frac{Ph^2}{2IG}$$

2.2.3 비틀림 문제(torsion)

물체가 순수하게 비틀림만을 받을 때 일어나는 변형을 이해하려는 노력은 크게 세 단계로 전개되었다. 1784년 C. A. Coulomb(1736～1806)이 최초로 균일단면의 원형봉에 있어서 가장 단순한 가정으로 모델링을 하여 비틀림 변형을 해석하였다. 이것은 오늘날 『초등재료역학』에서 다루는 비틀림 문제로, 단면이 비틀린 후에도 최초의 평면 상태를 그대로 유지한다는 가정으로 해석된 것이다. 이 수학모델은 균일단면의 원형봉에서는 어느 정도 실험결과(실제 현상)와 일치하지만 단면이 원형이 아닐 때, 비틀린 후에 단면이 최초 평면을 유지하지 않는다는 것이 밝혀지게 되었다.

프랑스의 실험 과학자 A. Duleau가 1820년 원형단면봉과 사각단면봉에 대한 비틀림 실험을 통하여 이 사실을 밝혀냈다. 따라서 당시까지 맞다고 인정되던 Coulomb의 비틀림 문제는 단면형상에 따라 보다 진전된 수학모델을 필요로 하게 되었다. 이 실험으로 단면의 찌그러짐 현상(warping)이라는 것이 알려지게 되었고, 1853년 Saint-Venant(1797~1886)는 비틀림 문제에서 warping 현상까지 이해할 수 있는 수학모델을 제시하였다. 그러나 Saint-Venant의 수학모델은 해석에 있어 경계조건의 처리가 쉽지 않은 부분이 남아 있었다. 1903년 Ludwig Prandtl은 Saint-Venant의 해석방법에서 경계조건 문제를 보다 간단히 처리하기 위해 stress function을 도입하였다.

이 절에서는 이 세 단계를 간단히 요약하도록 한다. 간단히 요약되어 있는 내용이지만 대학자들이 수년 간 연구하여 얻어진 결과물들이라는 것을 우리들은 간과해서는 안 된다. 즉, 비틀림 문제가 탄성론에서 정립되는 데 120년 넘게 걸린 셈이다. 실제로 유한요소법을 이해하려는 사람들은 탄성론의 해석방법을 자세하게 이해하지 않아도 된다. 전체적인 흐름이 이러저러하다는 것만 이해하고 유한요소법을 공부해도 된다. 즉 여기에 기술된 탄성론의 수학적 풀이를 하나하나 이해하지 않아도 된다는 것이다. 다만, 모델링, 즉 가정을 어떻게 하였고, 수학자들이 어떻게 수학모델을 세웠고 하는 정도를 눈으로 이해하여도 유한요소법을 공부하는 데 큰 도움이 된다는 것을 주지시키려 한다.

(1) 단면 찌그러짐(warping)이 없다고 가정하는 비틀림 현상(균일 원형단면봉의 비틀림)

1784년 Coulomb이 해석하였던 이 문제의 해석방법은 2.1절의 (3)항에서 '탄성론의 일반화된 관계식을 직접 적용한 개별실물 해석 예'와 동일하다.

해석대상

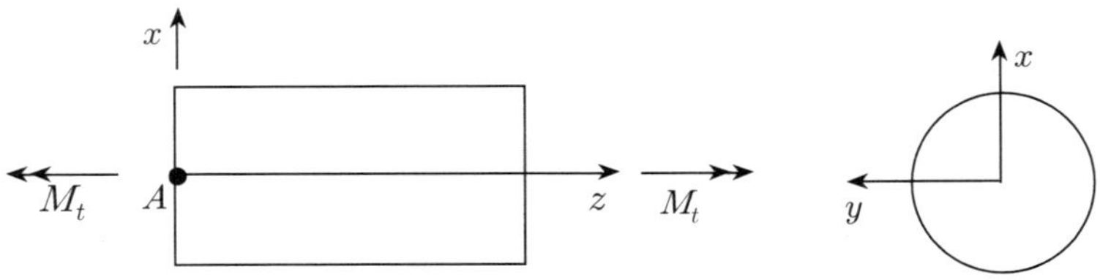

그림 2.12

형상: 균일단면 원형 bar
재질: $E,\ \nu$
하중: 외력 M_t(비틀림 모멘트)
경계조건: 그림과 같고 뒤에 상세 기술

탄성론 기본 구성방정식

기술 생략: 식 (2.1), (2.2), (2.3)

모델링 → 가 정

① 비틀림 변형량이 작다.
② 변형 후에도 축에 수직한 단면은 찌그러짐이 없이 평면을 그대로 유지한다.

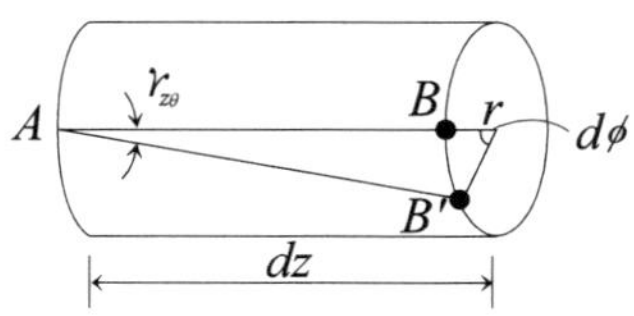

그림 2.13

원통좌표에서 생각하면

$$\epsilon_r = \epsilon_\theta = \epsilon_z = \gamma_{r\theta} = \gamma_{rz} = 0$$

$$\gamma_{z\theta} \neq 0 \tag{a}$$

$$\gamma_{z\theta} = \frac{BB'}{AB} = \frac{rd\phi}{dz} = r\theta \tag{b}$$

θ: 단위길이당 비틀림각$\left(\dfrac{d\phi}{dz}\right)$

변형 후에도 평면을 유지한다는 가정에서 변위 $w=0$ (c)

모델링 ➜ 수학모델

가정 (a), (b), (c)를 식 (2.1), (2.2), (2.3)에 대입하여 다시 쓴다. 단, 원통좌표계로 표현되는 다음의 응력-변형률 관계식은 직교좌표계로 전환하여 처리한다.

$$\gamma_{z\theta} = \frac{\tau_{z\theta}}{G}$$
$$\tau_{z\theta} = G\gamma_{z\theta} = Gr\theta \tag{d}$$

식 (d)를 이용하여 전단응력 $\tau_{z\theta}$를 직교좌표로 전환한다.

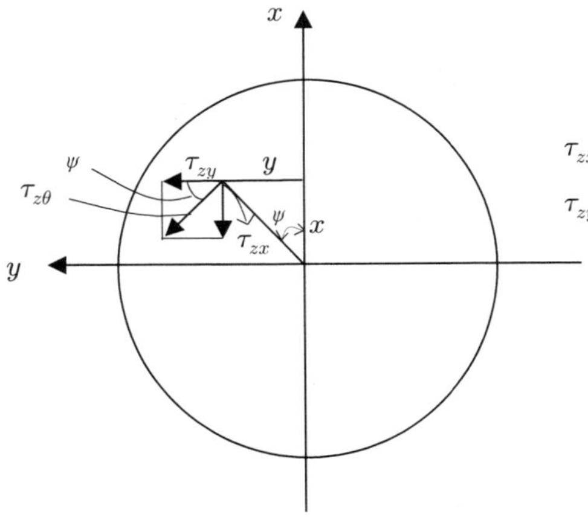

$$\tau_{zx} = -\tau_{z\theta}\sin\psi = -G\theta y$$
$$\tau_{zy} = \tau_{z\theta}\cos\psi = G\theta x$$

그림 2.14

» 응력-변형률 관계식

$$\gamma_{yz} = \frac{\tau_{yz}}{G} = \theta x$$
$$\gamma_{zx} = \frac{\tau_{zx}}{G} = -\theta y \tag{e}$$

» 변형률-변위 관계식

$$\epsilon_x = \frac{\partial u}{\partial x} = 0 \tag{f$_1$}$$

$$\epsilon_y = \frac{\partial v}{\partial y} = 0 \tag{f$_2$}$$

$$\gamma_{xy} = \frac{\partial v}{\partial x} + \frac{\partial u}{\partial y} = 0 \tag{f_3}$$

$$\gamma_{yz} = \frac{\partial v}{\partial z} = \theta x \tag{f_4}$$

$$\gamma_{zx} = \frac{\partial u}{\partial z} = -\theta y \tag{f_5}$$

해석

식 (f_4), (f_5)를 적분하면 식 (g)를 얻는다.

$$\begin{aligned} u &= -\theta yz + u_o(x,\ y) \\ v &= \theta xz + v_o(x,\ y) \end{aligned} \tag{g}$$

식 (g)를 식 (f_3)에 대입하면 식 (h)를 얻는다.

$$\frac{\partial v_o}{\partial x} + \frac{\partial u_o}{\partial y} = 0 \tag{h}$$

식 (g)를 식 (f_1), (f_2)에 대입하면 다음 식 (i), (j)를 얻는다.

$$\begin{aligned} \epsilon_x &= \frac{\partial u}{\partial x} = \frac{\partial u_o}{\partial x} = 0 \\ u_o &= u_o(y) \end{aligned} \tag{i}$$

$$\begin{aligned} \epsilon_x &= \frac{\partial u}{\partial x} = \frac{\partial u_o}{\partial x} = 0 \\ v_0 &= v_o(x) \end{aligned} \tag{j}$$

식 (h), (i), (j)를 만족하려면 식 (k)가 되어야 한다.

$$\begin{aligned} u_o &= ay + b \\ v_o &= -ax + c \end{aligned} \tag{k}$$

식 (k)를 식 (g)에 대입하면 식 (1)을 얻고, 미정계수 a, b, c는 경계조건에서 구한다.

$$u = -\theta yz + ay + b$$
$$v = \theta xz - ax + c \tag{l}$$

경계조건

점 $A(x=0,\ y=0,\ z=0)$에서

경계조건은 $\quad u = v = 0 \quad$ (강체운동 없음)

$$\frac{\partial v}{\partial x} = \frac{\partial u}{\partial y} = 0 \quad (z\text{축에 관한 회전 없음})$$

과 같이 되고, 여기에서 식 (1)의 미정계수 a, b, c를 구하면 다음과 같이 된다.

$$a = b = c = 0$$

해석 결과

따라서 해석 결과로 변위 성분, 응력 성분, 변형률 성분을 다음과 같이 얻게 된다.

$$u = -\theta yz$$
$$v = \theta xz$$
$$\tau_{xz} = -G\theta y$$
$$\tau_{yz} = G\theta x \tag{m}$$
$$\gamma_{yz} = \theta x$$
$$\gamma_{zx} = -\theta y$$

참고로, 여기에서는 하중-응력 평형조건식이 아직 사용되지 않았다. 이것을 초등 재료역학에서 사용되는 평형조건 적용방법으로 간단히 다음과 같이 생각할 수 있다.

$$\int (\tau_{z\theta}\, dA)(r) = M_t$$
$$\tau_{z\theta} = Gr\theta \tag{n}$$
$$dA = 2\pi\, r\, d\, r$$

$$\int 2\pi\, G\theta\, r^3 dr = M_t$$

$$\theta = \frac{M_t}{GI_p} \tag{n}$$

$$I_p = \frac{\pi D^4}{32}$$

- **비틀림 문제를 통한 탄성론 해석방법의 갈래**
  - inverse-method
  - semi-inverse method

지금까지의 평면응력 문제와 균일 단면원형봉에 관한 해석방법은 응력 성분을 먼저 가정하여 놓고 변위 성분, 변형률 성분을 찾아가는 방법이었다. Saint-Venant는 비틀림 문제에서 warping이 발생하는 경우에 Coulomb의 해석방법의 오류를 발견하였다. 1853년 그는 Cauchy, Poncelet, Piobert, Láme 등이 참석한 학회에서 warping이 발생하는 경우의 비틀림 문제를 해석하는 방법을 발표하였다. 이 해석방법은 기존의 응력을 가정하던 방법과 달리 변위를 가정하여 응력과 변형률을 찾아가는 방법으로 Saint-Venant는 이 방법을 semi-inverse method라 불렀다. 참석한 학자들은 이 방법의 유용성을 인정하였고 책으로 출간하라는 추천을 하였다.[2] 이때부터 응력 성분을 가정하고 해석하던 방법을 inverse-method라 부르고, 변위 성분을 가정하고 해석하는 방법을 semi-inverse method라 부르게 되었다. 이것은 뒤에 논하는 유한요소법에서도 응력법과 변위법이라는 명칭으로 응력 성분을 가정하거나 변위 성분을 가정하는 유한요소법이 나타나게 되는 동기를 제시하였다고 할 수 있다.

2 warping이 있는 비틀림 현상

다음은 변위를 가정하는 semi-inverse method로 warping이 있는 비틀림 현상을 1853년 Saint-Venant가 최초로 해석한 내용을 기술한다.

2) Timoshenko, *History of Strength of Materials*, Dover.

해석대상

그림 2.15

탄성론 기본 구성방정식

기술 생략: 식 (2.1), (2.2), (2.3)

모델링 ➜ 가 정

변위의 가정(Coulomb의 해석 결과에 warping 현상의 가정을 추가)

$$u = -\theta z y, \quad v = \theta z x, \quad w = \theta \psi(x, y) \tag{a}$$

여기서, $\psi = \psi(x, y)$는 warping function이라 부르고, 나중에 결정한다.

모델링 ➜ 수학모델

변형률-변위 관계식에 식 (a)를 대입하면 다음을 얻는다.

» 변형률-변위 관계식

$$\begin{aligned} &\epsilon_x = \epsilon_y = \epsilon_z = \gamma_{xy} = 0 \\ &\gamma_{zx} = \frac{\partial w}{\partial x} + \frac{\partial u}{\partial z} = \theta \frac{\partial \psi}{\partial x} - \theta y = \theta \left(\frac{\partial \psi}{\partial x} - y \right) \\ &\gamma_{zy} = \frac{\partial w}{\partial y} + \frac{\partial v}{\partial z} = \theta \frac{\partial \psi}{\partial y} + \theta x = \theta \left(\frac{\partial \psi}{\partial y} + x \right) \end{aligned} \tag{b}$$

응력-변형률 관계식에 식 (b)를 대입하면 다음을 얻는다.

» 응력-변형률 관계식

$$
\begin{aligned}
&\sigma_x = \sigma_y = \sigma_z = \tau_{xy} = 0 \\
&\tau_{zx} = G\,r_{zx} = G\theta\left(\frac{\partial\psi}{\partial x} - y\right) \\
&\tau_{zy} = G\,r_{zy} = G\theta\left(\frac{\partial\psi}{\partial y} + x\right)
\end{aligned}
\tag{c}
$$

하중-응력 평형조건에서 body force를 무시하고 식 (c)를 적용하면 식 (d)를 얻는다.

» 하중-응력 평형조건

$$
\frac{\partial \tau_{xz}}{\partial x} + \frac{\partial \tau_{yz}}{\partial y} = 0, \quad \frac{\partial \tau_{zx}}{\partial z} = 0, \quad \frac{\partial \tau_{zy}}{\partial z} = 0
$$

식 (c)를 적용하면

$$
\frac{\partial^2\psi}{\partial x^2} + \frac{\partial^2\psi}{\partial y^2} = 0 \tag{d}
$$

과 같이 되고 warping function ψ는 식 (d)를 만족하여야 하는 조건을 갖게 된다.

경계조건

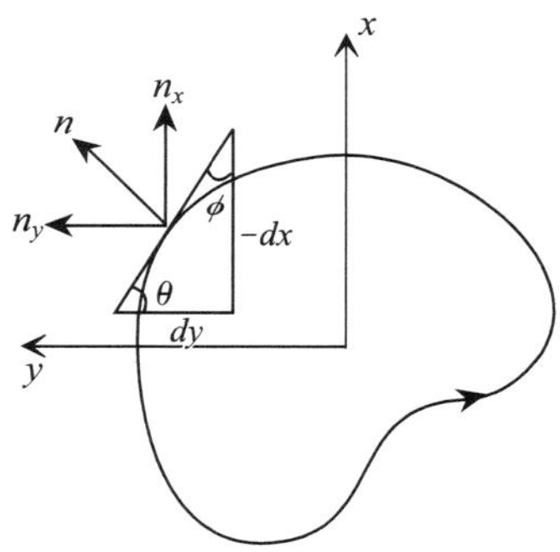

$$
\begin{aligned}
&\theta + \phi = \frac{\pi}{2} \\
&n_x = \cos\theta = \frac{dy}{ds} \\
&n_y = \cos\phi = -\frac{dx}{ds}
\end{aligned}
$$

그림 2.16

$$
\begin{aligned}
&T_x = \sigma_{xx}\,n_x + \tau_{xy}\,n_y + \tau_{xz}\,n_z \\
&T_y = \tau_{yz}\,n_x + \sigma_{yy}\,n_y + \tau_{yz}\,n_z \\
&T_z = \tau_{zx}\,n_x + \tau_{zy}\,n_y + \sigma_{zz}\,n_z
\end{aligned}
$$

표면에서 $T_x = T_y = T_z = 0$이고 식 (c)에서 $\sigma_x = \sigma_y = \sigma_z = \tau_{xy} = 0$이므로

다음 식 (e)를 얻는다.

$$\tau_{zx} n_x + \tau_{zy} n_y = 0 \tag{e}$$

식 (c)를 식 (e)에 대입하면 식 (f)를 얻는다.

$$\left(\frac{\partial \psi}{\partial x} - y\right)\frac{dy}{ds} - \left(\frac{\partial \psi}{\partial y} + x\right)\frac{dx}{ds} = 0 \tag{f}$$

warping function $\psi(x, y)$는 식 (f)도 만족하여야 한다. 따라서 1853년 Saint-Venant가 제시한 warping을 고려한 비틀림 문제는 식 (d), (f)를 만족하는 warping function $\psi(x, y)$를 결정하는 문제로 전환된 것이라 할 수 있다. 식 (d), (f)를 만족하는 ψ만 얻게 되면 변위, 응력, 변형률 성분은 단순하게 얻을 수 있기 때문이다.

1853년 Saint-Venant는 타원단면축(elliptic shaft)에 대하여 식 (d), (f)를 만족하는 warping function ψ를 다음과 같이 가정하여 문제를 해결하였다.

$$\psi = \frac{b^2 - a^2}{a^2 + b^2} xy \tag{g}$$

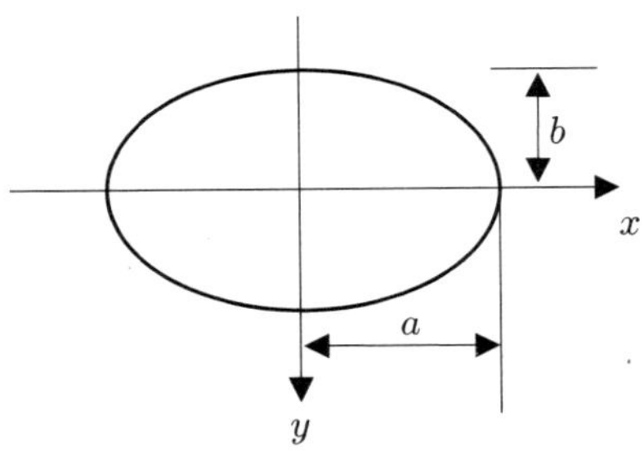

그림 2.17

그러나 실제 문제에서 식 (d), (f)를 만족하는 ψ를 찾는 것이 용이하지 않다. 그런 이유로 1903년 Prandtl이 stress function을 도입하여 Saint- Venant의 비틀림 문제를 다시 정리하였다.

3 1903년 Prandtl의 stress function에 의한 비틀림 현상

Saint-Venant의 warping을 고려한 비틀림 문제 해결에서 경계조건 식 (f)를 만족하는 warping function의 가정이 용이하지 않기 때문에 Prandtl은 경계조건을 간단히 처리하기 위하여 stress function을 제안하였다.

모델링 → 수학모델

하중-응력 평형조건을 다시 쓰면 다음과 같이 된다.

$$\frac{\partial \tau_{zx}}{\partial z} = 0, \quad \frac{\partial \tau_{zy}}{\partial z} = 0, \quad \frac{\partial \tau_{xz}}{\partial x} + \frac{\partial \tau_{yz}}{\partial y} = 0$$

하중-응력 평형조건을 만족하는 stress function ϕ를 도입하면 식 (h)와 같이 나타낼 수 있다.

$$\tau_{zx} = \frac{\partial \phi}{\partial y}, \qquad \tau_{zy} = -\frac{\partial \phi}{\partial x} \tag{h}$$

식 (c)를 식 (h)에 대입하면 식 (i_1), (i_2)를 얻는다.

$$\frac{\partial \phi}{\partial y} = G\theta\left(\frac{\partial \psi}{\partial x} - y\right) \tag{i₁}$$

$$-\frac{\partial \phi}{\partial x} = G\theta\left(\frac{\partial \psi}{\partial y} + x\right) \tag{i₂}$$

식 (i_1), (i_2)에서 warping function ψ를 소거할 수 있다. (i_1)을 y에 관하여, (i_2)를 x에 관하여 미분하고 빼면 다음을 얻는다.

$$\frac{\partial^2 \phi}{\partial x^2} + \frac{\partial^2 \phi}{\partial y^2} = F \tag{j}$$

단, 여기서

$$F = -2G\theta \tag{k}$$

경계조건

stress function ϕ가 도입된 하중-응력 평형조건을 경계조건 식 (e)에 대입하면

$$\frac{\partial\phi}{\partial y} n_x + \frac{\partial\phi}{\partial x} n_y = \frac{\partial\phi}{\partial y}\frac{dy}{ds} + \left(-\frac{\partial\phi}{\partial x}\right)\left(-\frac{dx}{ds}\right) = 0$$

과 같이 되고, 이것은

$$\frac{d\phi}{ds} = 0 \tag{l}$$

으로 표현된다. 즉, stress function ϕ는 식 (j)와 (l)을 만족하도록 가정되는데 식 (1)은 ϕ가 경계에서 상수(constant)가 됨을 의미한다.

경계조건 예

경계(boundary)에서 traction이 비틀림 모멘트 M_t만 존재한다고 할 때, 외력과 응력의 결과력과의 관계를 살펴보자.

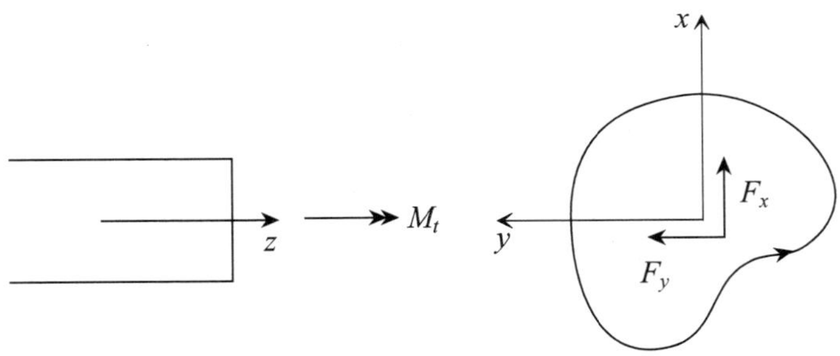

그림 2.18

$$\begin{aligned} &n_x = n_y = 0, \quad n_z = \pm 1 \\ &T_x = \pm\tau_{xz} \\ &T_y = \pm\tau_{yz} \end{aligned} \tag{m}$$

응력의 결과력은 식 (m)에서 다음과 같이 기술할 수 있다.

$$\begin{aligned} F_x &= \int\int T_x\, dxdy = \int\int \tau_{zx} dxdy = \int\int \frac{\partial\phi}{\partial y} dxdy \\ &= \int dx \int \frac{\partial\phi}{\partial y} dy = \int dx\, [\phi]_{경계} = 0 \end{aligned}$$

$$F_y = \int\int T_y\, dxdy = \int\int \tau_{zy}\, dxdy = -\int\int \frac{\partial \phi}{\partial x} dxdy$$
$$= -\int dy \int \frac{\partial \phi}{\partial x} dy = -\int dy\, [\phi]_{경계} = 0$$

응력이 경계에서 0이므로($\phi = 0$) x, y 방향의 응력의 결과력 F_x, F_y는 0이 된다는 것을 보여주고 있다. 경계에서 비틀림 모멘트 M_t와 응력의 결과력과의 관계는 다음과 같다.

$$M_t = \int\int \left(T_y\, x + T_x\, (-y) \right) dxdy$$
$$= \int\int \left(\tau_{zy} x - \tau_{zx} y \right) dxdy \tag{n}$$
$$= -\int\int \frac{\partial \phi}{\partial x} x\, dxdy - \int\int \frac{\partial \phi}{\partial y} y\, dxdy$$

식 (n)을 부분 적분하면,

$$M_t = 2\int\int \phi\, dxdy \tag{o}$$

결국 Prandtl의 stress function을 이용한 비틀림 문제는 stress function ϕ를 식 (j)와 식 (l)을 만족하도록 가정하면 응력함수 ϕ와 외력 비틀림 모멘트 M_t와의 관계는 식 (o)와 같이 되고, 나머지 변위, 응력, 변형률 성분을 모두 구할 수 있게 된다는 것이다.

해석 예

Prandtl의 stress function을 이용한 타원단면봉의 비틀림 문제를 해석해 보자.

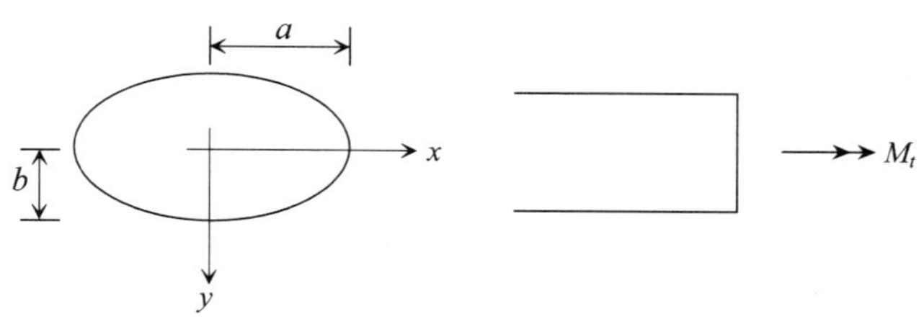

그림 2.19

단면의 경계는 다음과 같다.

$$\frac{x^2}{a^2} + \frac{y^2}{b^2} - 1 = 0 \tag{p}$$

응력함수 ϕ가 경계에서 0임을 이용하여 다음과 같이 stress function을 가정할 수 있다.

$$\phi = m\left(\frac{x^2}{a^2} + \frac{y^2}{b^2} - 1\right) \tag{q}$$

응력함수 식 (q)는 평형조건식에서 비롯된 식 (j)를 만족해야 하므로 대입하면 계수 m을 다음과 같이 기술할 수 있게 된다.

$$\frac{\partial^2\phi}{\partial x^2} + \frac{\partial^2\phi}{\partial y^2} = F = -2G\theta \tag{j}$$

$$m = \frac{a^2b^2}{2(a^2+b^2)}F \tag{r}$$

식 (r)을 식 (q)에 대입하면 응력함수는 다음과 같이 표현된다.

$$\phi = \frac{a^2b^2F}{2(a^2+b^2)}\left(\frac{x^2}{a^2} + \frac{y^2}{b^2} - 1\right) \tag{s}$$

응력의 결과력과 외력과의 관계식 (o)에서 다음을 얻게 된다.

$$\begin{aligned} M_t &= 2\int\int \phi\, dxdy \\ &= \frac{a^2b^2F}{a^2+b^2}\left(\frac{1}{a^2}\int\int x^2\, dxdy + \frac{1}{b^2}\int\int y^2\, dxdy - \int\int dxdy\right) \end{aligned} \tag{t}$$

식 (t)에서

$$\int\int x^2\, dxdy = I_y = \frac{\pi ba^3}{4}$$

$$\int\int y^2\, dxdy = I_x = \frac{\pi ab^3}{4}$$

$$\int\int dxdy = \pi ab$$

가 된다. 그러므로 식 (t)는 다음과 같이 간략화된다.

$$M_t = -\frac{\pi a^3 b^3 F}{2(a^2 + b^2)} \tag{u_1}$$

$$F = -\frac{2M_t (a^2 + b^2)}{\pi a^3 b^3} \tag{u_2}$$

식 (u₂)를 식 (s)에 넣어 stress function을 다시 쓰면 외력 비틀림 모멘트 M_t로 표현되는 응력함수를 다음과 같이 얻게 된다.

$$\phi = -\frac{M_t}{\pi a b}\left(\frac{x^2}{a^2} + \frac{y^2}{b^2} - 1\right) \tag{v}$$

즉, 이제 온전한 응력함수를 구한 것이다. 식 (v)를 이용하여 응력, 변위 성분을 다음과 같이 모두 구할 수 있다.

응력 성분은

$$\begin{aligned} \tau_{xz} &= \frac{\partial \phi}{\partial y} = -\frac{2M_t\, y}{\pi a b^3} \\ \tau_{yz} &= -\frac{\partial \phi}{\partial x} = \frac{2M_t\, x}{\pi a^3 b} \end{aligned} \tag{w}$$

변위 성분은 식 (k)에서

$$\theta = -\frac{F}{2G} = \frac{M_t (a^2 + b^2)}{G\pi a^3 b^3}$$

이므로

$$\begin{aligned} u &= -\theta z y = -\frac{M_t (a^2 + b^2)}{G\pi a^3 b^3} z y \\ v &= \theta z x = \frac{M_t (a^2 + b^2)}{G\pi a^3 b^3} z x \\ w &= \theta\, \psi(x,\ y) \end{aligned} \tag{x}$$

와 같이 된다. 그러나 z축 방향 변위 w는 아직 Saint-Venant의 warping function으로 표현되어 있으므로 이것을 다음과 같이 구하여 다시 표현하여야 한다. 식 (c), (k), (u₁), (w)를 다시 한 번 기술해 본다.

$$\tau_{zx} = G\theta\left(\frac{\partial\psi}{\partial x} - y\right)$$

$$\tau_{yz} = G\theta\left(\frac{\partial\psi}{\partial y} + x\right) \tag{c}$$

$$F = -2G\theta \tag{k}$$

$$M_t = -\frac{\pi a^3 b^3 F}{2(a^2+b^2)} \tag{u_1}$$

$$\tau_{xz} = \frac{\partial\phi}{\partial y} = -\frac{2M_t y}{\pi a b^3}$$

$$\tau_{yz} = -\frac{\partial\phi}{\partial x} = \frac{2M_t x}{\pi a^3 b} \tag{w}$$

위의 식 (c), (k), (u_1), (w)를 연립하여 ψ에 관해 풀면 다음과 같다.

$$\frac{\partial\psi}{\partial x} = \frac{b^2-a^2}{a^2+b^2}y$$

이 식을 적분하면 적분상수를 포함한 ψ에 관한 식 (y)를 얻는다.

$$\psi = \frac{(b^2-a^2)}{(a^2+b^2)}xy + \psi_o(y) \tag{y}$$

경계조건으로 $x=0$, $y=0$에서 warping은 없으므로 $\psi=0$이 된다. 그러므로 $\psi_o(y)=0$을 얻게 되고 warping function은

$$\psi(x, y) = \frac{(b^2-a^2)}{(a^2+b^2)}xy \tag{y'}$$

와 같이 얻게 된다. 이것을 식 (x)의 변위함수에 대입하면 z축 방향의 변위 w를 다음과 같이 구할 수 있다.

$$\begin{aligned} w &= \theta\,\psi(x, y) \\ &= M_t\frac{(b^2-a^2)}{G\pi a^3 b^3}xy \end{aligned} \tag{z}$$

warping 현상을 살펴보면 아래 그림과 같다.

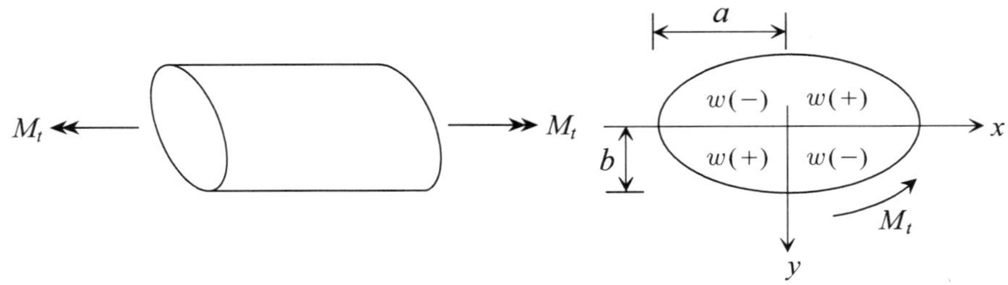

그림 2.20

2.2.4 beam 문제[균일 단면봉의 굽힘문제(bending of prismatical bars)]

부재(member)의 굽힘에 대한 변형의 이해는 인장과 함께 가장 오래된 문제이다. Galileo(1564~1642)가 인장과 굽힘에 대한 시험으로 재료의 변형 현상을 이해하려고 했고, 1638년 책으로 출간되면서 탄성론과 재료역학이 시작되었다고 할 수 있기 때문이다.

균일 단면봉의 굽힘에 대한 수학적 연구는 크게 Euler(1707~1783), Navier(1785~1836), Saint-Venant(1797~1886), Jourawski(1821~1891)로 이어진다고 할 수 있다. Euler는 1744년 그의 저서에서 처음으로 탄성선의 미분방정식을 기술하였고, 오늘날까지 『초등재료역학』에서 소개되고 있다. 그러나 이것은 탄성선(elastic curve)과 굽힘하중과의 관계이고, 응력의 개념이나 중립축의 개념 같은 것은 아직 도입되지 않은 것이었다. Navier는 1826년 재료역학에 관한 책 『Navier's Book on Strength of Materials』 초판(1st edition)을 발행하였다. 여기에서 그는 오늘날 『초등재료역학』에 기술되는 굽힘응력에 관한 내용과 중립축은 도심(centroid)을 지난다는 보(beam)에 관한 내용들을 소개하였다. Saint-Venant는 Navier가 사용한 가정(assumptions)들을 이용하여 굽힘문제를 수학적으로 명확하게 해석하였다. 이것으로써 그는 봉의 굽힘문제에 대하여 초등재료역학에 크게 기여하였고, 이에 관한 그의 연구는 1864년 Navier의 책(『Navier's Book on Strength of Materials』) 3판(3rd edition)에 소개되었다. 실제로 그의 이 연구는 1834년에 논문으로 발표되었는데 30년 뒤에야 책으로 소개된 셈이다. 여기에서 그는 단면 내에 전단응력의 분포를 명확히 밝히지 못하였다. Jourawski는 1842년 Petersburg와 Moscow 사이의 철도사업에 관여하게 되었는데, 여기에서 나무로 된 조립보에서 전단응력이 중요하게 영향을 미치고 무시할 수 없다는 것을 알게 되었다. 그는 보에서 전단응력을 근사적으로 구하는 내용을 1856년 발표하였고, 이 내용은 1864년 Navier의 책 3판에 소개되었으며, 엔지니어들이 엄밀한 수학적 해석이 이루어지지 않았음에도 불구하고 많이 활용하였던 내용이다.

이 장에서는 Euler, Navier, Saint-Venant, Jourawski로 이어지는 봉의 굽힘문제에 대한 연구에서 수학적으로 가장 크게 기여한 Saint-Venant의 연구내용을 소개하는 것으로 이 문제의 탄성론 해석방법을 대신하기로 한다. Navier의 방법은 3장 재료역학에서 소개된다.

1 균일 사각단면 대칭보의 순수굽힘 현상3)

해석대상

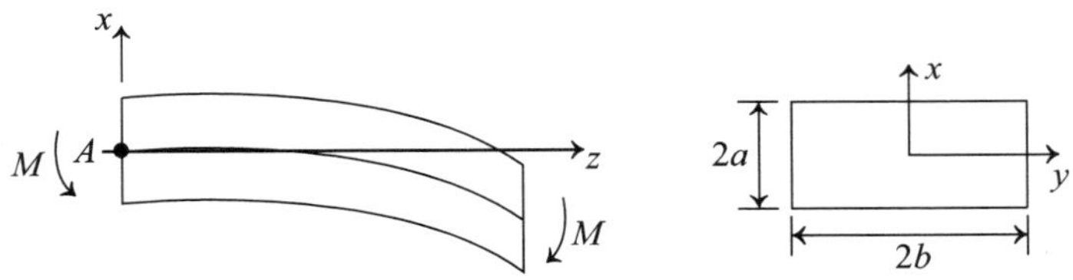

그림 2.21

형상: 균일 사각단면보
재질: E, ν
하중: 순수굽힘 모멘트 M
경계조건: 뒤에 상세 기술

탄성론 기본 구성방정식

기술 생략: 식 (2.1), (2.2), (2.3)

모델링 → 가 정

① 보의 단면은 변형 후에도 평면을 유지한다.($\gamma_{xy} = \gamma_{yz} = \gamma_{xz} = 0$)

3) Timoshenko and Goodier, *Theory of Elasticity*, 3rd Ed, McGraw - Hill

② 보의 길이 방향 섬유는 굽힘변형 중에 서로 누르지 않으며 단순 인장과 압축 상태로만 존재한다.($\sigma_x = \sigma_y = 0$)

③ 최초 중립축에 수직이었던 단면은 변형 후에도 중립축에 수직으로 남는다(전단변형의 영향은 없다: Euler beam이라 부른다).

①, ②, ③의 가정으로부터 다음과 같이 됨을 알 수 있다.

$$\sigma_z \neq 0, \quad \sigma_x = \sigma_y = \tau_{xy} = \tau_{yz} = \tau_{xz} = 0$$

모델링 ➜ 수학모델

『초등재료역학』에서 소개되는 Navier의 연구(1826년)는 가정 ②로부터 다음 식 (a)를 얻는 것을 보여준다.

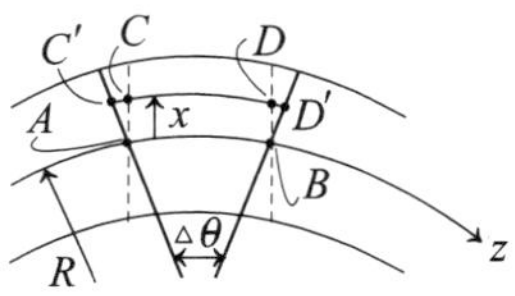

그림 2.22

$$\epsilon_z = \frac{C'D' - CD}{AB} = \frac{(R+x)\,\Delta\theta - R\Delta\theta}{R\Delta\theta} = \frac{x}{R}$$

$$\epsilon_z = \frac{x}{R} \qquad \text{(a)}$$

R: 곡률반경

» 변형률-변위 관계식

$$\epsilon_x = \frac{\partial u}{\partial x}$$

$$\epsilon_y = \frac{\partial v}{\partial y}$$

$$\epsilon_z = \frac{\partial w}{\partial z}$$

$$\gamma_{xy} = \frac{\partial u}{\partial y} + \frac{\partial v}{\partial x} = 0 \qquad \text{(b)}$$

$$\gamma_{yz} = \frac{\partial v}{\partial z} + \frac{\partial w}{\partial y} = 0$$

$$\gamma_{xz} = \frac{\partial u}{\partial z} + \frac{\partial w}{\partial x} = 0$$

» 응력-변형률 관계식

$$
\begin{aligned}
\epsilon_x &= \frac{1}{E}\Big(\sigma_x - \nu\,(\sigma_y + \sigma_z)\Big) = -\frac{\nu}{E}\sigma_z \\
\epsilon_y &= \frac{1}{E}\Big(\sigma_y - \nu\,(\sigma_x + \sigma_z)\Big) = -\frac{\nu}{E}\sigma_z \\
\epsilon_z &= \frac{1}{E}\Big(\sigma_z - \nu\,(\sigma_x + \sigma_y)\Big) = \frac{1}{E}\sigma_z
\end{aligned}
\tag{c}
$$

식 (a), (b), (c)를 연립하면 식 (d_1)~(d_6)와 같은 위치의 함수로 표현되는 변위에 대한 연립미분방정식을 얻게 된다.

$$\frac{\partial u}{\partial x} = -\frac{\nu}{R}x \tag{d$_1$}$$

$$\frac{\partial v}{\partial y} = -\frac{\nu}{R}x \tag{d$_2$}$$

$$\frac{\partial w}{\partial z} = \frac{1}{R}x \tag{d$_3$}$$

$$\frac{\partial u}{\partial y} + \frac{\partial v}{\partial x} = 0 \tag{d$_4$}$$

$$\frac{\partial v}{\partial z} + \frac{\partial w}{\partial y} = 0 \tag{d$_5$}$$

$$\frac{\partial u}{\partial z} + \frac{\partial w}{\partial x} = 0 \tag{d$_6$}$$

해석

식 (d_3)를 적분하면 식 (e)를 얻는다.

$$w = \frac{1}{R}xz + w_o\,(x,\ y) \tag{e}$$

식 (e)를 식 (d_5), (d_6)에 대입하고 적분하여 변위 u, v를 다음과 같이 위치의 함수로 표현할 수 있다. 즉,

식 (e)를 (d_5)에 대입하면 $\dfrac{\partial v}{\partial z} + \dfrac{\partial w_o}{\partial y} = 0$

$$v = -z\frac{\partial w_o}{\partial y} + v_o(x, y) \tag{f}$$

이고, 식 (e)를 (d_6)에 대입하면

$$\begin{aligned} &\frac{\partial u}{\partial z} + \frac{1}{R}z + \frac{\partial w_o}{\partial x} = 0 \\ &u = -\frac{1}{2R}z^2 - z\frac{\partial w_o}{\partial x} + u_o(x, y) \end{aligned} \tag{g}$$

와 같이 되고, 여기서 u_o, v_o, w_o는 x, y만의 함수가 된다. 식 (f)와 (g)를 (d_1), (d_2)에 대입한다.

$$\begin{aligned} &(f) \rightarrow (d_2) \qquad -z\frac{\partial^2 w_o}{\partial y^2} + \frac{\partial v_o}{\partial \mathrm{y}} = -\frac{\nu}{\mathrm{R}}x \\ &(g) \rightarrow (d_1) \qquad -z\frac{\partial^2 w_o}{\partial x^2} + \frac{\partial u_o}{\partial x} = -\frac{\nu}{\mathrm{R}}x \end{aligned} \tag{h}$$

z에 관계없이 식 (h)가 성립하려면 다음이 성립하여야 한다.

$$\begin{aligned} &\frac{\partial^2 w_o}{\partial x^2} = 0 \\ &\frac{\partial^2 w_o}{\partial y^2} = 0 \\ &\frac{\partial u_o}{\partial x} = -\frac{\nu}{R}x \\ &\frac{\partial v_o}{\partial y} = -\frac{\nu}{R}x \end{aligned} \tag{i}$$

식 (i)에서 u_o, v_o를 적분을 통하여 구하면 다음과 같다.

$$\begin{aligned} &u_o = -\frac{\nu}{2R}x^2 + f_1(y) \\ &v_o = -\frac{\nu}{R}xy + f_2(x) \end{aligned} \tag{j}$$

식 (j)를 식 (f), (g)에 넣어 변위 u, v를 다시 기술하면 다음과 같다.

$$\begin{aligned} u &= -\frac{1}{2R}z^2 - z\frac{\partial w_o}{\partial x} + u_o(x,\ y) \\ &= -\frac{1}{2R}z^2 - z\frac{\partial w_o}{\partial x} - \frac{\nu}{2R}x^2 + f_1(y) \\ v &= -z\frac{\partial w_o}{\partial y} + v_o(x,\ y) \\ &= -z\frac{\partial w_o}{\partial y} - \frac{\nu}{R}xy + f_2(x) \end{aligned} \tag{k}$$

식 (k)를 식 (d_4)에 대입하여 정리하면 식 (l)과 같이 된다.

$$\begin{aligned} &\frac{\partial u}{\partial y} + \frac{\partial v}{\partial x} = 0 \\ &\left(-z\frac{\partial^2 w_o}{\partial x\,\partial y} + \frac{\partial f_1(y)}{\partial y}\right) + \left(-z\frac{\partial^2 w_o}{\partial x\,\partial y} - \frac{\nu}{R}y + \frac{\partial f_2(x)}{\partial x}\right) = 0 \end{aligned} \tag{d_4}$$

$$2z\frac{\partial^2 w_o}{\partial x\,\partial y} - \frac{\partial f_1(y)}{\partial y} - \frac{\partial f_2(x)}{\partial x} + \frac{\nu}{R}y = 0 \tag{l}$$

x, y, z에 관계없이 식 (l)이 성립하려면 다음이 성립하여야 한다.

$$\begin{aligned} &\frac{\partial^2 w_o}{\partial x\,\partial y} = 0 \\ &\frac{\partial f_1(y)}{\partial y} - \frac{\nu}{R}y = 0 \\ &\frac{\partial f_2(y)}{\partial 2} = 0 \end{aligned} \tag{m}$$

식 (m)과 식 (i)에서 사용하지 않은 조건식들을 모아서 다시 기술하면 다음 식 (n)과 같다.

$$\frac{\partial^2 w_o}{\partial x^2} = 0, \quad \frac{\partial^2 w_o}{\partial y^2} = 0, \quad \frac{\partial^2 w_o}{\partial x\, \partial y} = 0$$

$$\frac{\partial f_1(y)}{\partial y} - \frac{\nu}{R} y = 0 \qquad \text{(n)}$$

$$\frac{\partial f_2(x)}{\partial x} = 0$$

식 (n)이 성립하기 위한 최소의 polinomial은 다음 식 (o)와 같다.

$$w_o = ax + bx + c$$

$$f_1(y) = \frac{\nu}{2R} y^2 + dy + e \qquad \text{(o)}$$

$$f_2(x) = f$$

식 (o)를 식 (e)와 (k)의 변위함수 u, v, w에 대입하면 다음과 같다.

$$u = -\frac{1}{2R} z^2 - z \frac{\partial w_o}{\partial x} - \frac{\nu}{2R} x^2 + f_1(y)$$

$$= -\frac{1}{2R} z^2 - az - \frac{\nu}{2R} x^2 + \frac{\nu}{2R} y^2 + dy + e$$

$$v = -z \frac{\partial w_o}{\partial y} - \frac{\nu}{R} xy + f_2(x) \qquad \text{(p)}$$

$$= -bz - \frac{\nu}{R} xy + f$$

$$w = \frac{1}{R} xz + w_o$$

$$= \frac{1}{R} xz + ax + by + c$$

경계조건

해석대상에서 점 A의 구속조건은 다음과 같다.

$x = y = z = 0$에서 변위 $u = v = w = 0$

$$\text{회전 각 변위} \quad \frac{\partial u}{\partial z} = \frac{\partial v}{\partial z} = \frac{\partial u}{\partial y} = 0$$

경계조건을 식 (p)에 대입하면 미정계수를 다음과 같이 구할 수 있다.

$$u\ \Big|_A = v\ \Big|_A = w\ \Big|_A = 0 \ \rightarrow \ e = f = c = 0$$

$$\frac{\partial u}{\partial z}\Big|_A = 0 \ \rightarrow \ a = 0$$

$$\frac{\partial v}{\partial z}\Big|_A = 0 \ \rightarrow \ b = 0$$

$$\frac{\partial u}{\partial y}\Big|_A = 0 \ \rightarrow \ d = 0$$

해석 결과

미정계수는 $a = b = c = d = e = f = 0$이므로 변위는 다음과 같이 x, y, z의 위치의 함수로 얻어지게 된다.

$$\begin{aligned} u &= -\frac{1}{2R}\left[z^2 + \nu(x^2 - y^2)\right] \\ v &= -\frac{\nu}{R}xy \\ w &= \frac{1}{R}xz \end{aligned} \tag{q}$$

결과분석

» **처짐곡선**

중립축($x = y = 0$)의 처짐곡선 u는 식 (q)에서

$$u = -\frac{1}{2R}z^2 \tag{r}$$

이 된다.

이것을 초등재료역학에서 Navier의 결과와 비교해 보자. 먼저 본 해석에서 하중-응력 평형조건을 아직 사용하지 않았는데 이 조건을 초등재료역학에서와 같이 직

접 표현하면 다음과 같다.

$$\int \sigma_z x\, dA = M$$

식 (a)와 (c)에서

$$\sigma_z = E\epsilon_z = \frac{E}{R}x$$

이므로

$$\int \sigma_z x\, dA = \int \frac{E}{R}x^2\, dA = \frac{EI_y}{R} = M$$

이고, 곡률과 내력 모멘트 M과의 관계가 다음과 같이 얻어진다.

$$\frac{1}{R} = \frac{M}{EI_y} \tag{s}$$

식 (s)를 (r)에 대입하면 처짐곡선은 다음과 같이 된다.

$$u = -\frac{M}{2EI_y}z^2$$

초등재료역학에서 탄성선의 미분방정식은 다음과 같이 표현한다.

$$\frac{d^2u}{dz^2} = \frac{-M}{EI_y}$$

두 번 적분하면

$$u = -\frac{M}{2EI_y}z^2 + C_1 z + C_2$$

이고, 경계조건 $z = 0$에서 $u = 0$과 $z = 0$에서 $\frac{du}{dz} = 0$을 이용하면 $C_1 = C_2 = 0$이 되어

$$u = -\frac{M}{2EI_y}z^2$$

이 된다. 따라서 Saint-Venant의 보다 엄밀한 수학적 해석(탄성론에 입각한 해석) 결과와 초등재료역학적 해석의 결과가 처짐곡선에서 일치함을 알 수 있다. 다음으

로 x, y, z축상의 임의의 위치에서 축에 수직하였던 단면이 어떤 모양으로 변형하는지를 살펴보자.

» $z = c$에서 z축에 수직하였던 평면의 변형

$$w = c + w_{z=c} = c + \frac{c}{R}x = c\left(1 + \frac{1}{R}x\right) \tag{t}$$

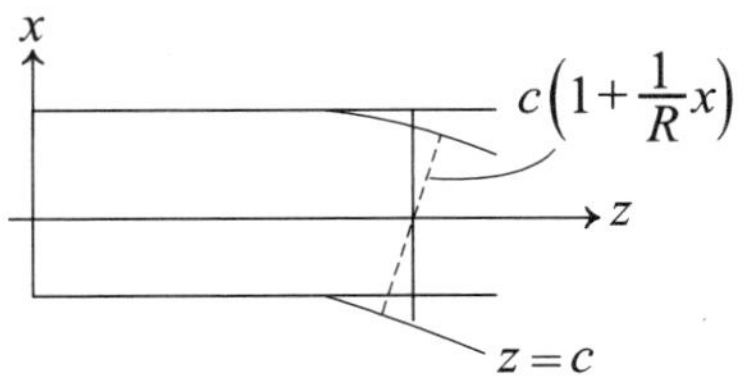

그림 2.23

식 (t)에서 최초의 평면을 그대로 유지함을 알 수 있다.

» $y = \pm b$에서 y축에 수직하였던 평면의 변형

$$v = \pm b + v_{y=\pm b} = \pm b - \left(\frac{\nu}{R}(\pm b)x\right) = \pm b\left(1 - \frac{\nu}{R}x\right) \tag{u}$$

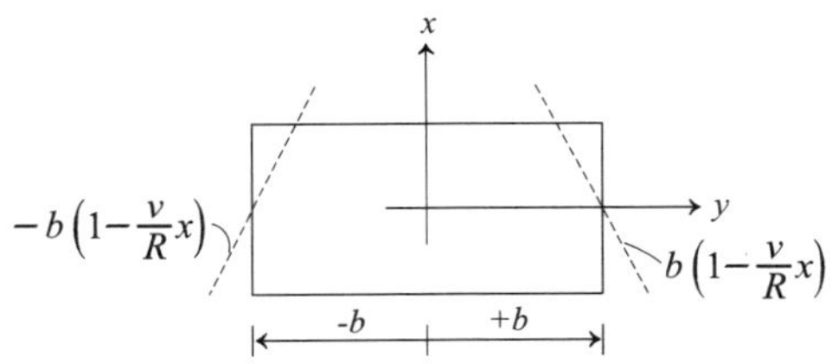

그림 2.24

식 (u)에서 최초의 평면을 그대로 유지함을 알 수 있다. 그러나 최초 직사각 단면이 x축의 +쪽은 수축하고 -쪽은 팽창하는 것을 알 수 있으며 푸아송비의 영향만큼 수축과 팽창이 일어난다.

» $x = \pm a$에서 x축에 수직하였던 평면의 변형

$$u = \pm a + u_{x=\pm a} = \pm a - \frac{1}{2R}\left(z^2 + \nu(a^2 - y^2)\right) \tag{v}$$

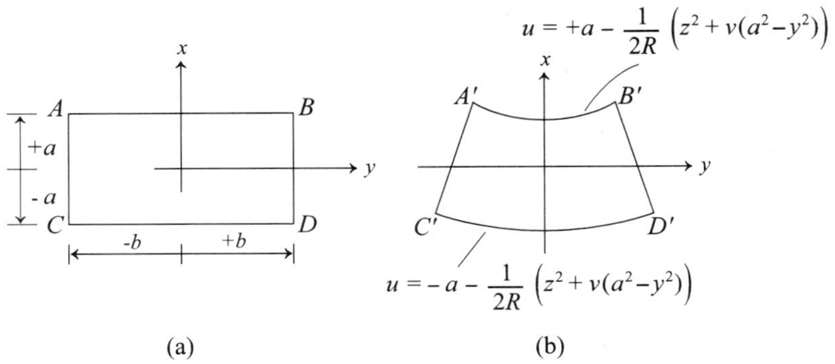

그림 2.25

x축에 수직하였던 평면은(그림 2.25에서 AB, CD 평면) 변형 후에 평면을 그대로 유지하지 못하고 위의 그림과 같이 곡면을 갖게 된다. 즉, 최초에 직사각 단면이었던 보(beam)는 변형 후에는 그림과 같이 부채꼴 모양의 조각 단면으로 바뀌게 된다는 것을 의미한다. 이것은 초등재료역학적인 해석방법(Navier의 해석방법)으로는 알 수 없는 사실이며, 탄성론적으로 변위를 모든 위치의 함수로 나타낼 수 있을 때에만 알 수 있는 사실이다.

$x = \pm a$면은 변형 후에 식 (v)와 같은 y, z의 위치함수로 표현되는 변위함수를 갖게 된다. 이때의 y, z평면에서 변위 $u = \text{const.}$인 점들만을 y, z평면에 그래프로 그려보자.

$$u = \pm a - \frac{1}{2R}\left(z^2 - \nu\,(a^2 - y^2)\right) = \text{const.} \tag{w}$$

식 (w)가 성립하려면 다음 식 (x)가 성립하여야 한다.

$$z^2 - \nu\, y^2 = \text{const.} \tag{x}$$

식 (x)를 y, z평면에 그래프로 그리면 그림 2.26과 같은 점근선을 갖는 쌍곡선으로 표현된다.

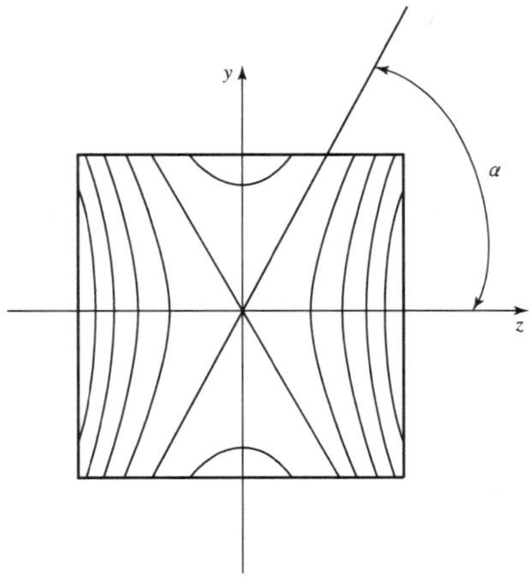

그림 2.26

식 (x)에서 const. = 0인 경우를 생각하면 다음과 같이 되고,

$$z^2 - \nu y^2 = 0$$

$$\frac{y^2}{z^2} = \frac{1}{\nu} \tag{y}$$

$$\nu = \frac{1}{\tan^2\alpha}$$

식 (y)는 재료에서 푸아송비(poisson's ratio)를 결정하는 식으로 활용된다. 그림 2.27은 보의 표면을 잘 손질한 뒤 유리판을 놓고 단색광을 수직으로 비추어 보의 표면과 유리판에서 반사되는 빛의 간섭효과를 촬영한 것이다. 이 사진에서 각 α를 얻으면 재료의 푸아송비를 식 (y)에서 결정할 수 있게 된다.

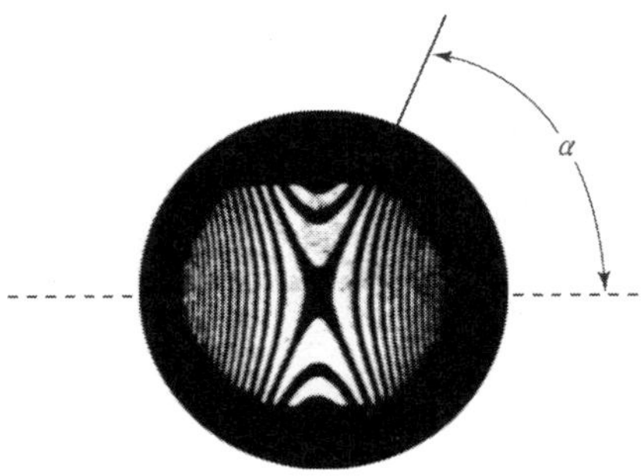

그림 2.27 Timoshenko and Goodier, *Theory of Elasticity*, 3rd Ed. p. 288.

2.2.5 plate 문제

얇은 판의 굽힘 변형에 대한 연구는 Euler(1707～1783), Jacques Bernoulli(1759～1789), Chladni, Sophie Germain(1776～1831), Lagrange, Poisson(1781～1840), Navier(1785～1836)로 이어진다. 이들은 모두 plate의 변형을 이해할 수 있는 지배방정식을 도출하려고 하였는데 Euler와 J. Bernoulli[여기서 J. Bernoulli는 유체역학에서 '베르누이 정리'를 도출한 Daniel Bernoulli(1700～1782)의 조카이다]는 오늘날 관점에서 볼 때 오류가 섞인 방정식을 제시하였다.

Euler는 끈이 수직하게 포개져 있다고 생각하여 진동에 관한 다음과 같은 방정식을 생각하였다.

$$\frac{\partial^2 w}{\partial t^2} = A\frac{\partial^2 w}{\partial x^2} + B\frac{\partial^2 w}{\partial y^2} \tag{a}$$

Bernoulli는 beam이 교차되어 있는 상황을 생각하며 다음과 같은 방정식을 제안하였지만 오늘날 사용하지 않는 것들이다.

$$D\left(\frac{\partial^4 w}{\partial x^4} + \frac{\partial^4 w}{\partial y^4}\right) = p \tag{b}$$

E. F. F. Chladni는 가는 모래를 판 위에 얇게 뿌려놓고 판의 진동실험을 하였다. 그는 여러 진동모드에 따르는 절선(nodal line)의 존재를 보여줌으로써 학자들의 판이론 연구에 큰 흥미를 불러일으켰다. 실제로 1809년 그는 프랑스 아카데미에 초청받아 황제 나폴레옹과 여러 학자들 앞에서 그의 실험을 보여주었다. 그 실험을 보고 나폴레옹은 프랑스 아카데미가 판의 진동이론에 대한 논문상을 제정할 것을 제안하였다. 판이론을 유도하고 실험결과와 비교하는 그런 문제에 해당되는 것이었다.

Sophie Germain은 여성 과학자이다. 그녀는 당대의 뛰어난 수학자들인 Lagrange, Gauss, Legendre 등과 교류를 나누면서 수학에 큰 관심을 가지고 있었다. 프랑스 아카데미가 1811년 10월까지 판이론에 관한 논문상을 제정하였다는 소식을 듣고 판이론 정립에 착수하였다. 그녀는 plate의 변형률 에너지가 다음 적분으로 주어진다고 제안하여 1811년 단일후보가 되었다.

$$A\int\int\left(\frac{1}{\rho_1} + \frac{1}{\rho_2}\right)^2 ds \ : \ \rho_1,\ \rho_2\text{는 곡률반경} \tag{c}$$

그러나 그녀는 변분(variation) 계산에 실수를 하여 방정식을 제대로 도출하지 못하여 1811년에 상을 타는 데 실패하였다. Lagrange는 그 당시 그녀 논문의 심사위원이었는데 그녀의 오류를 간파하고, 약간의 보정을 한 후, 오늘날 만족할 만한 형태의 다음 방정식을 제안하였다.

$$K\left(\frac{\partial^4 w}{\partial x^4} + 2\frac{\partial^4 w}{\partial x^2 \partial y^2} + \frac{\partial^4 w}{\partial y^4}\right) + \frac{\partial^4 w}{\partial t^4} = 0 \qquad \text{(d)}$$

프랑스 아카데미는 1813년 10월을 마감시한으로 하여 다시 한 번 논문을 공모하였다. Sophie Germain은 또다시 응모하였고, Lagrange의 방정식 (d)를 제시하였다. 그러나 심사위원들이 그녀의 변형률 에너지의 적분식에 대한 물리적 가정의 근거를 요구하였고 이에 충분한 답변을 하지 못하여 두 번째 상을 타는 데 또 실패하였다. 그녀는 1816년에 세 번째 도전하여 이 상을 탔는데, 그녀의 논문에는 근본식인 변형률에너지 적분식 (c)에 대한 충분한 설명이 없었고 심사위원들은 이 점을 크게 만족하지 않았지만 상을 주기로 한 것이었다.

Poisson은 판이론을 보다 진전시켰는데, 변형률에너지의 적분식을 다음으로 제안하였다.

$$A\int\int\left[\left(\frac{1}{\rho_1} + \frac{1}{\rho_2}\right)^2 + m\left(\frac{1}{{\rho_1}^2} + \frac{1}{{\rho_2}^2}\right)\right]ds \qquad \text{(e)}$$

Poisson은 식 (c)에서 식 (d)가 유도되지만, 식 (e)에서도 식 (d)가 유도되는 것을 보이고, 상수 A, m의 적절한 선택에 따른 판의 굽힘 변형률 에너지를 올바르게 산출할 수 있음을 보였다. 하지만 식 (d)에서 상수 K가 두께의 제곱에 비례($K \alpha t^2$)하는 것으로 생각하였는데 오늘날 세제곱에 비례하는 것($K \alpha t^3$)에 비하면 완전하다고 할 수 없다.

1820년 Navier는 판의 굽힘문제에 최초로 만족할 만한 식 (f)의 지배방정식을 제안하였고 그 지배방정식을 이용하여 단순지지 사각평판과 같은 개별실물 현상들을 직접 해석하였다. 오늘날 유한요소법에서 요소개발을 한 후 정확도를 평가할 때 이론해석 결과와 비교하는데, 이때 Navier의 개별실물 해석 결과와 많이 비교한다.

$$D\left(\frac{\partial^4 w}{\partial x^4} + 2\frac{\partial^4 w}{\partial x^2 \partial y^2} + \frac{\partial^4 w}{\partial y^4}\right) = p \qquad \text{(f)}$$

식 (f)에서 D는 판의 굽힘강성(flexural rigidity)이고, p는 분포하중(intensity)이다. 하

지만 Navier는 원래 재료상수를 탄성계수 1개만 존재하는 것으로 생각했던 사람이었고, 따라서 굽힘강성 D는 푸아송비가 0.25라는 일정불변의 것으로 놓고 이루어진 것이다. 그럼에도 불구하고 그의 판굽힘 지배방정식은 오늘날 정립된 것과 일치하는 것으로 판굽힘 이론의 가장 큰 공로자라 할 수 있다.

이 절에서는 판의 굽힘 변형에 대한 지배방정식을 모델링을 통하여 유도하는 과정을 소개하고자 한다. 오늘날 일반화되어 있는 유도과정을 소개할 것이며, 그 결과가 Navier의 결과식 (f)와 동일한 것을 보이고자 한다. 또한 하나의 개별실물현상 해석(Navier의 단순지지 사각판 해석)을 통하여 지배방정식을 이용하여 경계조건에 맞는 개별실물현상 해석방법을 보이고자 한다.

실제로 판이론은 매우 복잡하고 어려운 문제로 대학원 과정에서 고체역학을 전공하는 사람이 배우는 내용이다. 그러므로 독자들은 이 부분이 복잡하고 지루하다고 생각되면 수식을 이해하려는 노력은 생략하고 수식의 흐름이 흘러가는 것만 이해하길 바란다.

모델링이 어떻게 이루어졌고 각각의 작은 카테고리를 지배하는 학문이 어떻게 발전하여 왔는지, 위대한 학자들도 현상을 이해할 때 오류가 있었고, 그들의 오류가 정정되면서 탄성론 내의 작은 카테고리가 완성되어 왔다는 것을 이해하는 것이 복잡한 수식을 이해하는 것보다 더 중요하다는 것이다.

1 판굽힘 변형의 지배방정식 유도

판굽힘 변형 문제의 지배방정식 유도과정(모델링 과정)을 그림 2.28과 같이 도식화하여 정리할 수 있고, 이 책에서는 Ⓐ, Ⓑ, Ⓒ, Ⓓ 과정을 기술한다.

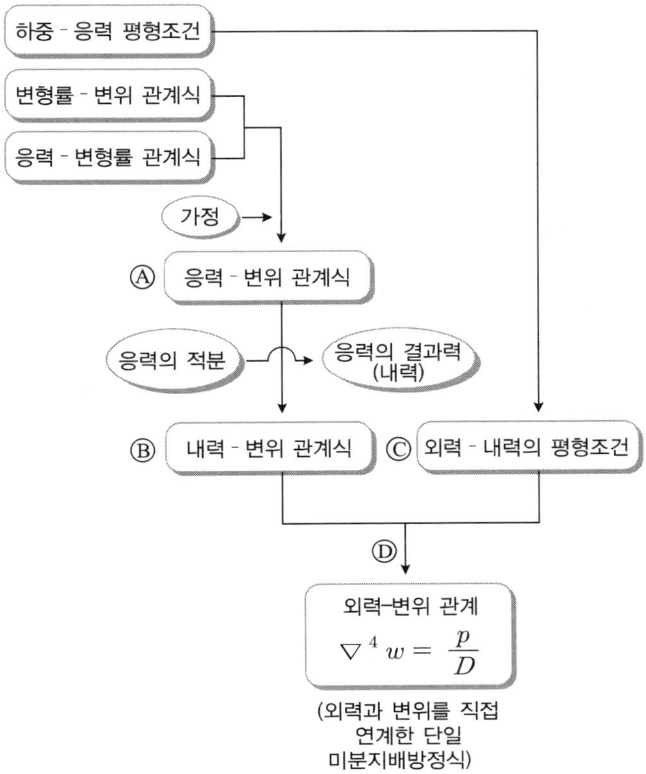

그림 2.28

해석대상

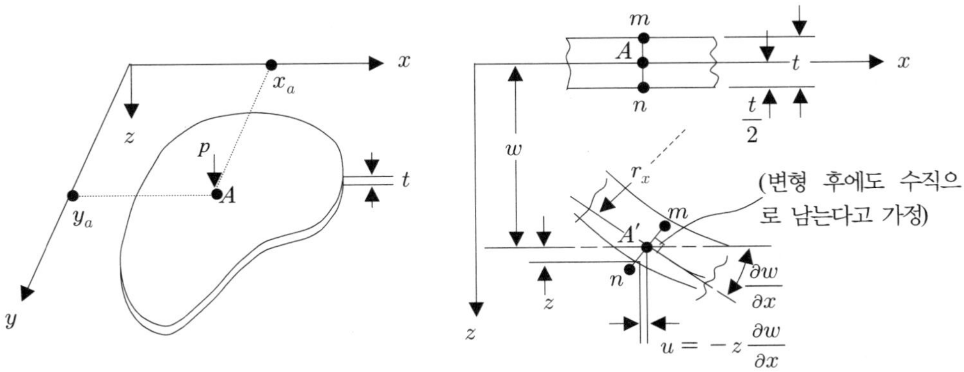

그림 2.29

형상: 얇은 평판
재질: E, ν
하중: 분포하중 p
경계조건: 개별실물 대상이 아니고, 일반화된 지배방정식
유도과정이므로 기술하지 않음

탄성론 기본 구성방정식

기술 생략: 식 (2.1), (2.2), (2.3)

모델링 ➜ 가 정

① 중립면의 처짐은 판두께에 비하여 작다(얇은 판의 작은 처짐).

② 중립면 자체는 굽힘 뒤에도 변형되지 않는다.

③ 중립면에 최초 수직이었던 평면은 굽힘 뒤에도 중립면에 수직으로 남는다(전단 변형의 영향은 없다: Kirchhoff theory라 부른다).

①, ③의 가정으로부터 다음을 생각할 수 있다.

ϵ_z, γ_{xz}, γ_{yz}는 무시할 수 있다.$(\epsilon_z = \gamma_{xz} = \gamma_{yz} \fallingdotseq 0)$

σ_z는 다른 응력에 비해 무시할 수 있을 만큼 작다.$(\sigma_z = \tau_{xz} = \tau_{yz} \fallingdotseq 0)$

모델링 ➜ 수학모델

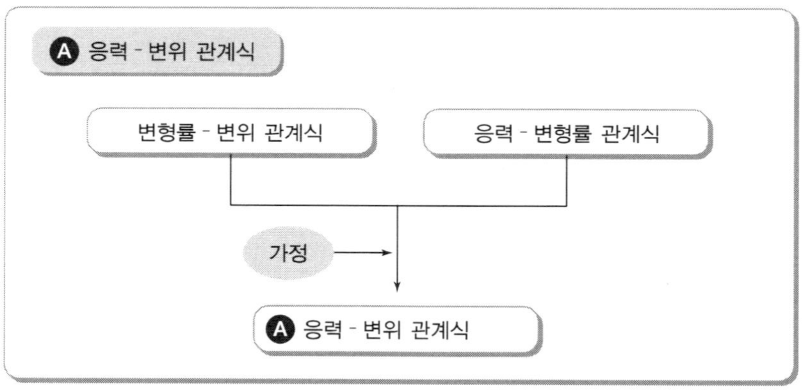

가정이 고려된 변형률-변위 관계식은 다음과 같이 기술된다.

$$\epsilon_x = \frac{\partial u}{\partial x} \tag{a$_1$}$$

$$\epsilon_y = \frac{\partial v}{\partial y} \tag{a$_2$}$$

$$\gamma_{xy} = \frac{\partial u}{\partial y} + \frac{\partial v}{\partial x} \tag{a$_3$}$$

$$\epsilon_z = \frac{\partial w}{\partial z} = 0 \tag{a$_4$}$$

$$\gamma_{xz} = \frac{\partial w}{\partial x} + \frac{\partial u}{\partial z} = 0 \tag{a$_5$}$$

$$\gamma_{yz} = \frac{\partial w}{\partial y} + \frac{\partial v}{\partial z} = 0 \tag{a$_6$}$$

식 (a_4)를 적분하면 w는 x, y만의 함수식 (b)로 표현된다.

$$w = w(x,\ y) \tag{b}$$

식 (b)를 (a_5), (a_6)에 대입하고 적분하여 u, v를 구하면

$$\begin{aligned} u &= -z\frac{\partial w}{\partial x} + u_0(x,\ y) \\ v &= -z\frac{\partial w}{\partial y} + v_0(x,\ y) \end{aligned} \tag{c}$$

와 같이 되고, 이 식 (c)의 u_o, v_o는 중립면에서 u, v를 의미한다. 가정 ②에 의하면 중립면에서 $u = v = 0$, $u_o = v_o = 0$이 되므로 식 (c)는 식 (d)와 같이 된다.

$$\begin{aligned} u &= -z\frac{\partial w}{\partial x} \\ v &= -z\frac{\partial w}{\partial y} \end{aligned} \tag{d}$$

식 (d)를 식 (a_1), (a_2), (a_3)에 대입하면, 변형률-곡률의 관계를 식 (e)와 같이 얻게 된다.

$$\begin{aligned} \epsilon_x &= -z\frac{\partial^2 w}{\partial x^2} = -zk_x \\ \epsilon_y &= -z\frac{\partial^2 w}{\partial y^2} = -zk_y \\ \gamma_{xy} &= -2z\frac{\partial^2 w}{\partial x\,\partial y} = -2z\,k_{xy} \end{aligned} \tag{e}$$

얇은 판의 가정에서(가정 ①, ③) $\sigma_y = \tau_{yz} = \tau_{xz} \fallingdotseq 0$으로 무시할 수 있다고 하였다. 이것은 평면응력(plane stress)과 동일한 상태이며, 응력-변형률 관계식에 적용하여 정리하면 다음과 같이 된다.

$$\begin{aligned} \sigma_x &= \frac{E}{1-\nu^2}(\epsilon_x + \nu\,\epsilon_y) \\ \sigma_y &= \frac{E}{1-\nu^2}(\epsilon_y + \nu\,\epsilon_x) \\ \tau_{xy} &= G\,\gamma_{xy} \end{aligned} \tag{f}$$

식 (f)에 식 (e)를 대입하면 식 (g)와 같이 응력-변위 관계로 표현할 수 있다.

$$\begin{aligned} \sigma_x &= -\frac{Ez}{1-\nu^2}\left(\frac{\partial^2 w}{\partial x^2} + \nu\frac{\partial^2 w}{\partial y^2}\right) \\ \sigma_y &= -\frac{Ez}{1-\nu^2}\left(\frac{\partial^2 w}{\partial y^2} + \nu\frac{\partial^2 w}{\partial x^2}\right) \\ \tau_{xy} &= -\frac{Ez}{1+\nu}\frac{\partial^2 w}{\partial x\,\partial y} \end{aligned} \tag{g}$$

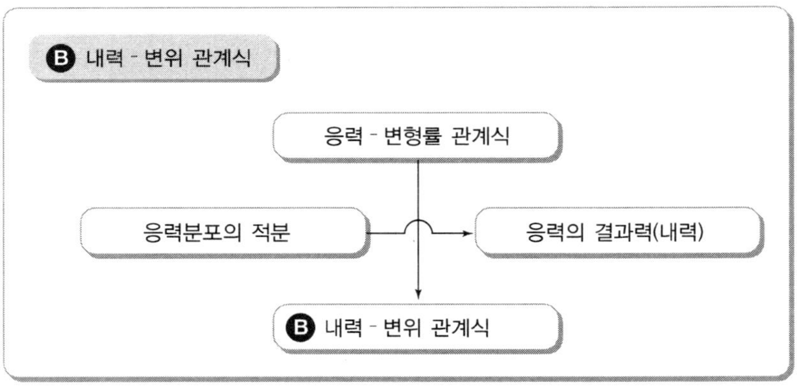

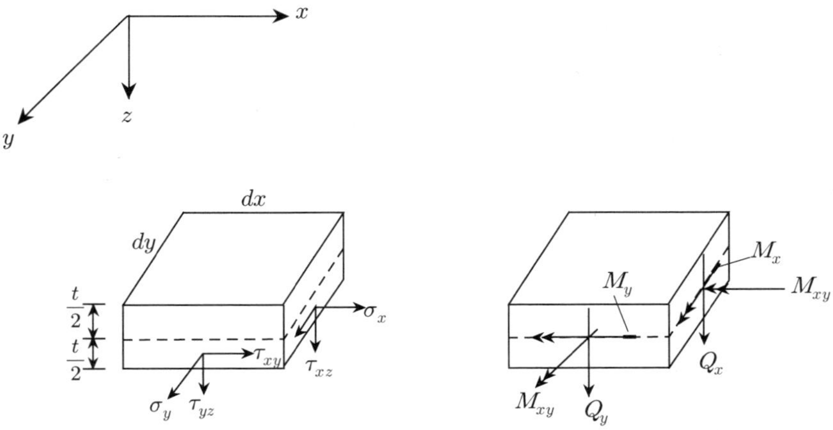

(a) 응력
σ_x, σ_y, τ_{xy}, τ_{xz}, τ_{yz}

(b) 단위 길이당 응력의 결과력(내력)
M_x, M_y, M_{xy}, Q_x, Q_y

그림 2.30

응력의 결과력의 첨자는 결과력에 의해 유발되는 응력의 첨자와 일치시킨다. 응력을 두께 전체에 대하여 적분하면 다음과 같이 된다.

$$\int_{-t/2}^{t/2} z\,\sigma_x\,dy\,dz = dy\int_{-t/2}^{t/2} z\,\sigma_x\,dz = M_x\,dy$$

$$\int_{-t/2}^{t/2} z\,\sigma_y\,dx\,dz = dx\int_{-t/2}^{t/2} z\,\sigma_y\,dz = M_y\,dx$$

$$\int_{-t/2}^{t/2} z\,\tau_{xy}\,dy\,dz = \int_{-t/2}^{t/2} z\,\tau_{xy}\,dx\,dz = M_{xy}\,dy = M_{xy}\,dx$$

$$\int_{-t/2}^{t/2} \tau_{xz}\,dz\,dy = Q_x\,dy$$

$$\int_{-t/2}^{t/2} \tau_{yz}\,dz\,dx = Q_y\,dx$$

이것을 행렬로 정리하면 다음과 같이 된다.

$$\begin{pmatrix} M_x \\ M_y \\ M_{xy} \end{pmatrix} = \int_{-t/2}^{t/2} \begin{pmatrix} \sigma_x \\ \sigma_y \\ \tau_{xy} \end{pmatrix} z dz \qquad \text{(h)}$$

$$\begin{pmatrix} Q_x \\ Q_y \end{pmatrix} = \int_{-t/2}^{t/2} \begin{pmatrix} \tau_{xz} \\ \tau_{yz} \end{pmatrix} dz \tag{i}$$

식 (g)의 응력-변위 관계식을 식 (h)에 대입하여 적분하면 내력-변위 관계를 얻을 수 있다.

$$\begin{aligned} M_x &= \int_{-t/2}^{t/2} -\frac{E}{1-\nu^2}\left(\frac{\partial^2 w}{\partial x^2} + \nu\frac{\partial^2 w}{\partial y^2}\right) z^2 dz \\ &= -\frac{E}{1-\nu^2}\left[\frac{1}{3}z^3\right]_{-t/2}^{t/2}\left(\frac{\partial^2 w}{\partial x^2} + \nu\frac{\partial^2 w}{\partial y^2}\right) \\ &= -\frac{Et^3}{12(1-\nu^2)}\left(\frac{\partial^2 w}{\partial x^2} + \nu\frac{\partial^2 w}{\partial y^2}\right) \end{aligned}$$

여기서, $D = \dfrac{Et^3}{12(1-\nu^2)}$: 판의 굽힘강성(flexural rigidity)

M_x, M_y, M_{xy}를 정리하여 기술하면 다음과 같다.

$$\begin{aligned} M_x &= -D\left(\frac{\partial^2 w}{\partial x} + \nu\frac{\partial^2 w}{\partial y^2}\right) \\ M_y &= -D\left(\frac{\partial^2 w}{\partial y^2} + \nu\frac{\partial^2 w}{\partial x^2}\right) \\ M_{xy} &= -D(1-\nu)\frac{\partial^2 w}{\partial x\,\partial y} \end{aligned} \tag{j}$$

식 (g)와 (j)를 연립하여 응력-내력 관계식을 찾으면 다음과 같다.

$$\begin{aligned} \sigma_x &= \frac{12M_x z}{t^3} \\ \sigma_y &= \frac{12M_y z}{t^3} \\ \tau_{xy} &= \frac{12M_{xy} z}{t^3} \end{aligned} \tag{k}$$

Ⓒ 외력 - 내력의 평형조건

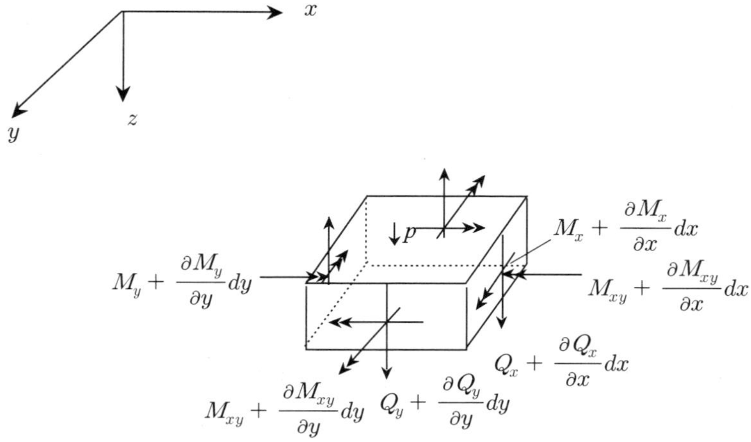

그림 2.31

그림 2.31에서 내력의 첨자는 일반적인 응력이나 모멘트 첨자의 의미와 다르게 이 내력으로 유발되는 응력의 부호와 일치시켜 표기하며, 요소 내에서 방향은 유발되는 응력의 부호가 좌표계상에서 양(positive)이 되게 표시한다. 평형조건($\sum F_z = 0$, $\sum M_x = 0, \sum M_y = 0$)을 적용하면 다음과 같다.

$\sum F_z = 0$에서

$$\left[\left(Q_x + \frac{\partial Q_x}{\partial x}dx\right) - Q_x\right]dy + \left[\left(Q_y + \frac{\partial Q_y}{\partial y}dy\right) - Q_y\right]dx - p\,dx\,dy = 0$$

$$\frac{\partial Q_x}{\partial x} + \frac{\partial Q_y}{\partial y} + p = 0 \tag{1$_1$}$$

$\sum M_x = 0$에서

$$\left[-\left(M_{xy} + \frac{\partial M_{xy}}{\partial x}dx\right) + M_{xy}\right]dy + \left[-\left(M_y + \frac{\partial M_y}{\partial y}dy\right) + M_y\right]dx$$

$$+ \left(Q_y + \frac{\partial Q_y}{\partial_y}dy\right)dx\,\frac{dy}{2} + Q_y\,dx\,\frac{dy}{2} = 0$$

$$\frac{\partial M_{xy}}{\partial x} + \frac{\partial M_y}{\partial y} - Q_y = 0 \tag{1$_2$}$$

$\sum M_y = 0$ 에서

$$\frac{\partial M_{xy}}{\partial y} + \frac{\partial M_x}{\partial x} - Q_x = 0 \tag{1_3}$$

식 (1_2), (1_3)에서 Q_x, Q_y를 M_x, M_y, M_{xy}로 나타내면

$$Q_x = \frac{\partial M_x}{\partial x} + \frac{\partial M_{xy}}{\partial y} \qquad \text{(m)}$$

$$Q_y = \frac{\partial M_{xy}}{\partial x} + \frac{\partial M_y}{\partial y}$$

식 (m)을 식 (1_1)에 대입하면 얇은 판굽힘 문제에 대한 평형미분방정식을 다음과 같이 얻게 된다.

$$\frac{\partial^2 M_x}{\partial x^2} + 2\frac{\partial^2 M_{xy}}{\partial x\,\partial y} + \frac{\partial^2 M_y}{\partial y^2} = -p \tag{n}$$

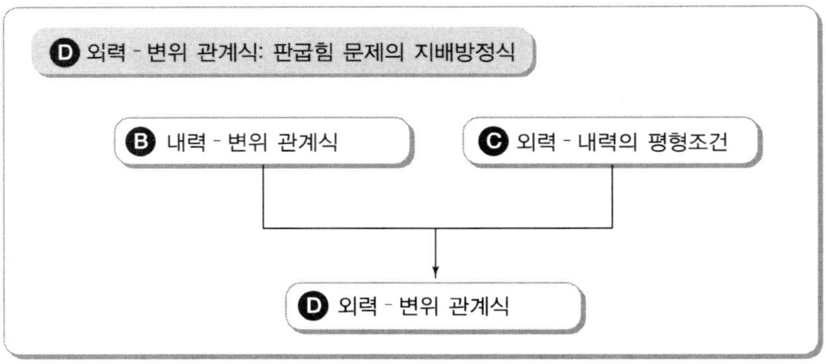

식 (j)의 내력-변위 관계식을 식 (n)의 외력-내력의 평형조건식에 대입하면 외력과 변위를 직접 연결하는 1개의 미분방정식에 처짐 변위 w 하나의 미지수를 갖는 판굽힘 문제의 지배방정식(governing equation for deflection of plate)을 다음과 같이 얻게 된다.

$$\frac{\partial^4 w}{\partial x^4} + 2\frac{\partial^4 w}{\partial x^2\,\partial y^2} + \frac{\partial^4 w}{\partial y^4} = \frac{p}{D}$$

또는 $\qquad\qquad\qquad\qquad$ (o)

$$\nabla^4 w = \frac{p}{D}$$

σ_z, τ_{xz}, τ_{yz}는 판의 굽힘을 얇은 판으로 생각하여 plane stress로 가정하였으므로 무시할 수 있을 만큼 작을 것이다. 이것은 하중-응력 평형조건에서 σ_x, σ_y, τ_{xy}의 존재에 의해 나타나게 되며 다음과 같이 변위함수의 미분으로 계산된다.

» 하중-응력 평형조건

$$\frac{\partial \sigma_x}{\partial x} + \frac{\partial \tau_{yx}}{\partial_y} + \frac{\partial \tau_{zx}}{\partial z} = 0 \qquad (p_1)$$

$$\frac{\partial \tau_{xy}}{\partial x} + \frac{\partial \sigma_y}{\partial y} + \frac{\partial \tau_{zy}}{\partial z} = 0 \qquad (p_2)$$

$$\frac{\partial \tau_{xz}}{\partial x} + \frac{\partial \tau_{yz}}{\partial y} + \frac{\partial \sigma_z}{\partial z} = 0 \qquad (p_3)$$

(p_1)에서

$$\begin{aligned} \tau_{xz} &= \int_{t/2}^{z} -\left(\frac{\partial \sigma_x}{\partial x} + \frac{\partial \tau_{xy}}{\partial y}\right) dz = \int_{z}^{t/2}\left(\frac{\partial \sigma_x}{\partial x} + \frac{\partial \tau_{xy}}{\partial y}\right) dz \\ &= \left[-\frac{E}{1-\nu^2}\frac{1}{2}z^2\right]_z^{t/2} \frac{\partial}{\partial x}\left(\frac{\partial^2 w}{\partial x^2} + \nu\frac{\partial^2 w}{\partial y^2}\right) \\ &\quad + \left[-\frac{E}{1+\nu}\frac{1}{2}z^2\right]_z^{t/2} \frac{\partial}{\partial y}\left(\frac{\partial^2 w}{\partial x\,\partial y}\right) \\ &= -\frac{E}{2(1-\nu^2)}\left(\frac{t^2}{4} - z^2\right)\left[\frac{\partial}{\partial x}\left(\frac{\partial^2 w}{\partial x^2} + \frac{\partial^2 w}{\partial y^2}\right)\right] \end{aligned} \qquad (q_1)$$

(p_2)에서

$$\begin{aligned} \tau_{yz} &= \int_{z}^{t/2}\left(\frac{\partial \sigma_y}{\partial y} + \frac{\partial \tau_{xy}}{\partial x}\right) dz \\ &= -\frac{E}{2(1-\nu^2)}\left(\frac{t^2}{4} - z^2\right)\left[\frac{\partial}{\partial y}\left(\frac{\partial^2 w}{\partial x^2} + \frac{\partial^2 w}{\partial y^2}\right)\right] \end{aligned} \qquad (q_2)$$

(p_3)에서

$$\begin{aligned} \sigma_z &= \int_{z}^{t/2}\left(\frac{\partial \tau_{xz}}{\partial x} + \frac{\partial \tau_{yz}}{\partial y}\right) dz \\ &= -\frac{E}{2(1-\nu^2)}\left[\frac{t^2}{4}z - \frac{1}{3}z^3\right]_z^{t/2} \end{aligned} \qquad (q_3)$$

$$\left[\left(\frac{\partial^2}{\partial x^2}+\frac{\partial^2}{\partial y^2}\right)\left(\frac{\partial^2 w}{\partial x^2}+\frac{\partial^2 w}{\partial y^2}\right)\right]$$

$$=-\frac{E}{2(1-\nu^2)}\left[\frac{t^3}{12}-\frac{t^2}{4}z+\frac{z^3}{3}\right)(\nabla^2\nabla^2 w)$$

식 (q_1), (q_2), (q_3)는 plate에서 6개의 응력 성분 가운데 가정에서 무시하고 모델링을 하였던 τ_{xz}, τ_{yz}, σ_z 3개의 응력 성분을 변위함수의 미분으로 나타낸 것이다. 즉, 식 (g)와 같이 응력-변위 관계로 나타낸 것이다. 이 3개의 응력 성분을 식 (k)와 같이 응력-내력과 응력-외력 관계로 표현할 수 있다.

식 (j)를 (m)에 넣어 (q_1), (q_2)에 대입하고, 식 (o)를 (q_3)에 대입하면 다음을 얻을 수 있다.

$$\tau_{xz}=\frac{3}{2}\frac{Q_x}{t}\left[1-\left(\frac{2z}{t}\right)^2\right]$$

$$\tau_{yz}=\frac{3}{2}\frac{Q_y}{t}\left[1-\left(\frac{2z}{t}\right)^2\right] \tag{r}$$

$$\sigma_z=-\frac{3}{4}p\left[\frac{2}{3}-\frac{2z}{t}+\frac{1}{3}\left(\frac{2z}{t}\right)^3\right]$$

식 (r)에서 최대전단응력은 빔에서와 같이 $z=0$인 중립면에서 발생하며 그 크기는 다음과 같다.

$$\tau_{xz,\,\max}=\frac{3}{2}\frac{Q_x}{t}$$

$$\tau_{yz,\,\max}=\frac{3}{2}\frac{Q_y}{t} \tag{s}$$

지금까지 모델링을 하여 얻어진 판굽힘 이론은 매우 얇은 판에 대한 것으로 평면응력(plane stress)으로 가정하였다. 따라서 모델링할 때에는 τ_{xz}, τ_{yz}, σ_z가 무시할 수 있을 만큼 작다고 하여 수학모델을 얻었지만 엄밀한 해석으로는 응력의 평형조건으로부터 이들이 계산됨을 알 수 있다. 그러나 그 크기가 최댓값($z=0$)에서 τ_{xz}, τ_{yz}는 두께의 제곱에, (t^2), σ_z는 두께의 세제곱(t^3)에 비례하므로 두께가 얇아지면 얇아질수록 제곱 차수, 세제곱 차수로 감소하게 된다는 것이다. 따라서 필요에 따라 산출할 수도 무시할 수도 있다.

❷ 지배방정식을 이용한 개별실물현상 해석: 단순지지 사각평판의 해석 (Navier's Solution)

Navier는 1820년 자신이 제시한 판굽힘 문제의 지배방정식을 이용하여 개별실물 현상에서 단순지지 사각평판에 분포하중과 집중하중이 작용하는 경우의 문제를 해석하였다. 이것은 plate 문제(판굽힘 문제)라는 작은 카테고리를 지배하는 오류 없는 지배방정식이 도출되고, 이것으로 그 카테고리 내의 개별실물현상을 해석한 최초의 연구 결과였다.

오늘날 유한요소법에서 유한요소개발을 할 때 요소의 정확도를 평가하기 위하여 이론해석 결과와 비교를 하여 요소의 정확하고 정확하지 못함을 평가한다. 이때 판요소의 개발에서 이론해석 결과로 Navier의 이론해석 결과가 많이 이용된다. 판굽힘 문제라는 작은 카테고리 안에 개별실물 현상은 무수히 많고, 지배방정식을 이용하여 과학자들이 해석하여 놓은 문제도 많이 있다. 하지만 여기에서는 그중의 한 문제, 즉 Navier의 단순지지 사각평판의 해석과정과 결과를 기술하여 놓는 것으로 plate 문제를 대신한다.

해석대상

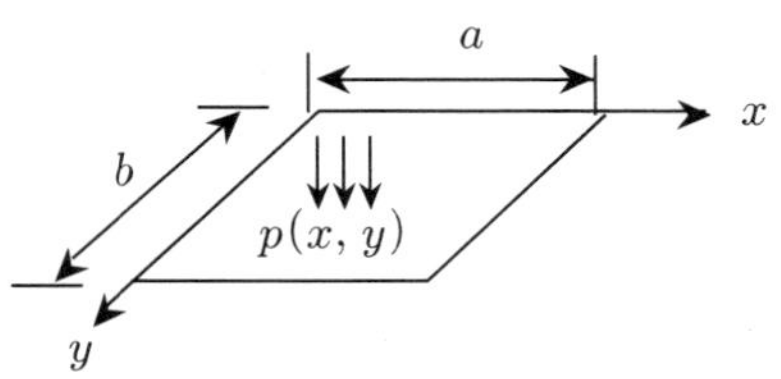

그림 2.32

형상: 그림 2.32와 같은 두께 t 인 평판
재질: E, ν
하중: 균일분포하중 $p(x,\ y) = p_o$, 집중하중의 두 경우
경계조건: 단순지지(simply supported)

$$x = 0,\ x = a\text{에서}\quad w = 0,\ \frac{\partial^2 w}{\partial x^2} = 0$$

$$y = 0,\ y = b\text{에서}\quad w = 0,\ \frac{\partial^2 w}{\partial y^2} = 0 \qquad \text{(a)}$$

지배방정식

$$\frac{\partial^4 w}{\partial x^4} + 2\frac{\partial^4 w}{\partial x^2 \partial y^2} + \frac{\partial^4 w}{\partial y^4} = \frac{p}{D} \tag{b}$$

하중과 처짐을 Fourier series로 가정

$$p(x, y) = \sum_{m=1}^{\infty}\sum_{n=1}^{\infty} p_{mn} \sin\frac{m\pi x}{a} \sin\frac{n\pi y}{b} \tag{c_1}$$

$$w(x, y) = \sum_{m=1}^{\infty}\sum_{n=1}^{\infty} a_{mn} \sin\frac{m\pi x}{a} \sin\frac{n\pi y}{b} \tag{c_2}$$

식 (c_1), (c_2)를 지배방정식 (b)에 대입하면,

$$\sum_{m=1}^{\infty}\sum_{n=1}^{\infty}\left\{a_{mn}\left[\left(\frac{m\pi}{a}\right)^4 + 2\left(\frac{m\pi}{a}\right)^2\left(\frac{n\pi}{a}\right)^2 + \left(\frac{n\pi}{a}\right)^4 - \frac{p_{mn}}{D}\right\}\right.$$

$$\sin\frac{m\pi x}{a} sin\frac{n\pi x}{b} = 0$$

이 되고, 이 식은 x, y에 관계없이 만족되어야 하므로 다음과 같이 계수가 0이 되어야 한다.

$$a_{mn}\,\pi^4\left(\frac{m^2}{a^2} + \frac{n^2}{b^2}\right)^2 - \frac{p_{mn}}{D} = 0$$

여기서, $$a_{mn} = \frac{1}{\pi^4 D}\,\frac{p_{mn}}{[(m/a)^2 + (n/b)^2]^2} \tag{d}$$

식 (d)를 식 (c_2)에 대입하면 처짐 w의 일반식을 식 (e)와 같이 얻게 된다.

$$w(x, y) = \frac{1}{\pi^4 D}\sum_{m=1}^{\infty}\sum_{n=1}^{\infty}\frac{p_{mn}}{[(m/a)^2 + (n/b)^2]^2}\sin\frac{m\pi x}{a}\sin\frac{n\pi y}{b} \tag{e}$$

즉, 하중과 처짐을 Fourier series로 가정한 단순지지 사각평판의 문제는 하중 $p(x, y)$에 대한 Fourier coefficient, p_{mn}의 결정 문제로 전환됨을 의미한다.

Fourier coefficient, p_{mn}의 결정을 위해 식 (c_1)의 양변에

$$\sin\frac{m'\pi x}{a}\sin\frac{n'\pi y}{b}dx\,dy$$

를 곱하고, 사각판($0 < x < a$, $0 < y < b$)에 대하여 적분하면 식 (f)와 같이 p_{mn}을

얻게 된다.

$$\int_0^b \int_0^a p(x,\ y)\sin\frac{m'\pi x}{a}\sin\frac{n'\pi y}{b}dx\,dy$$

$$= \sum_{m=1}^{\infty}\sum_{n=1}^{\infty} p_{mn}\int_0^b\int_0^a \sin\frac{m\pi x}{a}\sin\frac{n\pi y}{b} sin\frac{m'\pi x}{a}\sin\frac{n'\pi y}{b}dx\,dy$$

$$= \sum_{m=1}^{\infty}\sum_{n=1}^{\infty} p_{mn}\frac{ab}{4}$$

$$\because \int_0^a \sin\frac{m\pi x}{a}\sin\frac{m'\pi x}{a}dx = \begin{cases} 0, & m \neq m'\text{일 때} \\ \dfrac{a}{2}, & m = m'\text{일 때} \end{cases}$$

$$\int_0^b \sin\frac{n\pi y}{b}\sin\frac{n'\pi y}{b}dy = \begin{cases} 0, & n \neq n'\text{일 때} \\ \dfrac{b}{2}, & n = n'\text{일 때} \end{cases}$$

$$\therefore\ p_{mn} = \frac{4}{ab}\int_0^b\int_0^a p(x,\ y)\sin\frac{m\pi x}{a}\sin\frac{n\pi y}{b}dx\,dy \qquad \text{(f)}$$

이제 하중상태 $p(x,\ y)$의 실제값을 식 (f)에 넣어 p_{mn}을 구하게 되면 식 (e)를 이용하여 단순지지 사각평판의 처짐 w를 x, y 위치의 함수로 얻을 수 있게 되며, 응력, 내력 등 기타 정보가 모두 처짐 w의 미분으로 관계되어 있으므로 필요한 정보를 모두 얻을 수 있게 된다는 뜻이다. 여기에서는 사각평판 전체에 균일 분포되어 있는 하중상태와 한 점에 집중하중으로 작용하는 상태의 두 경우를 해석하여 보자.

» 균일분포하중, $p(x,\ y) = p_0$일 경우

식 (f)에서

$$p_{mn} = \frac{4}{ab}\int_0^b\int_0^a p_0\sin\frac{m\pi x}{a}\sin\frac{n\pi y}{b}dx\,dy \qquad \text{(f)}'$$

$$= \frac{16p_0}{\pi^2 mn}\ (m,\ n = 1,\ 3,\ 5,\ \cdots\ )$$

식 (f)′을 식 (e)에 대입하면 균일분포하중 p_0에서 처짐은

$$w(x,\ y) = \frac{16p_0}{\pi^6 D}\sum_{m=1}^{\infty}\sum_{n=1}^{\infty}\frac{\sin(m\pi x/a)\sin(n\pi y/b)}{mn\left[(m/a)^2+(n/b)^2\right]^2} \tag{g}$$

$$(m,\ n = 1,\ 3,\ 5,\ \cdots)$$

최대처짐은 식 (g)에서 $x = \frac{a}{2}$, $y = \frac{b}{2}$에서 일어나며, $a = b$인 정사각 평판에서 최대처짐량은 $m,\ n = 1,\ 3$까지만 전개시켰을 때 다음과 같다.

$$w_{\max} = 0.00406\, p_0 \frac{a^4}{D} \tag{h}$$

» 평판 내 국소영역 $4cd$에만 균일분포되어 있는 경우

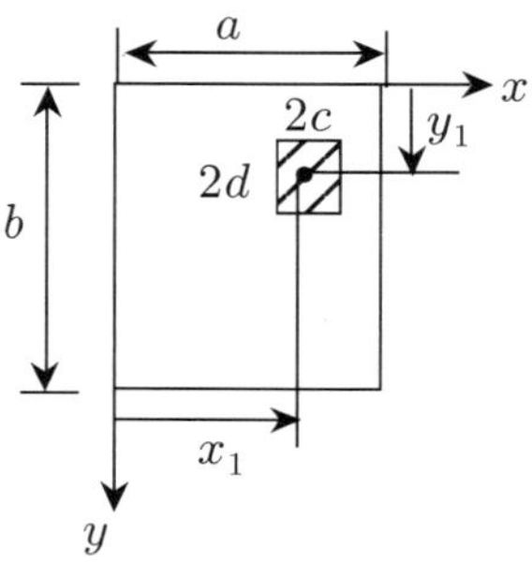

그림 2.33

그림 2.33의 빗금친 국소영역 $4cd$에 분포되어 있는 하중의 총량이 P라면 $p(x,\ y)$는 다음과 같다.

$$p(x,\ y) = \frac{P}{4cd} \tag{i}$$

식 (f)에서

$$p_{mn} = \frac{4}{ab}\frac{P}{4cd}\int_{y_1-d}^{y_1+d}\int_{x_1-c}^{x_1+c}\sin\frac{m\pi x}{a}\sin\frac{n\pi y}{b}\,dx\,dy$$

$$= \frac{4}{ab}\frac{P}{4cd}\left(\frac{2a}{m\pi}\sin\frac{m\pi x_1}{a}\sin\frac{m\pi c}{a}\right)\left(\frac{2b}{n\pi}\sin\frac{n\pi y_1}{b}\sin\frac{n\pi d}{b}\right)$$

$$\because \int_{x_1-c}^{x_1+c}\sin\frac{m\pi x}{a}dx = \frac{2a}{m\pi}\sin\frac{m\pi x_1}{a}\sin\frac{m\pi c}{a}$$

$$\int_{y_1-d}^{y_1+d}\sin\frac{n\pi y}{a}dy = \frac{2b}{n\pi}\sin\frac{n\pi y_1}{b}\sin\frac{n\pi d}{b}$$

$$\therefore p_{mn} = \frac{4}{\pi^2 mn}\frac{P}{cd}\left(\sin\frac{m\pi x_1}{a}\sin\frac{m\pi c}{aright)}\left(\sin\frac{n\pi y_1}{b}\sin\frac{n\pi d}{b}\right) \quad \text{(f)}''$$

여기서 $x_1 = \frac{a}{2}$, $y_1 = \frac{b}{2}$, $c = \frac{a}{2}$, $d = \frac{b}{2}$이면 $p(x, y) = p_0$의 판 전체 균일분포하중과 동일한 경우의 결과가 된다.

즉,

$$\begin{aligned} p_{mn} &= \frac{16}{\pi^2 mn}\frac{P}{ab}\sin^2\frac{m\pi}{2}\sin^2\frac{n\pi}{2} \\ &= \frac{16}{\pi^2 mn}\frac{P}{ab}\frac{1}{2}\left(1-\cos m\pi\right)\left(1-\cos n\pi\right) \\ &= \frac{16p_0}{\pi^2 mn} \end{aligned}$$

와 같이 되고, $p_0 = \frac{P}{ab}$로 판 전체 균일분포하중과 동일한 결과가 된다.

» $x = x_1$, $y = y_1$에서 집중하중 P가 작용할 경우

식 (f)″에서 $\lim_{c,\, d \to 0}$의 극한을 취하면 집중하중의 경우가 된다.

$$p_{mn} = \lim_{c,\, d \to 0}\frac{4P}{\pi^2 mncd}\sin\frac{m\pi x_1}{a}\sin\frac{n\pi y_1}{b}\sin\frac{m\pi c}{a}\sin\frac{n\pi d}{b} \quad \text{(f)}'''$$

$$= \frac{4P}{ab}\sin\frac{m\pi x_1}{a}\sin\frac{n\pi y_1}{b}$$

식 (f)‴을 식 (e)에 대입하면 집중하중 P에서 처짐은

$$w(x, y) = \frac{1}{\pi^4 D}\frac{4P}{ab}\sum_{m=1}^{\infty}\sum_{n=1}^{\infty}\frac{\sin\frac{m\pi x_1}{a}\sin\frac{n\pi y_1}{b}}{\left[(m/a)^2+(n/b)^2\right]^2}\sin\frac{m\pi x}{a}\sin\frac{n\pi y}{b} \quad \text{(j)}$$

$a = b$인 정사각 평판에서 $x_1 = \frac{a}{2}$, $y_1 = \frac{a}{2}$에 중앙집중하중이 작용하는 경우의 최대처짐은 식 (j)에서 $x = \frac{a}{2}$, $y = \frac{a}{2}$의 중앙에서 일어난다.

$$w_{\max} = \frac{4a^2 P}{\pi^4 D}\sum_{m=1}^{\infty}\sum_{n=1}^{\infty}\frac{1}{(m^2+n^2)^2}\ (m, n = 1, 3, 5, \cdots) \quad \text{(k)}$$

m, n = 1, 3, 5까지만 전개한 경우는 다음과 같고

$$w_{\max} = 0.01142\frac{Pa^2}{D}$$

m, n을 충분히 전개한 엄밀해는 식 (1)과 같다.

$$w_{\max} = 0.01159\frac{Pa^2}{D} \qquad (1)$$

여기서, $D = \dfrac{Et^3}{12(1-\nu^2)}$: 판의 굽힘강성

CHAPTER 03 CHAPTER

재료역학
(strength of materials)

3.1 재료역학 개요

3.1.1 재료역학이란 무엇인가?

“재료역학은 하중을 받고 있는 고체(탄성체)의 변형 거동을 응력, 변형률, 변위의 상태로 나타내어 고체재료의 변형 정도 및 파손 등을 예측하고 고체재료의 적절한 설계값을 얻는 데 그 목적을 두는 학문이다.”

실제로 ‘재료역학’은 ‘탄성론’에서 비롯되었다. 탄성론의 목적은 탄성체의 변형 정도를 응력, 변형률, 변위의 값으로 나타내고 이 값들을 탄성체 내부의 모든 점에서 위치의 함수로 일반화시켜서 파악하는 것이다. 이것은 2장에서 보았듯이 매우 복잡한 수학과 지루한 과정 속에 가능한 것이다. 재료역학이 설계를 위한 응용에 비중을 두고 발전하였다면 탄성론은 순수한 자연현상의 이해를 목적으로 발전하였다고 할 수 있다. 탄성론이 수학자와 응용과학자들의 관심분야였다면 재료역학은 현장 엔지니어들의 관심분야였다고 할 수 있다.

따라서 재료역학은 탄성론에서 비롯되었지만 모델링 과정에서 더 많은 가정을 도입하고 보다 간편한 결과식을 도출하여 개별실물을 보다 빠르게 해석하여 응용하려는 데 목적을 둔 것이다.

---

1) 최종근 · 이성범, 해석재료역학, 청문각.

3.1.2 재료역학 해석방법

그러면 탄성론과 재료역학의 궁극적인 해석방법의 차이는 무엇일까? 즉, 재료역학에서는 하중, 응력, 변형률, 변위의 추출과정이 어떻게 이루어지는가? 그림 3.1을 보자.

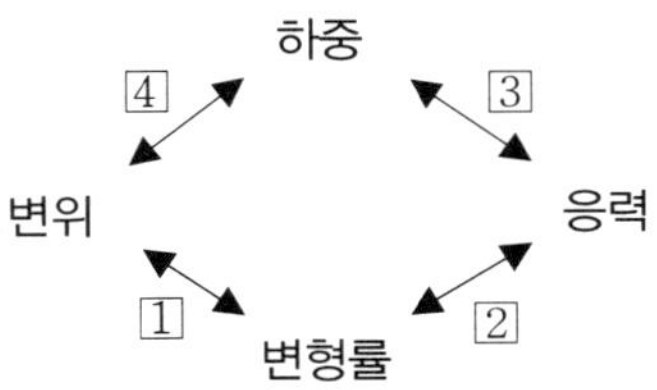

[1] 변형률 - 변위 관계식
[2] 응력 - 변형률 관계식
[3] 하중 - 응력 관계식
[4] 하중 - 변위 관계식

그림 3.1 재료역학의 기본 관계식

재료역학을 해석대상의 하중과 형상에 따라 작은 카테고리로 나누고, 그 카테고리 내에서 그림 3.1과 같이 [1], [2], [3], [4]의 인자들 간 관계식을 간편하게 대수함수로 유도하고자 한다. 대부분 해석대상은 하중을 주어진 정보로 하므로 [1], [2], [3], [4]의 관계식이 대수함수로 주어지면 간편하게 나머지 정보를 구할 수 있기 때문이다.

여기에서 [1] 변형률-변위 관계식, [2] 응력-변형률 관계식은 탄성론에서 정립되어 있으므로 모델링 과정에서 가정을 통하여 가능한 단순화시키게 되며, [3] 하중-응력 관계식, [4] 하중-변위 관계식은 작은 카테고리에 따라 각각 다르게 유도된다. 결국 재료역학 책은 작은 카테고리(인장/압축, 비틀림, beam)에 따라 [1], [2], [3], [4]의 관계식을 유도하고 활용하는 데 초점이 맞추어져 기술되어 있다고 할 수 있다. 이 과정을 정리하면 그림 3.2와 같이 1단계의 관계식 유도과정과 2단계의 관계식 활용과정으로 요약할 수 있다.

1 1단계 관계식 유도과정: 모델링 과정

• 하중과 형상에 따른 모델링과 관계식들의 간략화

하중과 형상에 따른 모델링과 관계식들의 간략화는 탄성론에서 가정을 통한 해석대상의 수학모델 구성과정과 같다. 다만, 탄성론 해석보다 가정을 많이 하여 관계식이 간단하게 되도록 하는 것이 필요하다.

• 하중-응력의 평형조건의 적용

하중은 외력으로 주어져 재료 내부에 내력을 유발시키게 되고, 내력은 다시 재료를 변

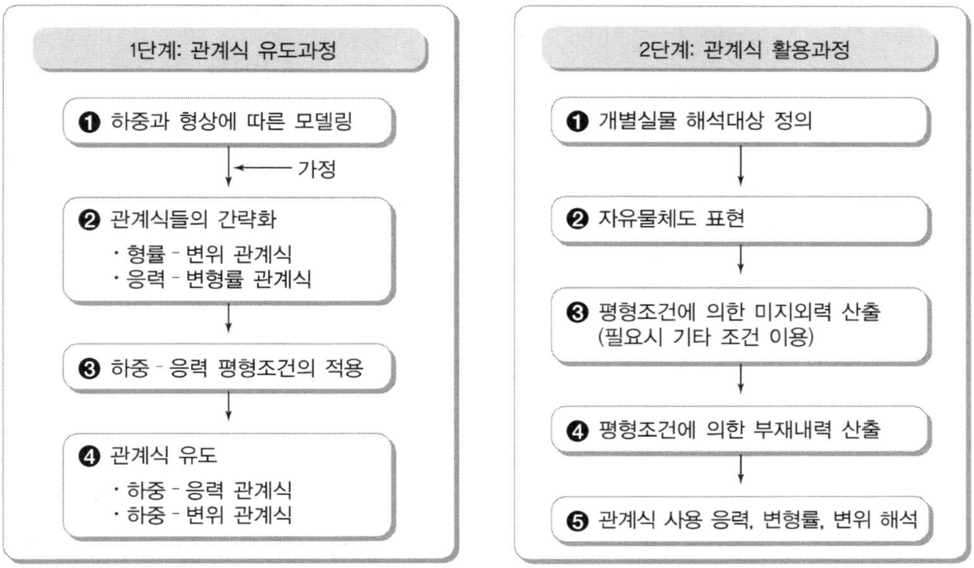

그림 3.2 재료역학 해석과정 2단계

형시키려는 응력으로 나타나게 된다. 여기에서 평형조건이 성립하게 되어 외력은 내력과 평형조건이 적용되고, 내력은 응력의 결과력이므로 내력과 응력의 평형조건이 적용되어 최종적으로 외력과 응력의 관계식 또는 내력과 응력의 관계식을 도출하게 된다. 이것을 하중-응력 관계식이라 한다. 이것이 그림 3.3에 도시되어 있다.

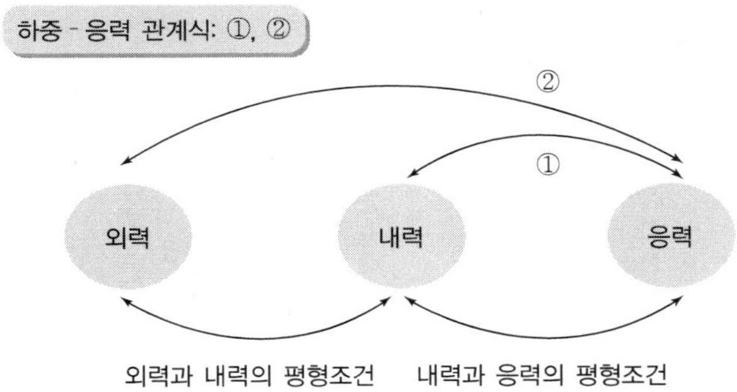

그림 3.3 하중 - 응력 관계 개요도

- **관계식 유도**

1단계의 (1), (2), (3) 과정을 거쳐 하중-응력 관계식, 하중-변위 관계식을 간단한 대수함수로 유도하는 과정을 말한다. 여기에서 하중은 엄밀한 의미에서 내력을 말하지만(그림 3.3에서 ①) 외력과 내력이 부재 전체에 걸쳐 동일한 경우(3.2.1 일축방향 인장/압축, 3.2.2 원형단면 비틀림)에는 곧바로 외력–응력 관계식(그림 3.3에서 ②)으로 표현하여도 된다.

이때에는 하중–응력 관계식에서 하중은 외력과 내력 중 어느 것이라 하여도 큰 문제가 되지 않는다. 그러나 보(beam) 또는 판(plate) 문제에서는 외력에 의해 내력이 부재 내부의 위치에 따라 변하므로 beam, plate 문제에서는 하중–응력 관계식에서 하중은 언제나 내력(응력의 결과력)을 말하게 된다.

❷ 2단계 관계식 활용과정: 개별실물 해석과정

• 개별실물 해석대상 정의

해석대상에서 주어진 데이터, 구하고자 하는 데이터를 명확하게 구별하여 문제를 정의하는 것을 말한다. 형상, 재질, 하중, 경계조건을 명확히 하여 해석대상을 정의한다.

• 자유물체도 표현

해석대상을 이상화하여 재료역학의 작은 카테고리 영역(인장/압축, 비틀림, beam)으로 표현한다. 이때 주어진 외력과 미지외력(미지 지점 반력 포함)을 자유물체도에 나타내는 것이 중요하다. 이것은 경계조건의 표현에 해당된다.

• 평형조건에 의한 미지외력 산출

자유물체도에 표현된 미지외력을 산출하는 것이 중요하다. 해석대상에 작용하고 있는 외력을 모두 알아야 다음 단계인 내력을 산출할 수 있기 때문이다. 여기에서 정정문제와 부정정문제로 구별되는데 정정문제는 평형조건만으로 모든 미지외력의 산출이 가능하지만 부정정문제는 '변형의 적합조건' 등 기타 조건을 평형조건과 함께 이용하여야 한다.

• 평형조건에 의한 부재내력 산출

해석대상에 작용하는 모든 외력을 산출한 뒤에 이들 외력으로 인하여 부재 내부에 전파된 내력을 산출하여야 한다. 간단한 해석대상(균일 단면봉의 인장/압축, 비틀림)에서는 외력과 내력이 부재 전체에 걸쳐 일치한다. 이와 같은 경우에는 부재내력 산출과정을 생략하여도 된다. 그러나 보(beam)와 판(plate) 등은 외력에 의한 내력은 부재 내부의 위치에 따라 다른 값을 가질 수 있다. 이것이 부재 내부의 응력분포가 위치에 따라 다르게 나타나는 원인이기도 하다. 따라서 부재 내부의 임의점에서 응력 및 기타 해석을 수행하기 위하여 그 점에서 내력이 얼마인지 산출할 필요가 있다. 이때 우리는 다시 평형조건을 이용하게 되는데, 이것을 평형조건에 의한 부재내력 산출과정이라 한다(그림 3.3 참조).

• **관계식 사용 해석**

부재내력을 산출한 후, 1단계에서 유도된 하중-응력 관계식, 하중-변위 관계식, 변형률-변위 관계식, 응력-변형률 관계식을 사용하여 구하고자 하는 데이터(응력, 변형률, 변위)를 산출하는 과정을 말한다.

3.2 재료역학적 해석 예(탄성론 해석과 비교하여)

2장의 탄성론 해석과 비교하여 재료역학적으로 필요한 응력, 변형률, 변위를 추출하는 예를 들어보자. 여기에서는 비교를 위하여 재료역학 책에 전형적으로 기술되는 세 가지 경우를 (일축방향 인장/압축, 균일 원형단면봉의 비틀림, 보의 굽힘) 모델링 과정과 개별실물 해석으로 서술한다.

3.2.1 일축방향 인장/압축

1 관계식 도출

해석대상

그림 3.4와 같은 긴 부재에 길이 방향으로 인장/압축하중이 작용할 때 다음과 같은 가정을 생각할 수 있다. 길이 방향으로 긴 부재의 형상에 인장/압축하중이 작용하는 경우에는 부재의 단면 모양(삼각형, 사각형, 원형, 기타)에 관계없이 그림 3.4와 같이 모델링할 수 있으며, 아래와 같이 관계식을 도출할 수 있다.

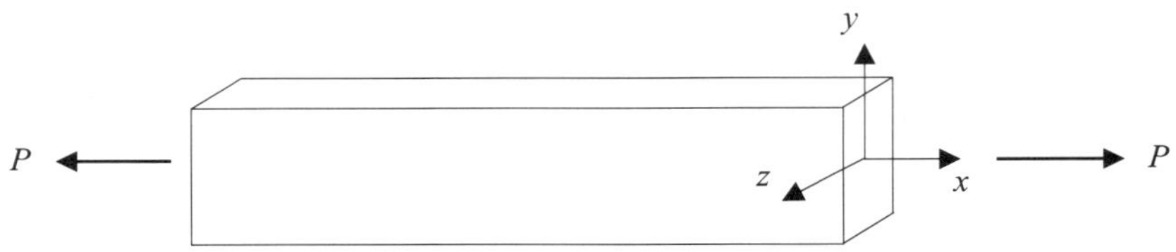

그림 3.4

모델링 → 가정

① 하중 P는 단면의 도심에 작용하고, 끝단에서 얼마만큼 떨어진 곳부터는 응력이 균일하게 분포된다.

② 단면의 가로방향, 세로방향 변형은 푸아송비에만 의존하고, 하중에 의해 직접적으로 발생하는 변형은 길이 방향만 존재한다.

③ 수직응력은 길이 방향 응력만을 고려하고, 단면의 가로, 세로방향 응력은 무시한다.

모델링 → 수학모델

1 변형률-변위 관계식(기하학적 변형의 적합성)

직교좌표계를 사용하고, 앞의 가정을 도입하면 그림 3.5와 같은 일축방향으로의 기하학적 변형을 생각할 수 있다.

하중이 서로 도심에 작용한다는 가정에서 전단이 일어나지 않으므로 $\gamma_{xy}=\gamma_{yz}=\gamma_{zx}=0$이 된다. 그리고 단면의 가로방향, 세로방향 변형은 푸아송비 ν에만 의존하므로 하중에 의한 기하학적 변형의 적합성에 의한 변형률은 길이 방향 변형률 ϵ_x 1개만 고려대상이 된다. 따라서 그림 3.5에서 길이 방향 변형률 ϵ_x는 탄성론의 변형률-변위 관계식[식 (2.2)]에 의해 다음과 같이 간략하게 된다.

$$\epsilon_x=\frac{du}{dx}=\frac{\delta}{L} \tag{3.1}$$

2 응력-변형률 관계식

앞의 가정에서 단면의 가로, 세로방향 응력을 무시한다고 하였으므로 $\sigma_y=\sigma_z=0$이 된다. 그리고 변형률에서 전단변형률 $\gamma_{xy}=\gamma_{yz}=\gamma_{zx}=0$이므로 식 (2.3)

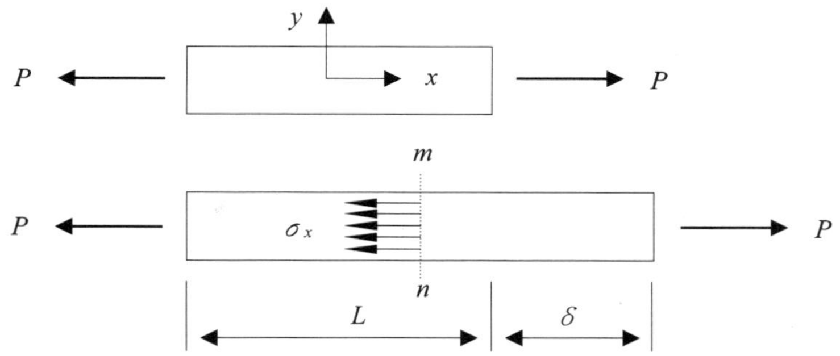

그림 3.5

의 응력-변형률 관계식에 의해 전단응력 또한 $\tau_{xy} = \tau_{yz} = \tau_{zx} = 0$이 된다. 따라서 이들 $(\sigma_y = \sigma_z = \tau_{xy} = \tau_{yz} = \tau_{zx} = 0)$을 탄성론의 응력-변형률 관계식[식 (2.3)]에 대입하면 길이 방향 응력-변형률에 대한 관계식이 다음과 같이 간략하게 된다.

$$\sigma_x = E\epsilon_x \tag{3.2}$$

③ 하중-응력 관계식(하중-응력 평형조건의 적용)

그림 3.5에서와 같이 부재에 하중이 작용하면, 그 하중은 재료를 변형시키려는 작용을 하여 부재 내부로 골고루 퍼지게 된다. 이렇게 퍼진 응력은 재료를 어느 정도 변형시키면 한계에 다다르고 변형을 멈추게 된다. 이 상태를 평형상태라 하며, 임의 단면에서 재료 내부에 퍼진 응력을 방향에 따라 모두 모으면 그 단면에서 발생된 내력(internal forces)과 평형을 이루어야 하고, 내력은 다시 외부에서 가한 하중과 평형을 이루어야 한다. 이 조건을 하중-응력 평형조건(그림 3.3)이라 한다.

재료가 변형을 하여 평형에 이른 뒤의 임의 단면인 mn 단면을 자르면 그림 3.6과 같이 나타낼 수 있다. 여기에서 mn 단면에 발생한 내력은 외부하중 P와 같고, 부재 전체에 걸쳐 동일한 값을 갖는다는 것을 직관적으로 알 수 있을 것이다.

» 외력과 내력의 평형조건:

$$\begin{aligned} &\Sigma F_x = P - F_i = 0 \\ &\therefore \quad F_i = P \end{aligned} \tag{3.3}$$

단면적 A에 고르게 퍼져 있는 응력 σ_x를 모두 모으면 내력 F_i와 같아야 하는 것이 내력과 응력의 평형조건이다. 이 경우에는 응력 σ_x가 단면 전체에 걸쳐 균일

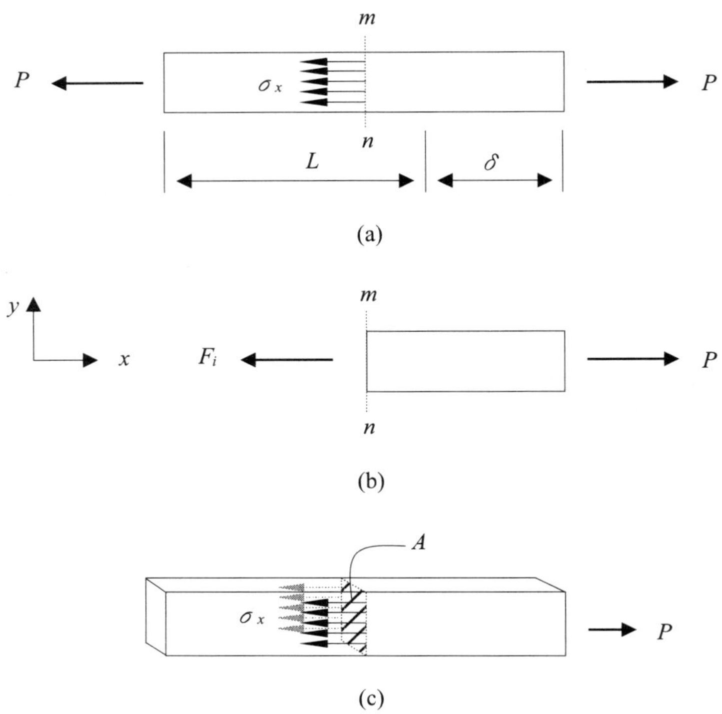

그림 3.6

하게 분포되어 있으므로 다음과 같이 기술할 수 있다.

» 내력과 응력의 평형조건:

$$\sigma_x A = F_i \tag{3.4}$$

외력과 내력의 평형조건[식 (3.3)]을 내력과 응력의 평형조건[식 (3.4)]에 대입하면 응력과 외력과의 관계를 다음과 같이 얻을 수 있다. 이것은 응력과 외부 하중을 대수함수로 직접 맺어주는 간편한 관계식이 되는 것이다.

» 응력과 외력과의 관계:

$$\sigma_x = \frac{F_i}{A} = \frac{P}{A} \tag{3.5}$$

4 하중-변위 관계식

변형률-변위 관계식 (3.1)을 응력-변형률 관계식 (3.2)에 대입하면 응력-변위의 관계식을 다음과 같이 얻는다.

$$\begin{aligned}\sigma_x &= E\epsilon_x \\ &= E\frac{\delta}{L}\end{aligned} \tag{3.6}$$

응력-변위 관계식 (3.6)을 하중-응력 관계식 (3.5)에 대입하면 하중-변위 관계식을 다음과 같이 얻는다.

$$\delta = \frac{PL}{EA} \tag{3.7}$$

따라서 일축방향 인장/압축 문제에 있어서 유도된 관계식은 정리하면 다음과 같다.

$$\begin{aligned}
&\boxed{1}\ \text{변형률 - 변위 관계식} \quad \epsilon_x = \frac{du}{dx} = \frac{\delta}{L} \\
&\boxed{2}\ \text{응력 - 변형률 관계식} \quad \sigma_x = E\epsilon_x \\
&\boxed{3}\ \text{하중 - 응력 관계식} \quad \sigma_x = \frac{P}{A} \\
&\boxed{4}\ \text{하중 - 변위 관계식} \quad \delta = du = \frac{Pdx}{EA} = \frac{PL}{EA}
\end{aligned} \tag{3.8}$$

❷ 관계식 활용(개별실물 해석)

탄성론 2.1.3에서 예를 들었던 개별실물 해석 예를 재료역학적으로 해석하여 보자.

◎ 해석대상

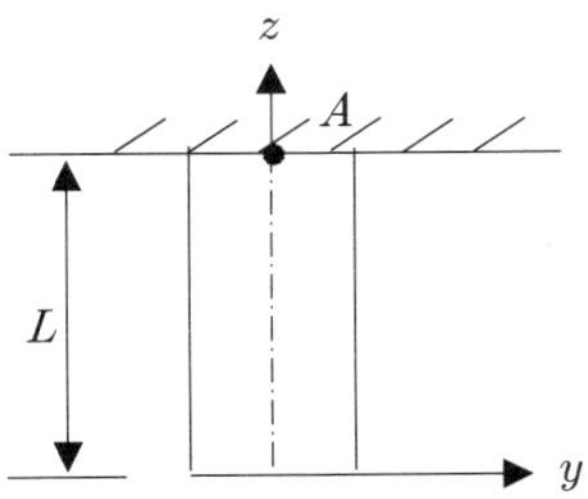

형상: 균일단면 Bar
재질: E, ν
하중: 자중(ρg: 비중)
경계조건: 상부(점 A) 고정

자유물체도

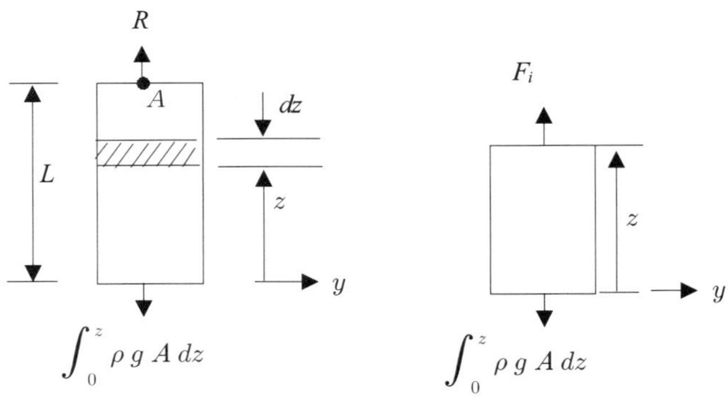

(a) 외력 (b) 내력

평형조건에 의한 미지 외력 산출

$$\Sigma F_z = R - \int_0^L \rho\, g\, A\, dz = 0$$
$$R = \int_0^L \rho\, g\, A\, dz = \rho\, g\, A\, L \tag{a}$$

평형조건에 의한 부재내력 산출

$$\Sigma F_z = F_i - \int_0^z \rho\, g\, A\, dz = 0$$
$$F_i = \rho\, g\, A\, z \tag{b}$$

관계식 사용 응력, 변형률, 변위 해석

식 (b)의 부재내력은 위치에 따라 다른 값을 갖게 됨을 알 수 있다. 따라서 식 (3.8)에서 하중-응력 관계식, 하중-변위 관계식의 하중은 내력을 사용하여야 한다. 임의의 위치 z에서 응력, 변형률, 변위는 다음과 같이 계산된다.

» 하중-응력 관계식에서 응력 산출

$$\sigma_z = \frac{P}{A} = \frac{F_i}{A} = \frac{\rho g A z}{A} = \rho g z \tag{c}$$

» 하중-변위 관계식에서 변위 산출

$$dw = \frac{P\,dz}{EA} = \frac{\rho g A z\,dz}{EA} = \frac{\rho g}{E} z\,dz \tag{d}$$

$$w = \frac{\rho g}{2E} z^2 + c_1$$

경계조건 $z = L$에서 $w = 0$이므로

$$c_1 = -\frac{\rho g}{2E} L^2$$

$$\therefore w = \frac{\rho g}{2E} z^2 - \frac{\rho g}{2E} L^2 \tag{e}$$

» 응력-변형률 관계식에서 변형률 산출

$$\epsilon_z = \frac{\sigma_z}{E} = \frac{\rho g}{E} z \tag{f}$$

3 탄성론 해석 결과와 비교검토

탄성론 해석 결과인 2.1.3의 식 (h), (s), (t)와 비교하면 탄성론에서는 응력, 변형률, 변위가 x, y, z의 모든 위치의 함수로 표현되어 있음을 알 수 있다. 그러나 재료역학에서는 오직 z 방향만의 위치 함수로 표현되어 있음을 알 수 있다.

이것은 재료역학 해석의 가정에서 변형은 길이 방향만 고려한다고 하였기 때문인 것이다. 탄성론에서는 폭방향 변위도 산출하였지만 재료역학에서는 길이 방향만을 고려하여 관계식을 도출한 것이다.

탄성론에서 식 (s)의 길이 방향 변위는

$$\omega = \frac{\rho g}{2E} z^2 + \frac{\nu \rho g}{2E}(x^2 + y^2) - \frac{\rho g L^2}{2E}$$

이다. $z = 0$, 즉 자유단에서

$$\omega = \frac{\nu \rho g}{2E}(x^2 + y^2) - \frac{\rho g L^2}{2E}$$

과 같이 되어 최초 평면인 단면이 2차 곡면을 이루는 처짐변형을 보인다. 재료역학에서

표 3.1 일축인장문제의 탄성론, 재료역학 해석 결과 비교

탄성론 해석 결과 2.1.3절	재료역학 해석 결과
$\sigma_z = \rho g z$	$\sigma_z = \rho g z$
$\epsilon_x = -\dfrac{\nu \rho g}{E} z$	$\epsilon_z = \dfrac{\rho g}{E} z$
$\epsilon_y = -\dfrac{\nu \rho g}{E} z$	$w = \dfrac{\rho g}{2E} z^2 - \dfrac{\rho g}{2E} L^2$
$\epsilon_z = \dfrac{\rho g}{E} z$	
$u = -\dfrac{\nu \rho g}{E} x z$	
$v = -\dfrac{\nu \rho g}{E} y z$	
$w = \dfrac{\rho g}{2E} z^2 + \dfrac{\nu \rho g}{2E}(x^2 + y^2) - \dfrac{\rho g L^2}{2E}$	

는 $z = 0$인 자유단에서 식 (e)에 의해

$$\omega = -\frac{\rho g L^2}{2E}$$

이 되어 x, y의 위치에 관계없이 동일한 처짐 변위를 갖고 최초 평면을 유지하는 것으로 나타난다. 그러나 $x = y = 0$인 점에서는 탄성론 해석 결과와 재료역학 해석 결과가 동일한 처짐값을 보이는 것을 알 수 있다.

3.2.2 균일 원형단면봉의 비틀림

이 절은 탄성론에서 2.2.3절 (1)항의 1784년 Coulomb이 해석한 균일 원형단면봉의 비틀림 해석과 동일한 문제이다. 재료역학적인 방법으로 관계식을 도출하여 보자. 변형률-변위 관계식, 응력-변형률 관계식은 2.2.3절 (1)항의 (a), (b), (c), (d) 결과를 그대로 활용하고, 외력-내력, 내력-응력의 평형조건을 재료역학적으로 활용하여 관계식을 도출하여 보자.

1 관계식 도출

해석대상

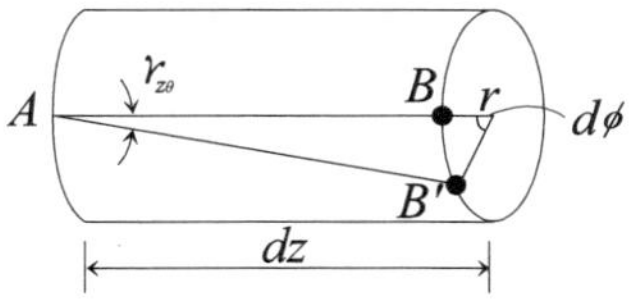

모델링 → 가정

① 비틀림 변형량이 작다(소변형).

② 수직변형률은 없다($\epsilon_r = \epsilon_\theta = \epsilon_z = 0$).

③ 변형 후에도 축에 수직한 단면은 찌그러짐 없이 변형 전과 같은 평면을 그대로 유지한다. 즉 각 단면은 서로 상대회전만 한다($\gamma_{z\theta} \neq 0$, $\gamma_{zr} = \gamma_{r\theta} = 0$).

모델링 → 수학모델

1 변형률-변위 관계식

2.2.3절 (1)항 식 (b)와 그림 2.13에서 변형률-변위 관계식은 다음과 같이 간략화 되었다.

$$\gamma = \frac{BB'}{AB} = r\frac{d\phi}{dz} \tag{3.9}$$

r: 반경방향 좌표값

$d\phi$: 미소요소 dz 에서 단면의 비틀림각(rad)

dz: 길이 방향 미소요소

$\frac{d\phi}{dz}$: 비틀림률(단위길이당 단면 비틀림각, θ)

2 응력-변형률 관계식

2.2.3절 (1)항 식 (d)를 그대로 활용하되, 전단변형률과 전단응력을 $\gamma_{z\theta} = \gamma$, $\tau_{z\theta} = \gamma$로 표기하면 다음과 같은 관계식이 된다.

$$\tau = G\gamma \tag{3.10}$$

3 하중-응력 관계식

비틀림 하중은 일축방향 인장/압축하중과 같이, 부재 전체에 걸쳐 외력과 동일한 내력이 발생하며, 내력은 단면에 전단응력으로 분포된다. 이것을 그림 3.7에 나타내었고, 아래와 같이 하중-응력 관계식을 유도할 수 있다.

재료가 변형하여 평형에 이른 뒤 임의 단면 mn에서 발생한 내력은 외부 비틀림 하중 T와 같고, 부재 전체에 걸쳐 동일한 값을 갖는다는 것을 다음 외력과 내력의 평형조건에서 알 수 있을 것이다.

» 외력과 내력의 평형조건: 그림 3.7(b)

$$\sum M_z = T - T_i = 0$$
$$\therefore T_i = T \tag{3.11}$$

» 내력-전단응력 평형조건:

원형 단면의 전체 단면적 A에 분포되어 있는 전단응력 τ를 모두 모으면 (응력의 결과력) 내력인 비틀림 모멘트 T_i와 같아야 하는 것이 내력과 응력의 평형조건이다. 이 경우에는 전단응력이 단면적 전체에 걸쳐 균일한 값을 갖지 않고, 원점 O에서 반경방향으로 반경 r에 비례하여 커지므로 [식 (3.9)의 변형률-변위 관계에서 변형률이 반경 r에 비례하므로] 다음과 같이 기술할 수 있다.

$$T_i = \int_A r(\tau_r dA) \tag{3.12}$$

여기서 r은 임의반경 위치를, τ_r은 반경 r 위치에서의 전단응력을 나타내고, dA는 그 위치에서 미소단면적을 나타내므로 $r(\tau_r\, dA)$는 반경 r에서 미소단면적에 발생하는 비틀림 모멘트가 된다. 식 (3.12)는 이것을 전체 단면적 A에 대하여 적분한 것이 되며, 그 단면에서 내력(비틀림 모멘트)과 평형을 이루는 조건이 된다.

반경 r인 지점에 발생하는 전단응력 τ_r은 변형률-변위 관계식[식 (3.9)]을 응력-변형률 관계식[식 (3.10)]에 대입하여 식 (3.13)과 같이 위치 r과 비틀림률 $\frac{d\phi}{dz}$의 함수로 표현할 수 있다.

$$\tau_r = G r \frac{d\phi}{dz} \tag{3.13}$$

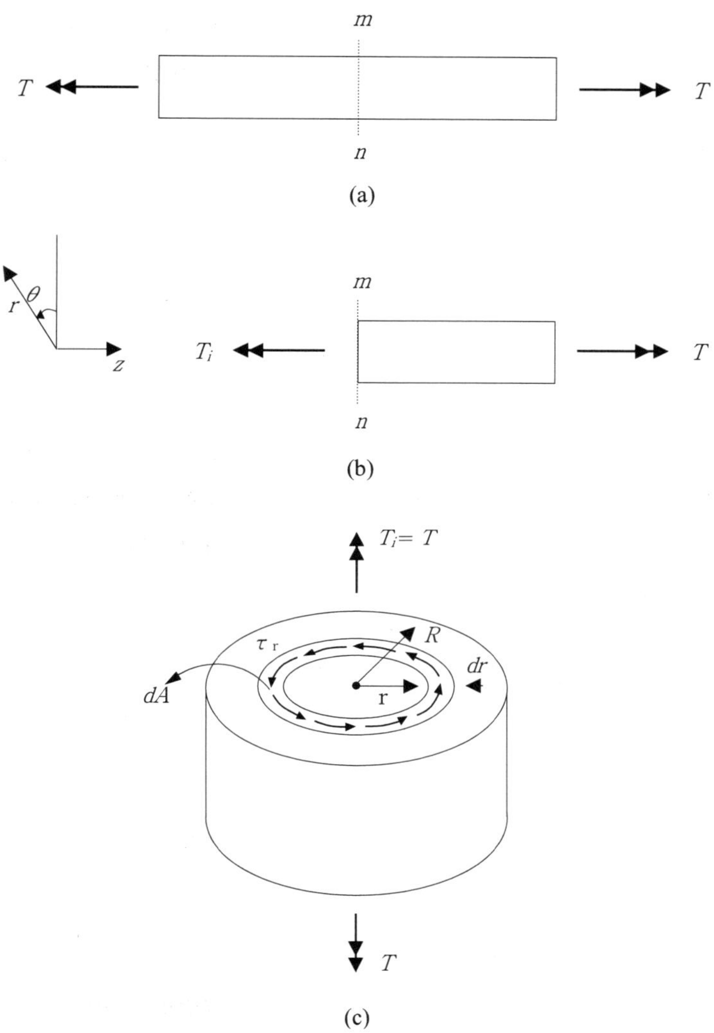

그림 3.7

위치의 함수로 표현된 전단응력[식 (3.13)] τ_r을 내력과 응력의 평형조건 관계식 (3.12)에 대입하면 다음을 얻을 수 있다.

$$\begin{aligned} T_i &= \frac{d\phi}{dz} G \int_A r^2 dA \\ &= \frac{d\phi}{dz} G I_p \end{aligned} \tag{3.14}$$

여기서 $\int_A r^2 dA = I_p$는 극관성 모멘트를 나타낸다. 식 (3.14)를 다시 말하면, 단위 길이당 단면 비틀림각(비틀림률), $\dfrac{d\phi}{dz}$와 내력과의 관계이다. 여기에서 $d\phi$는 비틀림각(또는 상대회전각)이 되며, 이것이 변위(각변위)가 된다. 따라서 식 (3.14)를 (3.15)와 같이 변위에 관하여 다시 표현하면 이것이 곧 하중-변위 관계식으로 사용되는 것이다.

$$\frac{d\phi}{dz} = \frac{T_i}{GI_p} \tag{3.15}$$

식 (3.15)의 비틀림률-내력 관계를 식 (3.13)의 응력-비틀림률 관계에 대입하면 내력-응력의 관계식을 다음과 같이 얻을 수 있다. 이것은 원형 단면의 비틀림에서 응력과 내력의 관계를 대수함수로 직접 맺어주는 간편한 관계식이며, 비틀림에서는 식 (3.11)에서처럼 외력과 내력이 부재 전체에 걸쳐 동일하므로 곧바로 응력과 외력의 관계로 생각할 수 있게 된다.

» 하중-응력 관계식: (응력-내력 관계 = 응력-외력 관계)

$$\tau_r = \frac{T_i\, r}{I_p} = \frac{T\, r}{I_p} \tag{3.16}$$

τ_r: 원형단면 반경 r인 위치에서의 전단응력

T_i: 내력 비틀림 모멘트

T: 외부하중인 비틀림 모멘트

r: 구하고자 하는 전단응력이 위치한 반경방향 거리

I_p: 원형단면축의 극관성 모멘트$\left(I_p = \dfrac{\pi d^4}{16}\right)$

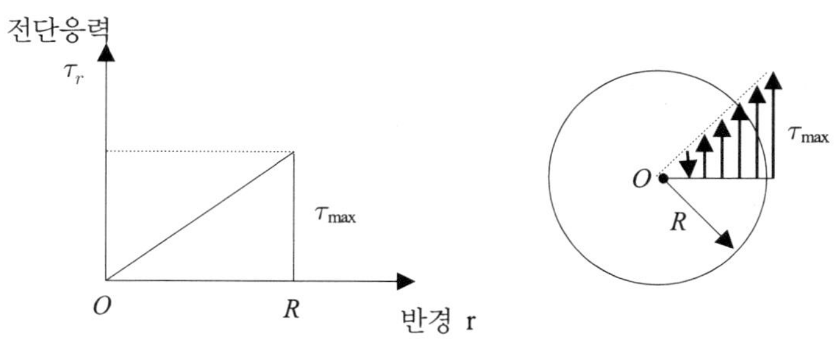

그림 3.8

설계에서는 대부분 최대응력이 관심의 대상이 되므로 원형 단면의 비틀림에서 최대 전단응력은 '극단면계수'라는 개념을 이용하여 다음과 같이 사용한다. 극단면계수란 극관성 모멘트를 원형단면의 반지름으로 나눈 값으로 설계에서 많이 사용되는 개념이다.

$$\tau_{\max(r=R)} = \frac{TR}{I_p} = \frac{T}{I_p/R} = \frac{T}{Z_p}$$
$$Z_p = \frac{I_p}{R}:\ \text{극단면계수}\ \left(Z_p = \frac{\pi d^3}{16}\right) \tag{3.17}$$

4 하중-변위 관계식

식 (3.15)는 단위 길이당 비틀림각(비틀림률)과 내력과의 관계식으로 곧바로 하중-변위 관계식이 된다. 비틀림에서 내력과 외력은 부재 전체에 걸쳐 동일하므로 식 (3.18)과 같이 외력과의 관계로 곧바로 맺을 수 있다. 이 식을 적분하면 임의 길이 L에서 단면의 총 비틀림각(상대회전각)ϕ_L을 식 (3.19)와 같이 구할 수 있다. 이것을 하중-변위(각 변위) 관계식이라 한다.

$$\frac{d\phi}{dz} = \frac{T_i}{GI_p} = \frac{T}{GI_p} \tag{3.18}$$

$$\int d\phi = \int_0^L \frac{T}{GI_p} dz$$
$$\phi_L = \frac{TL}{GI_p} \tag{3.19}$$

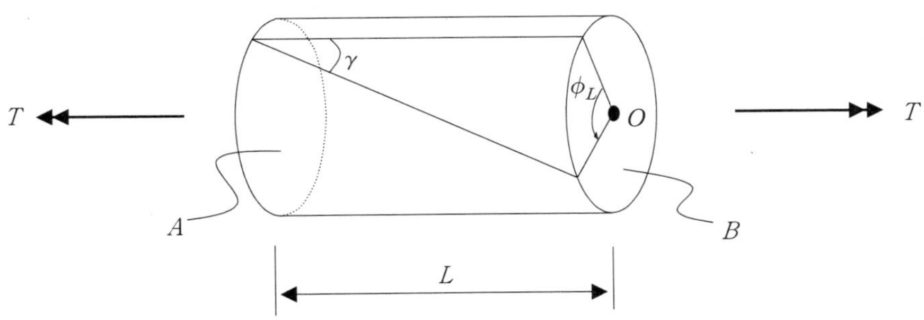

그림 3.9

따라서 원형단면봉의 비틀림 문제에 있어서 유도된 관계식을 정리하면 다음과 같다.

1 변형률 - 변위 관계식 $\gamma = r\dfrac{d\phi}{dz}$

2 응력 - 변형률 관계식 $\tau = G\gamma$

3 하중 - 응력 관계식 $\tau_r = \dfrac{Tr}{I_p}$ (3.20)

4 하중 - 변위 관계식 $\dfrac{d\phi}{dz} = \dfrac{T}{GI_p}$

2 탄성론 해석 결과와 비교검토

탄성론 해석 결과인 2.2.3절 (1)항 식 (m), (n)과 비교하면 동일한 결과임을 알 수 있다. 탄성론에서는 x, y, z의 함수로 나타내었지만 재료역학에서는 원형 단면의 대칭성을 이용하여 극좌표로 나타내었다. 이것은 비틀림이 작고 warping이 없다고 가정한 원형 단면에 대한 1784년 Coulomb 해석의 결과를 재료역학에서 취급한 것이다. warping이 있는 경우에는 재료역학적 방법으로 해석하는 것이 어렵다. 이 경우는 2.2.3절 (2), (3)항을 참조한다.

표 3.2 비틀림 문제의 탄성론, 재료역학 해석 결과 비교

탄성론 해석 결과[2.2.3절 (1)항]	재료역학 해석 결과
$\tau_{zx} = -G\theta y$	$\tau_r = \dfrac{Tr}{I_p}$ $(T = M_t)$
$\tau_{zy} = G\theta x$	$\dfrac{d\phi}{dz} = \dfrac{T}{GI_p}$
$\gamma_{zx} = -\theta y$	$\tau = G\gamma$
$\gamma_{zy} = \theta x$	$\gamma = r\dfrac{d\phi}{dz} = \dfrac{Tr}{GI_p}$
$u = -\theta yz$	
$v = \theta xz$	
여기서 $\theta = \dfrac{M_t}{GI_p}$	

3.2.3 beam(균일 단면봉의 굽힘문제)

Navier는 1826년 재료역학에 관한 책(Navier's Book on Strength of Materials) 초판을 발행하였다. 여기에서 그는 오늘날 초등재료역학책에 기술되는 보에 관한 내용들을 소개하였다. Saint-Venant는 Navier가 사용한 가정들을 이용하여 굽힘문제를 탄성론적으로 명확하게 해석하였다[2.2.4절 (1)항 참조].

Navier는 응력과 내력의 평형조건 3개를 이용하여 중립축이 단면의 도심을 지난다는 결론을 내렸는데 이와 같은 응력과 내력의 평형조건 사용이 지금 이 장에서 사용되는 재료역학적 방법의 근간으로 자리잡게 된 것이다. 이 절에서는 오늘날 재료역학책에 소개되는 보에 관한 관계식 도출(Navier의 해석)을 정리 기술하고, Saint-Venant의 탄성론적 해석을 비교하여 검토한다.

1 관계식 도출

해석대상 : 순수굽힘 모멘트를 받는 보

그림 3.10(a)와 같은 부재에 그림과 같은 하중이 작용하면 (b)와 같이 변형하게 됨을 경험을 통하여 알 수 있을 것이다.

그림 3.10 BC부재의 단면에는 그림 3.10(c)와 같이 부재 전체에 걸쳐 동일한 굽힘 모멘트가 발생하며, 이와 같이 전단력이 없고 부재 전체에 걸쳐 동일한 굽힘 모멘트가 발생하는 상태를 순수굽힘(pure bending) 상태라 한다. 굽힘 모멘트를 받는 보의 응력을 해석하기 위하여 우리는 이와 같은 순수굽힘 상태에 놓인 보에서 관계식들을 검토하는 것이 필요하다. 그림 3.10의 하중과 부재의 변형 양태를 보다 자세히 나타내면 그림 3.11과 같은 대칭보에 적용할 수 있으며, 여기에서 다음과

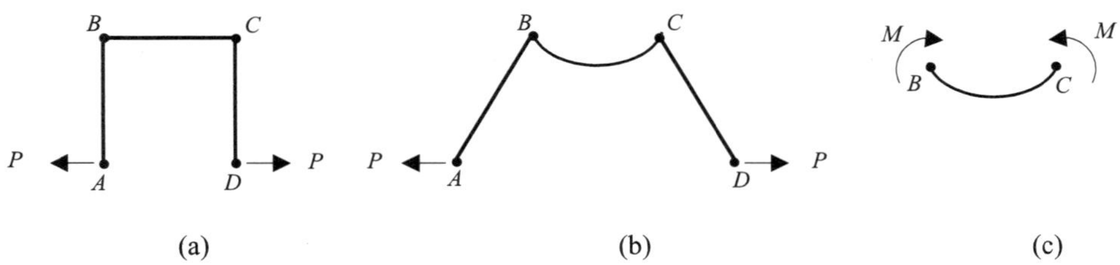

그림 3.10 순수굽힘(pure bending)

같은 가정을 생각할 수 있다.

모델링

① 대칭면에 수직이었던 보의 단면은 변형 후에도 대칭면에 수직인 평면을 유지하며, 이에 따른 모든 전단변형률은 무시한다($\gamma_{xy} = \gamma_{yz} = \gamma_{xz} = 0$).

② 보는 길이에 비해 폭과 높이가 매우 작으므로 폭과 높이방향의 수직응력은 무시한다($\sigma_y = \sigma_z = 0$).

③ 변형 전 직선이었던 길이 방향의 선들은 변형 후 곡률반경을 갖는 곡선이 되며, 최초보다 줄어드는 부분, 최초보다 늘어나는 부분, 줄어들지도 늘어나지도 않는 부분이 존재한다.

④ 변형량은 매우 작게 일어난다(소변형).

모델링 ➜ 수학모델

1 변형률-변위 관계식(기하학적 변형의 적합성)

그림 3.11(b), (c)를 보면 가정 ③에서 도입한 최초 길이보다 줄어드는 부분, 최초 길이보다 늘어나는 부분, 늘어나지도 줄어들지도 않는 부분이 표현되어 있음을 알 수 있다. 우리는 이 늘어나지도 줄어들지도 않는 부분의 위치가 단면 위의 어느 곳인지는 지금까지의 논의로는 알 수 없지만 그곳을 중립축(neutral axis)이라 부르기로 하고, 길이 방향의 좌표축인 x축을 그곳에 위치시키기로 하자. 이렇게 하였을 때 가정 ①에 의해 y축에 수직인 xz평면은 변형 후에도 y축에 수직인 평면을 유지하므로 늘어나지도 않고 줄어들지도 않는 평면으로 남게 된다.

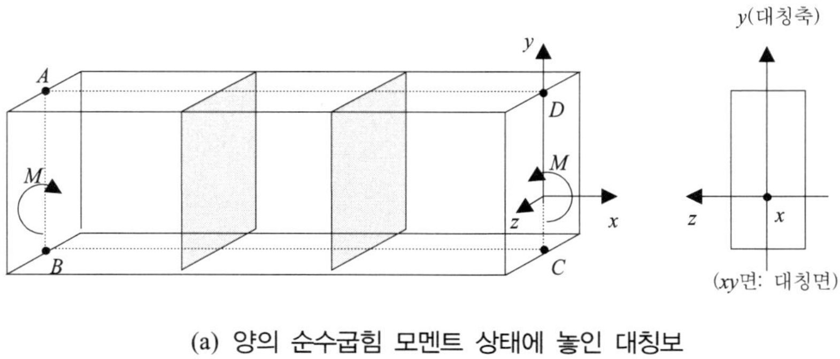

(a) 양의 순수굽힘 모멘트 상태에 놓인 대칭보

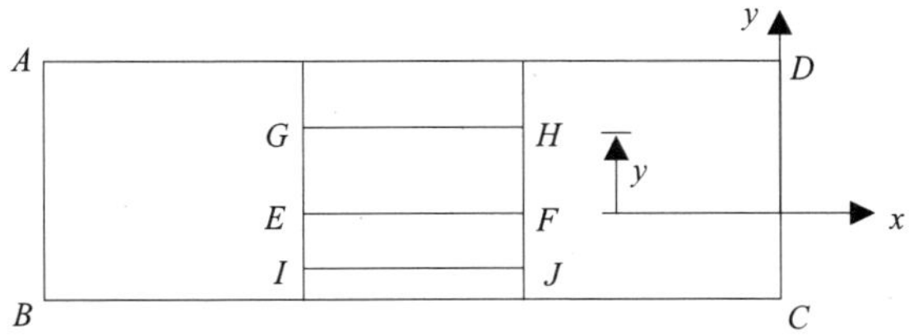

(b) 대칭면에서 보의 변형 전 상태

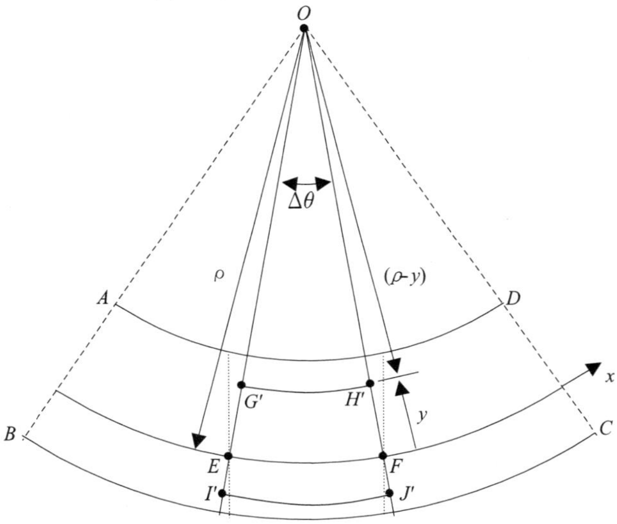

(c) 대칭면에서 보의 변형 후 상태

그림 3.11 순수굽힘에서 보의 변형 상태

이것을 우리는 중립면(neutral surface)이라 정의하고, 보뿐만 아니라 판구조물이나 셸구조물에서도 중요한 의미를 갖는 개념이 된다. 양의 굽힘 모멘트가 작용하는 그림 3.11(c)에서 보면 중립면의 윗부분은 최초 상태보다 수축하고, 중립면의 아랫부분은 늘어나는 것을 알 수 있다. 따라서 양의 굽힘 모멘트에서 임의의 양의 위치 y 의 좌표상의 변형률은 압축변형률이 되며 다음과 같이 기술할 수 있다.

$$\epsilon_x = \frac{G'H' - GH}{GH} = \frac{G'H' - GH}{EF} = \frac{(\rho - y)\Delta\theta - \rho\Delta\theta}{\rho\Delta\theta} = -\frac{y}{\rho} \tag{3.21}$$

여기서 ρ는 곡률반경을 나타내며, 곡률 κ와 곡률반경 ρ와의 관계는 그림 3.12

에서 다음과 같이 정의된다.

$$\lim_{\Delta s \to 0} \frac{\Delta\theta}{\Delta s} = \frac{1}{\rho} \tag{3.22}$$

$$\therefore \kappa = \frac{d\theta}{ds} = \frac{1}{\rho}$$

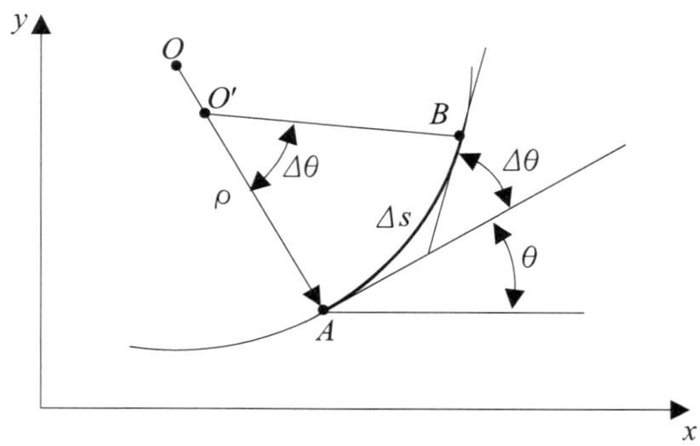

그림 3.12 곡률과 곡률반경

식 (3.22)의 곡률과 곡률반경의 관계를 이용하여 식 (3.21)의 변형률-변위 관계를 다시 기술하면 다음 식 (3.23)과 같이 간략하게 되며, 이 변형률-변위 관계식은 다음 절의 응력-변형률 관계식과 하중-응력의 평형조건과 함께 순수굽힘 아래의 보속의 응력을 도출하는 데 중요하게 활용될 것이다.

$$\epsilon_x = -\frac{y}{\rho} = -\kappa\, y \tag{3.23}$$

2 응력-변형률 관계식

앞의 가정 ①에서 모든 전단변형률을 무시하여 $\gamma_{xy} = \gamma_{yz} = \gamma_{xz} = 0$으로 가정하였으므로 이에 대응하는 전단응력 또한 $\tau_{xy} = \tau_{yz} = \tau_{xz} = 0$이 된다. 그리고 가정 ②에서 $\sigma_y = \sigma_z = 0$으로 가정하였으므로 순수굽힘 모멘트하의 보에서 유일하게 발생하는 응력은 σ_x 하나만 남게 된다는 것을 알 수 있다. 그리고 이 σ_x에 의해 푸아송비(ν)만큼의 y, z 방향 수직변형률이 $\epsilon_y = \frac{1}{E}[-\nu\sigma_x]$, $\epsilon_z = \frac{1}{E}[-\nu\sigma_x]$와 같이 발생한다는 것도 이해할 수 있을 것이다. 따라서 우리는 순수굽힘 모멘트를 받는 보에서 유일하게 발생하는 응력인 σ_x는 기하학적 변형에 의해 얻어진 식 (3.23)의 길이 방향의 수직변형률 ϵ_x에만 의존되는 것을 파악할 수 있다. 이것을 보다 수학적으로 확인하기 위하여 가정에서 도입한 $\gamma_{xy} = \gamma_{yz} = \gamma_{xz} = 0, \sigma_y = \sigma_z = 0$을 식 (2.3)의 일반화된 Hooke의 법칙에 대입하면 다음을 얻을 수 있다.

$$\sigma_x = E\epsilon_x = -\frac{1}{\nu}E\epsilon_y = -\frac{1}{\nu}E\epsilon_z \tag{3.24}$$

그러나 식 (3.24)에서 나타난 $\epsilon_x, \epsilon_y, \epsilon_z$에 대한 기하학적 변형의 관계에서 우리는 ϵ_x에 대한 것만 식 (3.23)과 같이 파악하였고, ϵ_y, ϵ_z에 대한 것은 알지 못하므로 이들은 무시하고 ε_x만을 활용하여도 무방함을 식 (3.24)는 보여주고 있다. 따라서 굽힘 모멘트를 받는 보에서 응력-변형률 관계식은 식 (3.23)과 함께 다음과 같이 간략하게 됨을 알 수 있다.

$$\sigma_x = E\epsilon_x = -E\frac{y}{\rho} = -E\kappa y \tag{3.25}$$

3 하중-응력 관계식(하중-응력 평형조건의 적용)

보(beam)의 하중-응력 관계식에서 하중은 외부하중(외력)을 의미하는 것이 아니라 내력인 굽힘 모멘트 또는 전단력을 의미한다. 인장/압축(3.2.1)이나 비틀림(3.2.2)에서는 외력과 내력이 부재 전체에 걸쳐 일치하였기 때문에 하중-응력 관계식에서 하중의 의미가 외력과 내력의 어느 것으로 혼용하여도 무방하였다. 그러나 보에서는 외력과 내력은 분명히 다르게 나타나므로 하중-응력 관계식(하중-응력 평형조건)에서 하중은 내력을 의미한다고 분명히 정의할 필요가 있다.

우리가 지금까지의 논의에서 알 수 있는 것은 굽힘 모멘트 M이 작용하는 대칭보에서 굽힘 모멘트 M은 응력의 결과력(stress resultant)이 되어 단면에 분포되는 응력과 평형상태를 이루고, 중립축이 존재하여 중립축을 기준으로 윗부분과 아랫부분이 서로 상반되는 변형인 수축과 인장을 일으킨다는 사실이다. 그러나 아직까지 우리가 알지 못하는 것은 단면에서 중립축의 위치와 응력의 분포상태이다. 비록 그림 3.13(b)와 같이 양의 굽힘 모멘트에서 중립축의 윗부분은 수축하므로 압축응력이 나타나고, 아랫부분은 늘어나므로 인장응력이 나타날 것이라고 올바르게 추측한다 하더라도, 정량적으로 그 값들을 모르기 때문에 응력의 분포상태를 모른다고 한다. 즉, 방향은 알고 크기를 몰라도 그것은 모르는 것에 해당된다는 뜻이다.

(a) 양의 순수굽힘 모멘트 상태에 놓인 대칭보

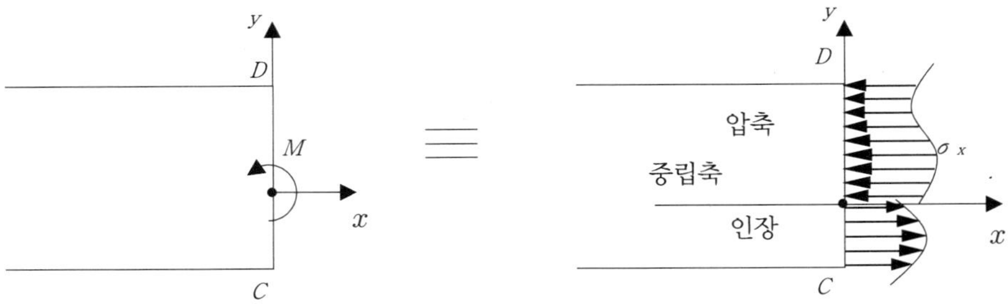

(b) 대칭면(xy면)에서 양의 굽힘 모멘트와 미지응력분포
(방향은 올바르게 예측된 것이지만 크기의 분포는 아직 모름)

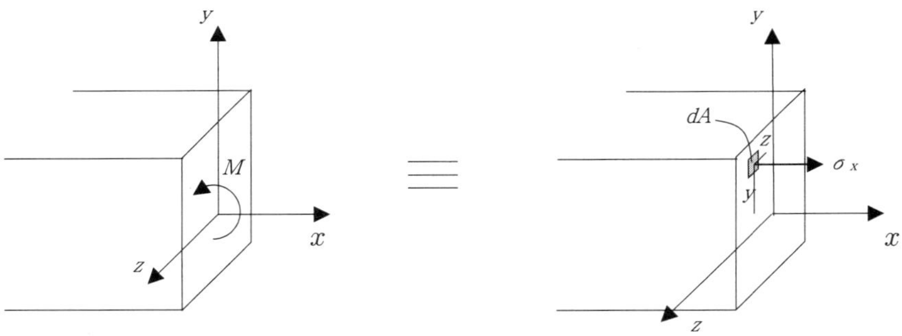

(c) 양의 굽힘 모멘트와 양의 y, z 위치에서 미지응력(양의 방향으로 예측)
(해석 결과를 일반화시키기 위하여 모든 벡터의 상태를 양의 상태에 놓고 평형조건 적용)

그림 3.13 내력 굽힘 모멘트(응력의 결과력)와 응력분포

이와 같이 모르는 어떤 응력벡터를 평형조건을 이용하여 구할 때에는 그림 3.13(c)와 같이 요소상의 모든 벡터들을 양(positive)의 상태에 놓고 해석하는 것이 해석 결과를 일반화시킬 수 있는 방법이다. 따라서 그림 3.13(c)에서 응력분포의 결과력이 굽힘 모멘트라는 사실에 평형조건을 적용하면 다음과 같이 기술할 수 있다.

이것은 1826년 Navier가 처음으로 보해석에서 사용하여 중립축의 위치 등을 파악했던 방법으로 재료역학에 크게 기여한 것이다.

» 내력과 응력의 평형조건

$$\Sigma F_x = \int \sigma_x dA = 0 \tag{3.26}$$

$$\Sigma M_y = \int z\sigma_x dA = 0 \tag{3.27}$$

$$\Sigma M_z = M - (-\int y\sigma_x dA) = 0 \tag{3.28}$$

» 중립축의 위치: [식 (3.26)에서]

식 (3.25)는 응력-변형률 관계식과 변형률-변위 관계식의 조합으로 응력과 기하학적 변형의 관계라 할 수 있다. 이것을 식 (3.26), (3.27), (3.28)에 각각 대입하면 다음을 얻을 수 있다.

$$\begin{aligned} &\Sigma F_x = \int \sigma_x dA = \int - E\frac{y}{\rho} dA = -\frac{E}{\rho}\int y dA = 0 \\ &\frac{E}{\rho} \neq 0 \text{이므로 } \int y dA = 0 \end{aligned} \tag{3.29}$$

식 (3.29)는 중립면(xz 면)의 위치를 알려주는 식이다. 단면(yz)에서 z 축에 대한 단면 1차 모멘트는

$$Q_z = \int y dA = A y_c$$

로 표현된다. 여기서 y_c는 z축에서 도심까지의 거리를 말하는데 식 (3.29)에서 $\int y dA = 0$이므로 단면 1차 모멘트 $Q_z = \int y dA = A y_c = 0$을 의미한다. 그러므로 z 축에서 단면 도심까지 거리인 $y_c = 0$이 되어 z 축은 단면의 도심(centroid)에 위치하게 된다. 즉, 굽힘 모멘트를 받는 보는 늘어나지도 줄어들지도 않는 수직변형률이 0인 중립면을 갖게 되는데, 그 위치는 등방성(isotropic)이고 균질한 재료(homogeneous)로 만들어진 경우에는 단면의 도심에 위치한다는 뜻이다. 그러나 만약 보가 한 가지 이상의 재료로 만들어진 합성보이거나, 비등방성(anisotropic)의 비균질 재료(nonhomogenous)인 경우에는 중립면이 도심축에 위치하지 않는 것이 일반적이다.

» 대칭축(y축) 설정의 편의성: [식 (3.27)에서]

식 (3.25)를 식 (3.27)에 대입하면 다음과 같다.

$$\Sigma M_y = \int z\left(-E\frac{y}{\rho}\right)dA = -\frac{E}{\rho}\int yzdA = 0 \tag{3.30}$$

식 (3.30)에서 $\int yzdA$는 면적 관성상승 모멘트이다. 관성상승 모멘트를 구하고자 하는 좌표축에서(여기서 $I_{yz} = \int yzdA$) 어느 한 축이라도 도형의 대칭축과 일치하면, 그 좌표축에서의 면적 관성상승 모멘트는 0이 된다. 우리는 해석의 편의를 위해 y축을 도형의 대칭축으로 잡았기 때문에 $\int yzdA = 0$이 되어, 식 (3.30)은 그대로 성립하게 된다.

» 응력의 분포: [식 (3.28)에서]

식 (3.25)를 식 (3.28)에 대입하면 다음과 같다.

$$\Sigma M_z = M - \left(-\int y\left(-E\frac{y}{\rho}\right)dA\right) = 0 \tag{3.31}$$

이것을 정리하여 다시 쓰면,

$$M = \frac{E}{\rho}\int y^2 dA = \frac{EI_z}{\rho} \tag{3.32}$$

와 같이 된다. 여기서 $\int y^2 dA = I_z$로 z축에 관한 단면 2차 관성 모멘트가 된다.

모멘트로 그 개념을 정의하여 정리하면 식 (3.32)와 같이 곡률반경과 굽힘 모멘트의 관계를 간단히 얻을 수 있게 된다. 식 (3.25)는 곡률반경과 응력의 관계를 표현하고 있으므로 이 두 식에서 곡률반경을 소거하면 굽힘 모멘트와 응력의 관계식을 다음과 같이 얻을 수 있다. 식 (3.25), (3.32)를 다시 표현한다.

$$\sigma_x \propto \frac{1}{\rho} : \sigma_x = -\frac{Ey}{\rho} \tag{3.25}$$

$$M \propto \frac{1}{\rho} : M = \frac{EI_z}{\rho} \tag{3.32}$$

$$\therefore \quad \sigma_x = -\frac{My}{I_z} \tag{3.33}$$

식 (3.33)은 보에서 굽힘 모멘트와 응력의 관계식을 나타내는 중요한 식이 된다.

식 (3.33)은 $y=0$의 중립축에서 응력 $\sigma_x=0$을 나타내며 양의 굽힘 모멘트에서 중립축의 윗부분($+y$)과 아랫부분($-y$)에서 압축과 인장, 음의 굽힘 모멘트에서 인장과 압축응력이 선형적으로 분포됨을 그림 3.14와 같이 보여주고 있다.

그림 3.14에서 보면 단면의 y축 양 끝단($y=C_1$, $y=-C_2$)에서 인장/압축 응력이 각각 최대가 됨을 알 수 있으며 다음과 같이 기술된다.

$$\begin{aligned} \sigma_{\max,\min} &= -\frac{MC_1}{I_z} = -\frac{M}{I_z/C_1} \\ \text{or} \quad \sigma_{\max,\min} &= \frac{MC_2}{I_z} = \frac{M}{I_z/C_2} \end{aligned} \tag{3.34}$$

식 (3.34)에서 굽힘 모멘트 M과 관계없이 단면의 형상으로 이미 결정되는 계수가 I_z/C와 I_z/C_2로서, 이것을 단면계수(section modulus)라 하고 본 서에서는 Z로 표기한다.

$$Z_1=I_z/C_1,\quad Z_2=I_z/C_2 \tag{3.35}$$

재료역학에서 재료의 파손과 설계에 관점을 두면 최대응력값이 관심의 대상이고, 단면계수는 최대응력값을 곧바로 연결시켜주므로 의미가 크다. 단면계수가 클수록 동일한 모멘트에서 발생하는 응력은 작게 되므로 설계에서 많이 취급되는 용어가 된다. 단면이 좌우상하 모두 대칭인 원형, 사각형, 육각형 등의 형태라면 $C_1=C_2=C$가 되어 단면계수를 간단히

$$Z=I_z/C \tag{3.36}$$

로 표현할 수 있다.

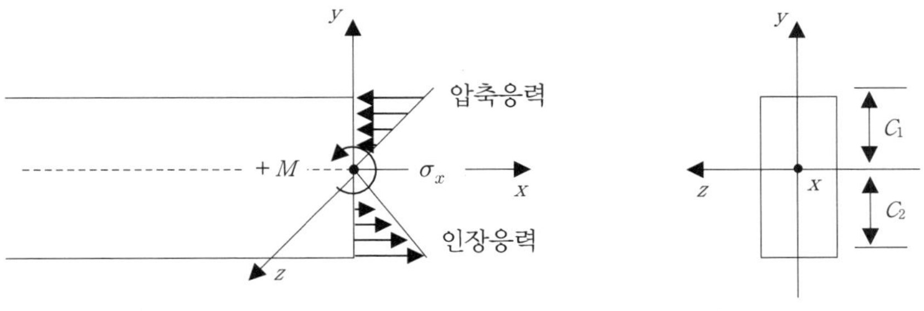

(a) 양의 굽힘 모멘트와 응력분포

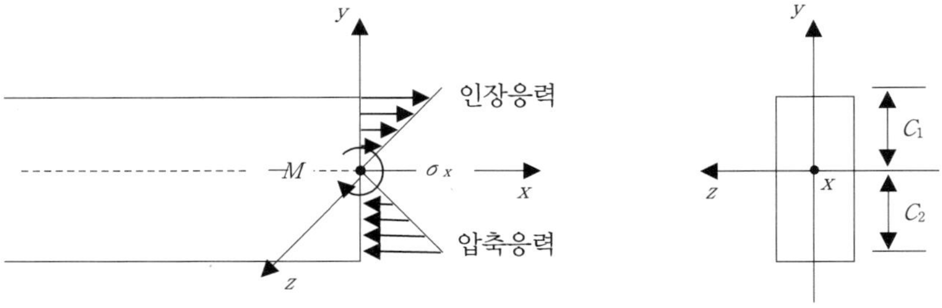

(b) 음의 굽힘 모멘트와 응력분포

그림 3.14 굽힘 모멘트와 응력의 선형 분포$\left(\sigma_x = -\dfrac{My}{I_z}\right)$

4 하중-변위 관계

곡률을 x, y, z 좌표계상에서 각 방향으로 변형량의 기호인 u, v, w 중 처짐에 해당되는 변형량(그림 3.15에서는 y 방향에 해당되는 v)과 관련을 찾기 위해 다음과 같이 생각할 수 있다. 이해를 쉽게 하기 위해 중립축만을 놓고 생각하기로 한다. 이것은 Leonard Euler(1707~1783)가 1744년 그의 저서에서 처음 소개한 탄성선(elastic curve)의 미분방정식에 관한 내용으로 식 (3.37)에서 식 (3.41)까지가 된다. 여기에 Navier가 평형조건[3개의 평형방정식 식 (3.26), (3.27), (3.28)]을 적용하여 식 (3.32)를 유도하여 결과적으로 식 (3.42)의 보의 처짐 지배방정식(하중-변위 관계식)을 도출하게 된 것이다. 이것이 오늘날까지 보의 지배방정식으로 활용되어 온 것이다.

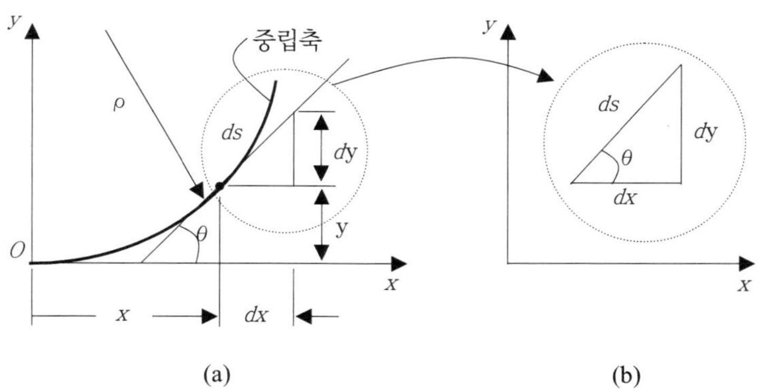

그림 3.15 하중-변위 미분관계

그림 3.15에서 x 위치에서 처짐량은 v 이고, 미소위치 dx 변화에 대한 미소처짐 변화와 이들 사이의 관계는 그림 3.15(b)에 확대되어 표현되어 있다. 여기에서 간단히 다음 관계를 지을 수 있다.

$$\frac{dv}{dx} = \tan\theta \tag{3.37}$$

식 (3.37)에서 곡률의 항 $\frac{d\theta}{ds}$ 를 도출하기 위해 양변을 호의 길이 s 에 관해 미분하면 다음과 같이 곡률 $\frac{d\theta}{ds}$ 에 대해 정리할 수 있다.

$$\begin{aligned} \frac{d^2v}{dx^2}\frac{dx}{ds} &= \sec^2\theta\frac{d\theta}{ds} \\ \frac{d\theta}{ds} &= \frac{d^2v}{dx^2}\frac{dx}{ds}cos^2\theta \end{aligned} \tag{3.38}$$

그림 3.15(b)에서

$$ds = \sqrt{(dx)^2 + (dv)^2} = (dx)\sqrt{1 + \left(\frac{dv}{dx}\right)^2}$$

이므로 $\cos\theta$는 다음과 같이 표현할 수 있다.

$$\cos\theta = \frac{dx}{ds} = \frac{1}{\left[1 + \left(\frac{dv}{dx}\right)^2\right]^{\frac{1}{2}}} \tag{3.39}$$

식 (3.39)를 식 (3.38)에 대입하면 곡률-처짐의 관계는 다음과 같은 미분관계를 갖게 된다.

$$\begin{aligned} \frac{d\theta}{ds} &= \frac{d^2v}{dx^2}\frac{dx}{ds}cos^2\theta = \frac{d^2v}{dx^2}cos^3\theta = \frac{d^2v}{dx^2}\left(\frac{dx}{ds}\right)^3 \\ \frac{d\theta}{ds} &= \frac{d^2v}{dx^2}\frac{1}{\left[1 + \left(\frac{dv}{dx}\right)^2\right]^{\frac{3}{2}}} \end{aligned} \tag{3.40}$$

그림 3.15에 표현된 처짐각 θ가 작을 경우에는 $\frac{dv}{dx}$ 는 작은 값이 되고, $\left(\frac{dv}{dx}\right)^2$ 은

더 작은 값이 되어 무시할 수 있게 된다.

예를 들어, θ =5°일 경우 $\tan\theta = \frac{dv}{dx} = 0.087$이 되고, $\left(\frac{dv}{dx}\right)^2 = 0.0076$이 되어

$$\frac{d\theta}{ds} = \frac{d^2v}{dx^2}\left[\frac{1}{(1+0.0076)^{\frac{3}{2}}}\right] = 0.988\frac{d^2v}{dx^2}$$

와 같이 되어 $\left(\frac{dv}{dx}\right)^2$을 무시한 것과 1.2% 오차를 보이게 된다. 따라서 소변형을 일으키는 대부분의 탄성보에서는 복잡한 식 (3.40)보다는 $\left(\frac{dv}{dx}\right)^2$을 무시한 다음의 근사식이 유용하게 활용될 수 있고, 이것이 곡률-처짐의 관계식이다.

$$\frac{d\theta}{ds} = \frac{d^2v}{dx^2} \tag{3.41}$$

식 (3.22), (3.32), (3.41)에서 곡률을 소거하면 다음과 같이 굽힘 모멘트와 처짐의 미분관계식을 얻게 된다.

$$\frac{1}{\rho} = \frac{d\theta}{ds} = \frac{M}{EI_z} \tag{3.32}$$

$$\frac{d\theta}{ds} = \frac{d^2v}{dx^2} \tag{3.41}$$

$$\frac{d^2v}{dx^2} = \frac{M}{EI_z} \tag{3.42}$$

이 식을 모멘트-처짐의 미분관계식이라 하고, 하중-변위 관계식이 된다.

따라서 균일 단면봉의 순수굽힘 문제에 있어서 유도된 관계식을 정리하면 다음과 같다.

1. 변형률 - 변위 관계식 $\quad \epsilon_x = -\frac{y}{\rho}$
2. 응력 - 변형률 관계식 $\quad \sigma_x = -E\epsilon_x$
3. 하중 - 응력 관계식 $\quad \sigma_x = -\frac{My}{I_z}$
4. 하중 - 변위 관계식 $\quad \frac{d^2v}{dx^2} = \frac{M}{EI_z}$

여기에서 하중은 내력 굽힘 모멘트(M)를 나타낸다. 따라서 보 문제에 있어서 내력을 산출하는 과정이 별도로 필요하다. 3.2.1절의 일축방향 인장/압축, 3.2.2절의 균일 원형단면봉의 비틀림과 같이 외력과 내력이 동일하고, 내력이 모든 부재 내에서 동일하다는 내용이 보 문제에서는 성립하지 않기 때문이다.

❷ 탄성론 해석 결과와 비교검토

좌표계를 다음과 같이 하여 탄성론 해석 결과(Saint-Venant 해석)와 재료역학 해석 결과(Navier 해석)를 비교하여 보자.

그림 3.16

표 3.3 Beam 문제의 탄성론, 재료역학 해석 결과 비교

탄성론 해석 결과[2.2.4절 (1)항]	재료역학 해석 결과
$\sigma_x = E\epsilon_x = \frac{E}{\rho}y$ $\epsilon_x = \frac{1}{\rho}y$ $u = \frac{1}{\rho}xy$ $v = -\frac{1}{2\rho}\left[x^2 + \nu\left(y^2 - z^2\right)\right]$ $w = -\frac{\nu}{\rho}yz$	$\sigma_x = \frac{E}{\rho}y$ $\epsilon_x = \frac{1}{\rho}y$ $v = -\frac{1}{2\rho}x^2$
여기서, $\frac{1}{\rho} = \frac{M}{EI_z}$	

CHAPTER 04

유한요소법
(구조해석의 유한요소법)

4.1 유한요소법 개요

4.1.1 유한요소법이란 무엇인가?

"유한요소법(Finite Element Method)은 계(system)의 무한개의 절점과 무한개의 자유도 정보를 유한개의 절점과 유한개의 자유도 정보로 전환하고, 이것을 선형연립방정식으로 구성하여 계를 근사적으로 해석하는 방법이다."

실제로 모든 계는 무한개의 점들과 무한개의 자유도 정보로 이루어져 있다. 해석적 방법과 탄성론에서는 계를 해석하여 알고자 하는 정보를 계 내의 모든 위치의 함수로 나타낸다. 위치의 함수로 나타내는 것 자체가 무한개의 위치정보로 나타내는 것이다. 유한요소법은 알고자 하는 정보를 계 내의 유한개의 점에서의 정보로 나타낸다. 지정한 점 이외의 위치에서는 정보를 알 수 없게 된다. 그러나 유한개의 점에서의 정보가 선형연립방정식으로 구성되므로 컴퓨터의 수치해법을 이용하면 점의 수가 많고 적음에 관계없이 문제는 풀리게 되어 있다.

그러면 왜 유한요소(Finite Element)라는 용어를 사용하였을까? 이 용어는 1960년 Clough가 그의 논문에서 처음 사용하였는데, 절점으로 이루어지는 작은 조각을 요소(Element)라 명명한 데서 비롯되었다고 저자는 생각한다. 실제로 그림 4.1에서 조각

---

1) 최종근 · 이성범, 해석재료역학, 청문각.

(Element)은 절점과 변으로 구성되는데, 변 ①, ②, ③, ④는 아무 의미가 없는, 가시적인

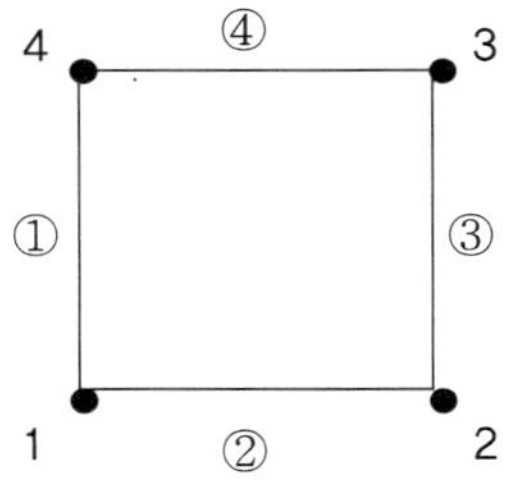

그림 4.1

조각을 나타내는 데 필요한 그림일 뿐이기 때문이다. 결국, 유한요소의 모든 정보는 절점 1, 2, 3, 4에 담기게 된다는 뜻이다.

4.1.2 유한요소 개념의 비유적 이해

유한요소와 같은 개념을 이용한 문제해결의 최초의 시도는 고대 이집트와 중국에서 있었던 원주율 π 값을 찾기 위한 것이었다고 생각된다. 원을 다각형으로 분할하여 π 값을 얻었는데, 원주를 3072개의 등간격 직선으로 분할하여 $\pi = 3.1416$을 얻었고, 보다 세밀하게 요소를 분할한 12288개 요소에서는 $\pi = 3.1415926$의 값을 얻었다. 이것은 오늘날 전자계산기로 계산한 $\pi = 3.14159265$의 값과 비교하면 소수점 이하 7자리까지 맞는 매우 근사한 수치이다. 유한요소법에서 밟는 과정과 유사하게 원의 면적을 구하는 과정을 밟아보자.

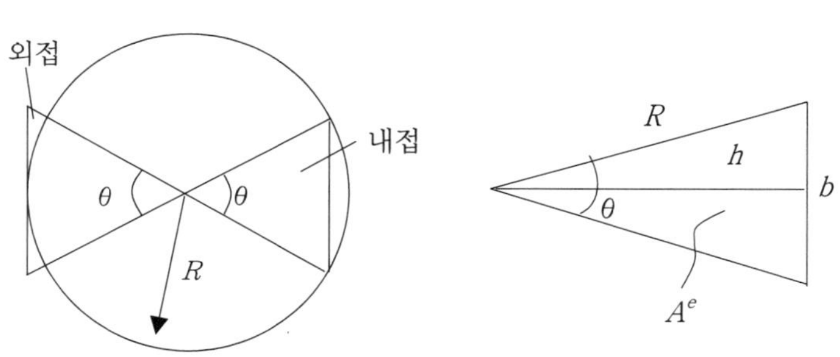

그림 4.2 원의 면적

① 모델링: 요소타입(element type): 내접 또는 외접, 여기서는 내접 요소 수 : n개

② 요소방정식: A^e

$$\theta = \frac{2\pi}{n}$$

$$h = R\cos\frac{\theta}{2} = R\cos\left(\frac{\pi}{n}\right)$$

$$b = 2R\sin\frac{\theta}{2} = 2R\sin\left(\frac{\pi}{n}\right)$$

$$\therefore\ A^e = \frac{1}{2}bh = R^2\cos\left(\frac{\pi}{n}\right)\sin\left(\frac{\pi}{n}\right) = \frac{R^2}{2}\sin\left(\frac{2\pi}{n}\right)$$

③ 조합(assembling) 및 해석(계산)

$$A = \sum_{e=1}^{n} A^e = \frac{n}{2}R^2\sin\left(\frac{2\pi}{n}\right)$$

④ 오차(error) 평가

$$E = A_{exact} - A = \pi R^2 - \frac{n}{2}R^2\sin\left(\frac{2\pi}{n}\right) = \pi R^2\left[1 - \frac{n}{2\pi}\sin\left(\frac{2\pi}{n}\right)\right]$$

$$\lim_{n\to\infty}\sin\left(\frac{2\pi}{n}\right) \doteq \frac{2\pi}{n}$$

이므로 $n \to \infty$ 이면 오차 $E = 0$ 이 된다.

유한요소법에서도 각 해석대상의 카테고리에 따라 모델링을 통한 요소방정식을 구성하고 이들 요소를 조합하고 경계조건, 재질, 하중을 산입하여 해석을 한 후 오차 평가를 하는 유사한 과정을 밟게 된다. 이제부터 이 과정을 기술하게 되는데 "모델링과 해석"이라는 관점에서 이 책 전체에 걸쳐 일관성을 유지할 것이다.

4.1.3 유한요소법의 배경

유한요소법은 탄성론에서 비롯되었다. 이 책의 1장 구조해석 1.5.2절 탄성론과 유한요소법의 배경을 참고하기 바라며, 유한요소법 발달사를 간략하게 요약하면 표 4.1과 같다.

표 4.1 유한요소법 발달사

1943년	Courant	최초로 삼각형 요소를 도입하여 구조해석에서 수학적 모델링(수식화) 수행
1956년	Turner & Clough	최초로 컴퓨터와 삼각형 요소를 이용하여 항공기 날개 해석 수행
1960년	Clough	FEM(Finite Element Method)라는 용어를 처음으로 사용 "The Finite Element Method in Plane Stress Analysis"
1966년		NASA 프로젝트로 FEM 소프트웨어 개발 시작 NASA STRuctural ANalysis (NASTRAN)
1971년		MSC/NASTRAN이 상업용 code로 나옴. 이후 다수의 상업용 code 출현

4.2 유한요소법 이해에 필요한 개념들

4.2.1 자유도(Degrees of Freedom)와 유한요소법

자유도는 쉽게 말해 '자유스러운 정도'를 뜻한다. 자유스러움이란 움직인다는 것을 전제로 하므로 공학에서는 변위(displacement)를 기본으로 하고, 변위·속도·가속도의 물리량에 적용되어 생각될 수 있다. 자유도를 보다 엄밀하게 정의하면 내부 점들에서 "계를 파악할 수 있는 독립적인 물리량들의 개수"라고 할 수 있다. 이것을 구조문제에서 설명하면 다음과 같다.

공간상에서 한 점은 아무런 구속이 없다면 기본적으로 6개의 자유도를 갖는다. 즉, 여섯 방향으로 움직일 수 있다는 말이다. x, y, z축의 직선이동과 x, y, z축을 회전중심으로 하는 회전움직임이 가능하며, 변위(displacement)로 나타내면 u, v, w, θ_x, θ_y, θ_z의 6개가 된다. 이것을 시간으로 미분하면 속도 및 가속도의 물리량으로 표현되고 이들 역시 한 점에서 6개의 자유도 성분을 갖게 된다. 따라서 공간상에서 한 점은 기본적으로 변위에 관한 6개의 자유도를 갖는다고 말한다.

그러면 구조문제가 아닌 문제(non-structural problems)에서는 자유도 수가 어떻게 될까? 자유도의 정의를 그대로 하면, 예를 들어 열전달 문제에서 계 내의 한 점에서 자유도는 온도(temperature) 1개가 된다. 온도라는 스칼라량 하나가 열전달 문제의 계를 각 점에서 파악할 수 있는 독립적인 물리량으로 된다는 것이다. 즉, 열전달 문제에서는 한 점에 자유도는 1개가 된다는 것이다.

공간상의 해석계는 무수히 많은 점들로 구성된다. 따라서 해석계는 기본적으로 무한한 자유도(infinite number of degrees of freedom)를 갖게 되는 것이다.

탄성론이나 공학해석에서 해석 결과를 위치의 함수로 나타내는 것은 계(system) 내의 자유도 및 기타 정보를 모든 위치(무수히 많은 점)에서 빠짐없이 표현하려는 노력이다. 실제로, 이것이 공학해석의 작은 카테고리 내의 지배방정식을 다양한 형상과 경계조건 및 하중조건에 따라 해석적으로 풀어내는 어려움을 낳는 원인이 되는 것이다.

앞에서 유한요소법이란 "계의 무한개의 절점과 무한개의 자유도 정보를 유한개의 절점과 유한개의 자유도 정보로 전환하고, 이것을 선형연립방정식으로 구성하여 계를 근사적으로 해석하는 방법이다."라고 하였다. 또한 공학해석이란 간단히 정의하면, "계 내의 원하는 위치에서(점에서) 알고자하는 자유도 및 기타 정보를 알아내는 것이다."라고 할 수 있다.

그렇다면 계 내의 원하는 위치(점)와 자유도를 유한개로 선택하고, 유한요소법의 테크닉으로 이들 모두를 선형연립방정식으로 구성할 수 있다면 모든 공학해석 문제를 유한요소법으로 귀속시켜 해결할 수 있게 된다고 말할 수 있다. 이렇게 되면 유한요소법을 이용한 해석계는 원하는 위치(점)의 수와 각 점에서 존재하는(알고자 하는) 자유도 수를 곱한 총 자유도 수만큼의 선형연립방정식을 갖게 되는 것이다. 1956년 Turner가 최초로 항공기 날개를 유한요소법으로 해석할 당시는 자유도 수가 100개 정도에 불과했었는데 이것은 당시의 컴퓨터와 수치해석 기법이 100개 정도의 선형연립방정식을 풀 수 있었다고 이해하면 된다. 지금은 일반 PC에서 100만 개 정도의 자유도 수를 갖는 계 해석도 충분히 가능한데, 자유도는 유한요소법에서 중요한 개념에 해당됨을 다시 한 번 기억하길 바라며 다음 예를 이해해 보자.

예제 1 구조해석 문제에서 자유도 수

① truss 문제: 그림 4.3(a)에서 점 A 한 점에 자유도 1개(u)

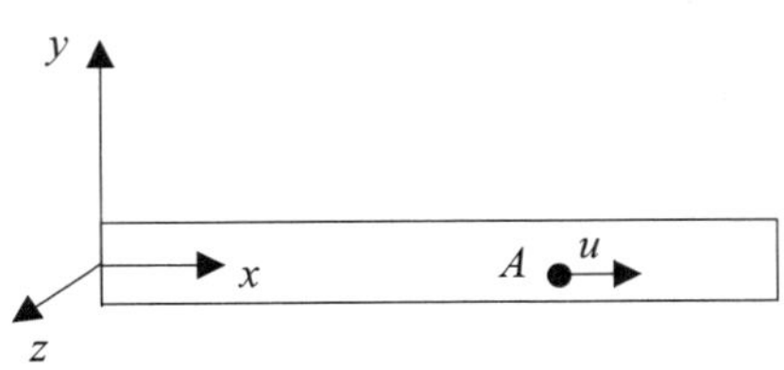

(a) truss

② beam 문제(2D): 그림 4.3(b) 점 A 한 점에 자유도 2개(v, θ)

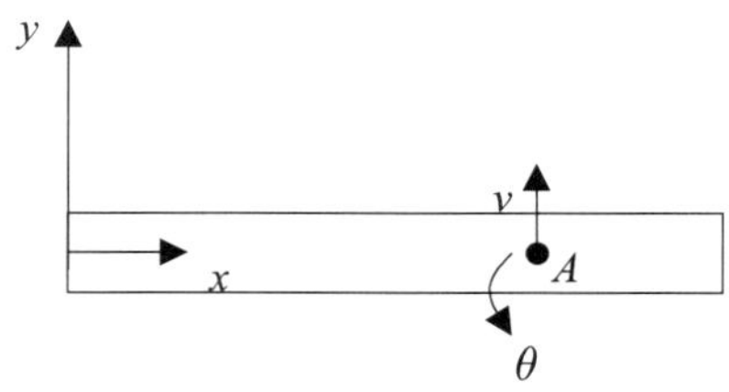

(b) 2D빔

③ beam 문제(3D): 그림 4.3(c) 점 A 한 점에 자유도 4개(v, w, θ_y, θ_z)

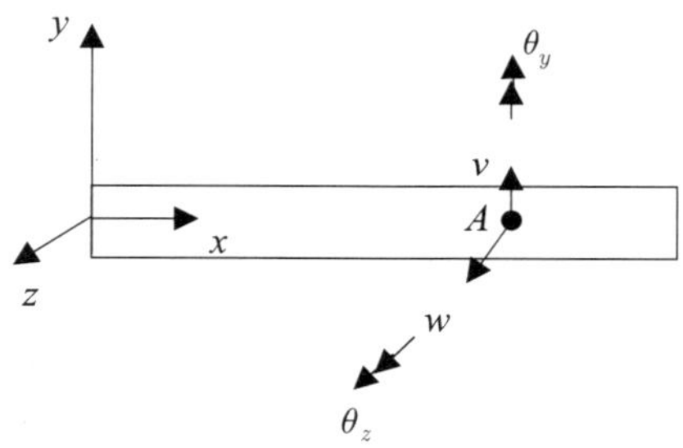

(c) 3D빔

④ beam 문제(3D빔+비틀림+truss): 그림 4.3(d) 점 A 한 점에 자유도 6개 (u, v, w, θ_x, θ_y, θ_z)

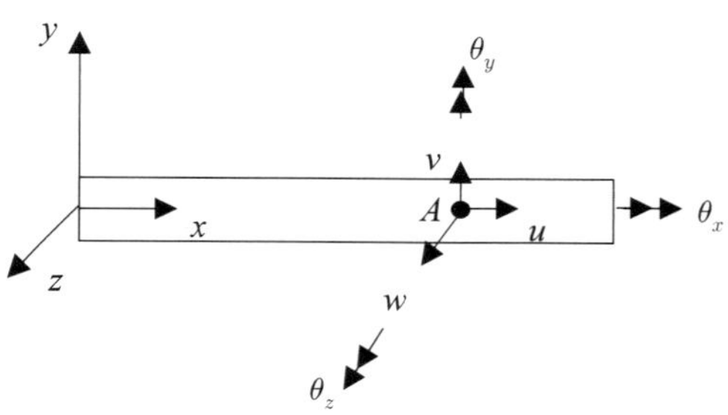

(d) 3D빔+비틀림+truss

⑤ plane stress 문제: 그림 4.3(e) 점 A 한 점에 자유도 2개(u, v)(2D: 2차원 인장/압축문제)

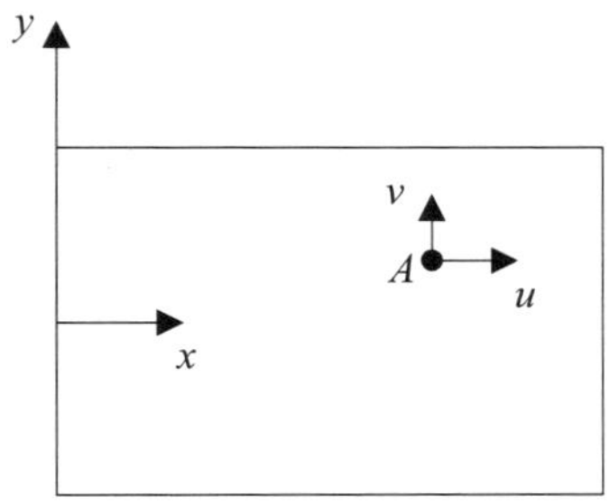

(e) plane stress 문제(2D)

⑥ solid 문제(3D: 3차원 인장/압축문제): 그림 4.3(f) 점 A 한 점에 자유도 3개 (u, v, w)

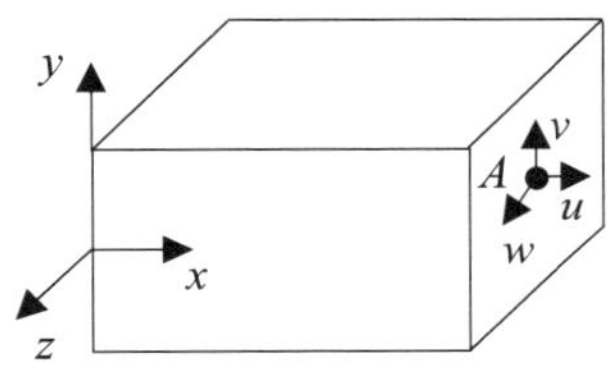

(f) solid 문제

⑦ plate 문제: 그림 4.3(g) 점 A 한 점에 자유도 3개(v, θ_x, θ_z)

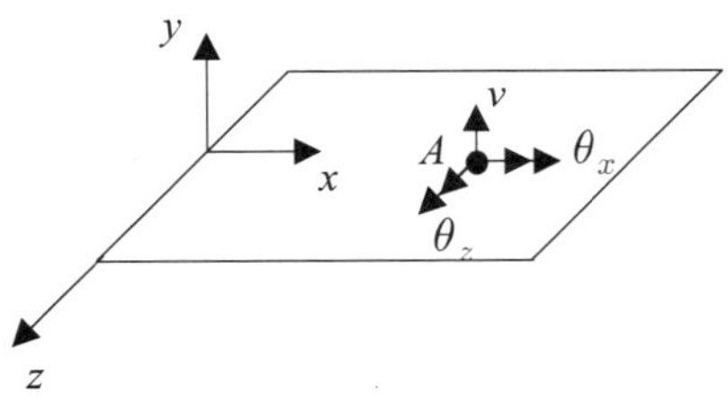

(g) plate 문제

⑧ plate 문제+plane stress: 그림 4.3(h) 점 A 한 점에 자유도 5개$(u, v, w, \theta_x, \theta_z)$

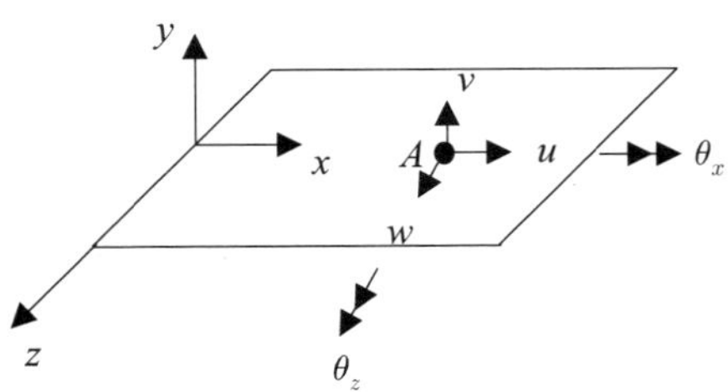

(h) plate 문제+plane stress

그림 4.3 ■

예제 2 열전달 문제에서 자유도 수: 그림 4.4에서 점 A 한 점에 자유도 1개(t)

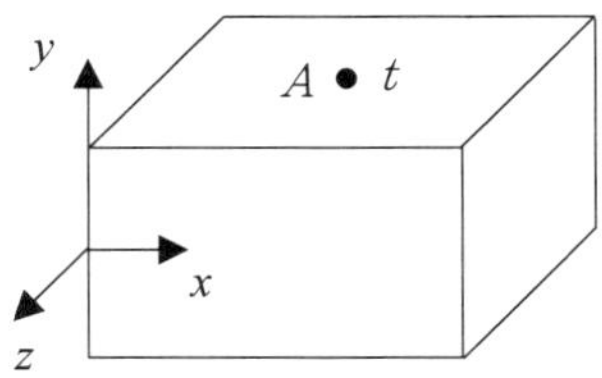

그림 4.4

■

4.2.2 절점(node)과 요소(element)

유한요소법에서 절점은 계를 파악할 수 있는 정보를 담고 있는 위치이며 요소를 구성하는 위치이다. 요소는 절점과 변으로 구성되는데, 모든 정보는 절점에 담겨지고 생성된다. 일반적으로 변은 요소의 기하학적 형상을 나타내기 위한 그림일 뿐이지만 곡선요소나 곡면요소에 있어서는 그들의 기하학적 정보가 함께 표현되어서 이들 정보가 절점 정보에 산입되는 경우가 있다. 이때에는 요소를 나타내기 위한 단순한 그림이 아니라 기하학적 의미를 갖는 그림이 된다. 하지만 이런 경우에도 모든 정보는 절점에만 존재하게 되는 것이다. 따라서 엄밀하게 말하면 일반적으로 "요소는 절점과 절점에 포함된 자유도만으로 구성된다."고 할 수 있고, 특수하게 곡선 또는 곡면요소에 있어서는 "요소는 변의 기하학적 정보와 절점과 절점에 포함된 자유도로 구성된다."고 할 수 있다. 그림 4.5를 보고 설명해 보자.

그림 4.5의 (a)와 (b)는 절점 1, 2의 2개를 갖고 변 ①을 가져 같은 모양이지만 절점에 포함된 자유도가 다르므로 서로 다른 요소이다. 이때 변은 물리적 의미가 없는 요소를 나타내고, 구별하는 단순한 그림일 뿐이다. 이런 경우가 일반적인 경우이고, "요소는 절점과 절점에 포함된 자유도만으로 구성된다."고 하는 것이다.

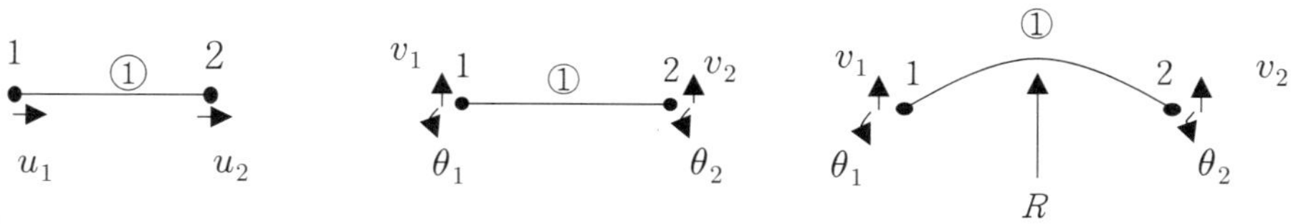

(a) truss 요소 (b) 보 요소 (c) 곡선보 요소

그림 4.5

그림 4.5의 (b)와 (c)는 절점 1, 2의 2개를 갖고 절점에 포함된 자유도가 똑같지만 변 ①의 모양이 서로 다르다. 변의 형상은 일반적으로는 의미가 없지만 (c)에서 변 ①은 곡률반경 R의 정보가 포함되어 있다. 이런 경우에는 요소를 모델링할 때 곡률반경 R의 정보가 절점에 삽입되기 때문에 (b)와 (c)는 서로 다른 요소가 되며, 이와 같은 곡선 또는 곡면요소에 있어서는 "요소는 변의 기하학적 정보와 절점과 절점에 포함된 자유도로 구성된다."고 하는 것이다.

그러나 실제로 상용프로그램에 있어서 곡선 또는 곡면요소는 기하학적 형상의 처리가 간편하지 못하여 크게 사용하지 않는 실정이다. 따라서 엔지니어들은 일반적인 경우의 절점과 요소에 대한 이해, 즉 "요소는 절점과 절점에 포함된 자유도만으로 구성된다."는 개념을 갖고 있으면 된다.

4.2.3 요소의 종류와 자유도 수

유한요소법에서 지금까지 개발된 모든 요소들을 특성에 따라 분류하면 여러 가지 분류방법에 따라 그 종류가 나열될 수 있다. 그러나 이 책의 '유한요소법의 정의(4장 4.1.1)'와 '공학해석에서 모델링(1장 1.3.1)'의 개념에 입각하면 다음과 같이 분류할 수 있다. 먼저 '유한요소법의 정의'와 '공학해석에서 모델링의 개념'에 따라 다음 예(그림 4.6)를 생각해 보자.

그림 4.6은 실물 해석대상을 유한요소로 모델링하여 해석할 수 있는 경우를 예시하였다. 실물 해석계는 무한개의 점과 자유도를 갖고 있는데, 유한개의 절점과 자유도로 전환할 때 전환된 요소형상(geometry)에 근거하여 선 요소(line element), 면 요소(surface element), 체적 요소(volume element)로 구별할 수가 있다. "요소는 절점과 절점에 포함된 자유도로 구성된다."고 하였으므로 형상으로 구별한 선 요소, 면 요소, 체적 요소의 절점에 어떤 자유도가 포함되어 있느냐에 따라 다시 분류할 수 있는데, 이것은 공학해석에서 작은 카테고리를 지배하는 이론에 근거하게 된다. 결국 유한요소법의 요소는 유한개의 절점으로 전환된 요소형상(element geometry)과 1장 그림 1.6(자연현상의 구조와 학문의 갈래)이나 2장 그림 2.2(탄성론 해석의 유형화 과정)와 같은 작은 카테고리 이론에 의한 절점의 자유도에 따라 분류되는 것이다.

이 편에서는 구조해석의 유한요소법을 다루고 있으므로 2장 그림 2.2(탄성론 해석의

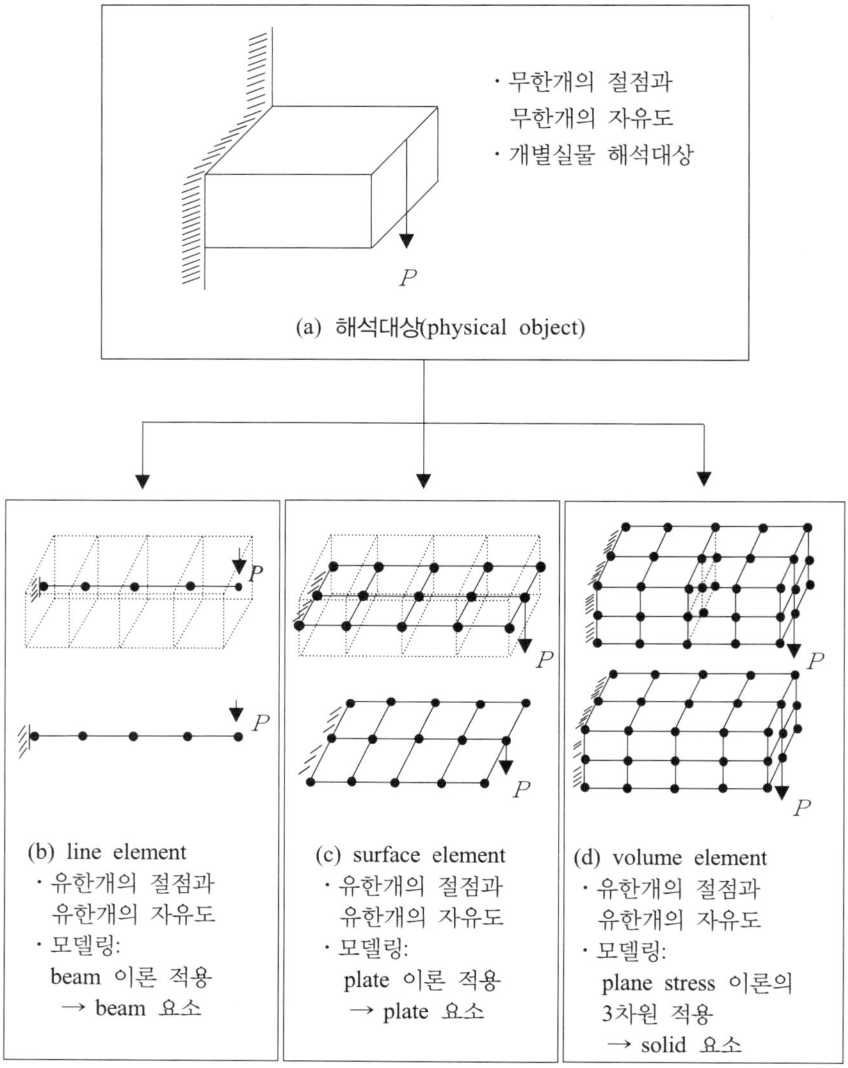

그림 4.6 해석대상의 유한요소 모델링과 요소의 종류

유형화 과정)에 근거한 요소종류와 그것에 따르는 자유도 수를 표 4.2에 나타낸다.

표 4.2 요소의 종류와 자유도 수

요소형상분류	탄성론 카테고리		요소 및 자유도	자유도 수
Line element (선 요소)	Truss	일축인장/압축	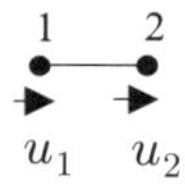	1DOF/node×2node/element =2DOF/element
	Torsion		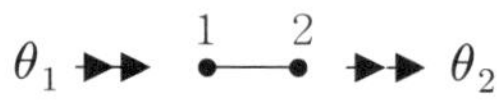	1DOF/node×2node/element =2DOF/element
	Beam	2D (2절점)	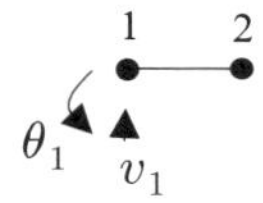	2DOF/node×2node/element =4DOF/element
		2D (3절점)	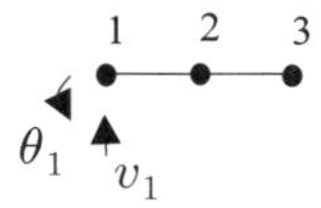	2DOF/node×3node/element =6DOF/element
		3D +Truss +Torsion	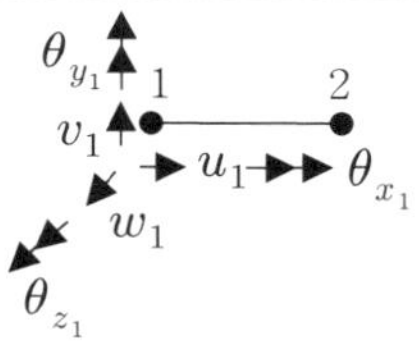	6DOF/node×2node/element =12DOF/element
Surface element (면 요소)	Plate Plane	4절점 Quad.	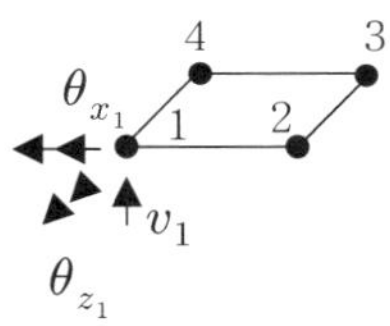	3DOF/node×4node/element =12DOF/element
		8절점 Quad.	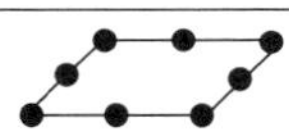	3DOF/node×8node/element =24DOF/element
		3절점 Tri.	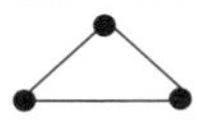	3DOF/node×3node/element =9DOF/element
		Plate +Plane	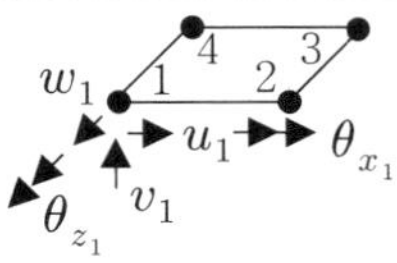	5DOF/node×4node/element =20DOF/element
		4절점 Quad.	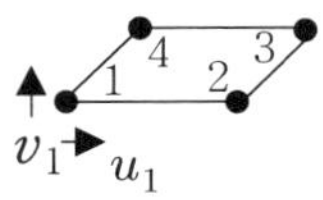	2DOF/node×4node/element =8DOF/element
		8절점 Quad.	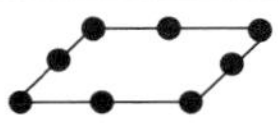	2DOF/node×8node/element =16DOF/element
		3절점 Tri.	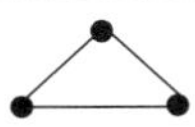	2DOF/node×3node/element =6DOF/element

표 4.2 (계 속)

요소형상분류	탄성론 카테고리		요소 및 자유도	자유도 수
Volume element (체적 요소)	Solid	8절점 Brick	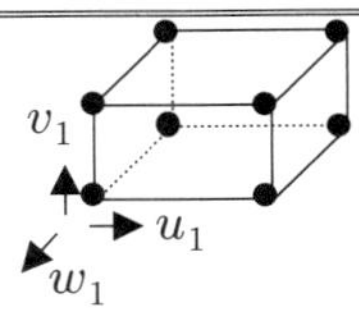	3DOF/node×8node/element =24DOF/element
		20절점 Brick	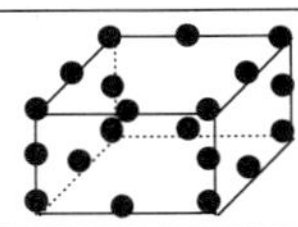	3DOF/node×20node/element =60DOF/element
		4절점 Tetra.	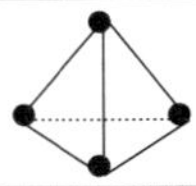	3DOF/node×4node/element =12DOF/element

4.2.4 요소방정식(element equation)

"유한요소법은 계의 무한개의 절점과 무한개의 자유도 정보를 유한개의 절점과 유한개의 자유도 정보로 전환하고, 이것을 선형연립방정식으로 구성하여 계를 근사적으로 해석하는 방법이다."고 하였다. 여기에 근거하면 요소방정식이란 요소조각 내부의 무한개의 점과 자유도 정보를 요소의 유한개의 절점과 자유도 정보로 전환시킨 선형연립방정식을 말한다. 다음 그림 4.7을 보고 시각적인 이해를 높여보자.

그림 4.7은 해석대상을 1개의 요소만으로 모델링한 것이다. 이때 사용된 요소는 2D 2절점 Beam 요소이고, 이 요소의 요소방정식을 구성하면 (c)와 같이 된다. 이것은 해석대상의 조각 내부의 무한개의 점과 자유도 정보를 상수계수를 갖는 2절점 4자유도에 관한 요소방정식으로 구성한 것을 보여주고 있다.

따라서 유한요소법에서는 요소방정식만 구성되면 요소방정식을 계속 조합하여 어떤 해석대상도 모두 선형연립방정식으로 구성할 수 있게 된다. 선형연립방정식이 아무리 크더라도 컴퓨터와 수치해법을 이용하면 해석이 가능해지는 것이다. 그러므로 유한요소법에서는 요소방정식의 구성이 핵심적인 문제에 해당된다. 이런 이유로 대부분의 유한요소법에 관한 서적이 각 요소별 요소방정식을 구성하는 방법을 기술하는 데 집중되어 있는 실정이다. 요소방정식을 구성하는 방법 또한 매우 세부적인 부분까지 망라하며 취급되어, 유한요소를 전공하고 요소를 개발하는 사람들에게만 필요한 내용들이 대부분이다. 이런 점이 유한요소법을 공부하려는 CAE 엔지니어들에게 유한요소법을 어렵게 느

껴지게 만드는 이유로 작용한다.

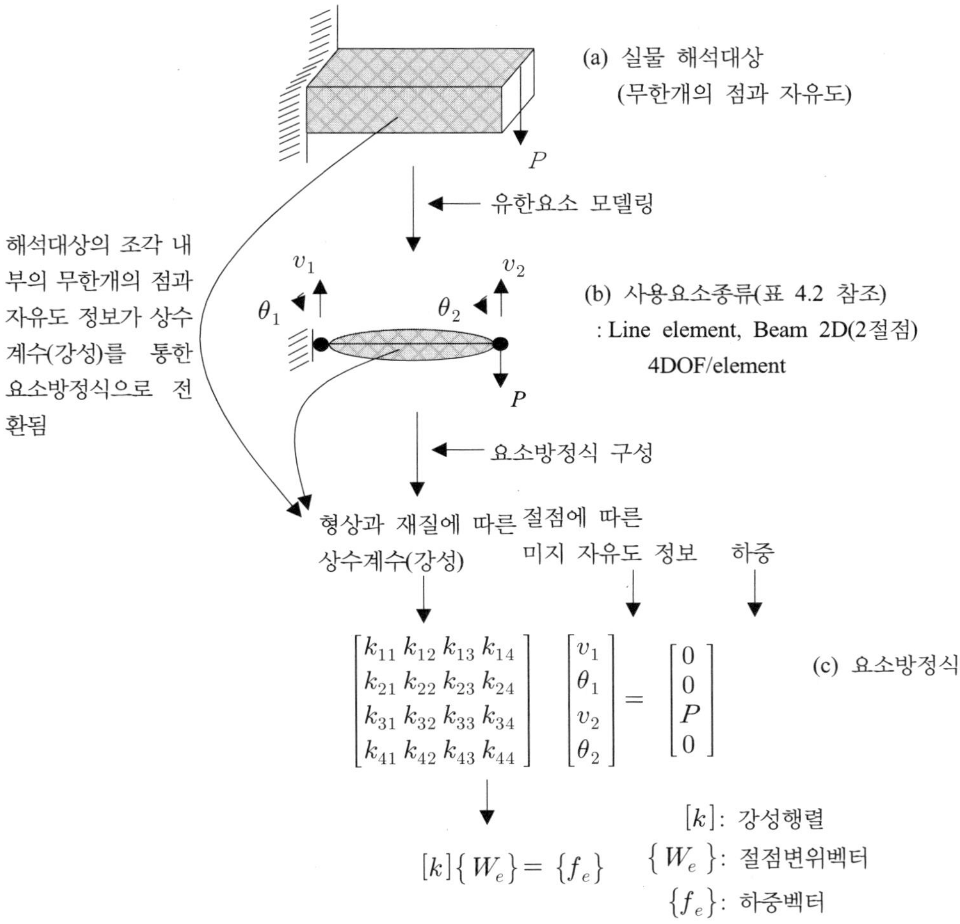

그림 4.7 요소방정식

그러나 상용 프로그램을 사용하여 문제를 해결하는 CAE 엔지니어들은 요소방정식을 구성하는 매우 세부적이고, 요소의 정확도를 높이기 위한 기술적인 부분까지 공부할 필요가 없다. 실제로 전세계적으로 다른 사람들에 의해 사용되는 요소를 개발하는 요소개발자는 몇백 명에 불과하다. 그중 몇십 명만이 상업적으로 성공한 요소를 개발하였다 할 수 있다. 그리고 상업용 유한요소 프로그램에 탑재된 요소 중 많이 사용되는 것은 20~30개 미만이다.

그러므로 유한요소법을 공부한다면, 특히 CAE 엔지니어는 요소방정식을 구성하는 방법에 치중할 필요가 없다. 그보다 유한요소 해석에 대한 전반적인 이해가 더 필요한 것이다. 공학해석방법에 관한 일반적인 이해와 모델링의 개념에 따른 실물현상의 해석과정, 구조해석의 유한요소법이라면 탄성론, 재료역학, 유한요소법에 이르는 전반적인 모델링과 해석의 이해, 유동해석의 유한요소법이라면 유체역학, 유한요소법에 이르는 모델링과 해석의 이해, 열전달 해석의 유한요소법이라면 열역학, 열전달, 유한요소법에 이르는 모델링과 해석의 이해를 말한다.

요소방정식 구성은 자연현상의 해석과정 가운데 작은 카테고리의 지배방정식 유도과정에 비유될 수 있다. 엔지니어는 지배방정식의 유도과정보다는 지배방정식의 활용에 보다 치중하여야 한다. 활용을 위하여 유도과정을 살펴보는 것은 필요하지만 지나치게 유도과정에 편중하다가 흥미를 잃어버리는 것은 바람직하지 못하다. 그림 4.8을 보면서 요소방정식 구성이 유한요소해석과정에서 어느 부분을 차지하는지 이해하면 이 말을 보다 쉽게 납득할 것이다.

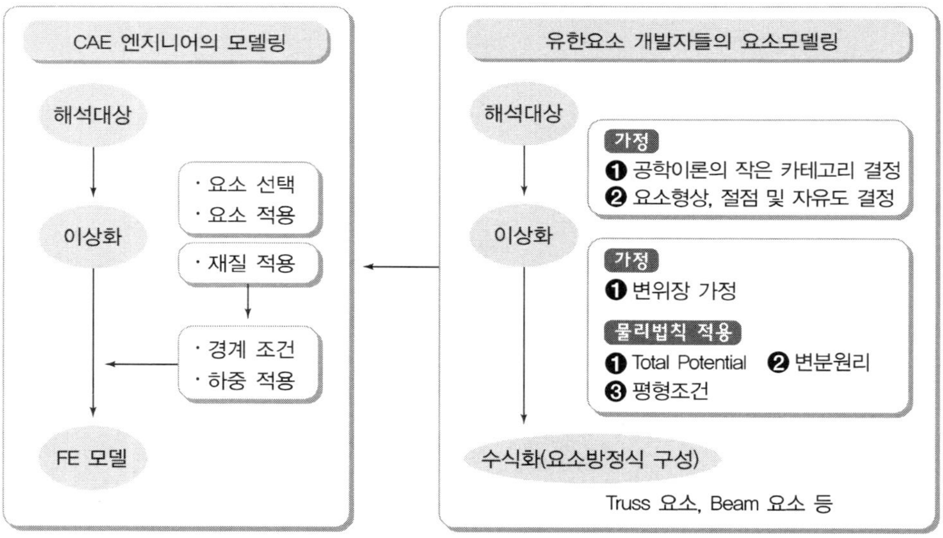

그림 4.8 해석대상의 유한요소 모델링 전 과정

4.2.5 해석대상의 4대 요소(형상, 재질, 경계조건, 하중)

공학해석에서 모든 해석대상은 형상(geometry), 재질(materials), 경계조건(boundary conditions), 하중(loads or exciations)의 네 가지로 구성된다.

- 해석대상의 4대 요소
  - 형상(geometry)
  - 재질(materials)
  - 하중(loads or exciations)
  - 경계조건(boundary conditions or constraints)

이들은 수학적 해석방법(mathematical analysis)이나 유한요소 해석방법(finite element analysis) 중 어느 방법을 선택하든지 해석과정에 포함되어야 한다. 수학적 해석방법에서 이들이 해석과정에 포함되는 모양은 2장 그림 2.1(탄성론 해석과정 요약)에 잘 나타나 있다.

그리고 이들이 구체적으로 적용되어 개별실물현상이 해석되는 과정은 2장 2. 탄성론 전체에 걸친 내용이 된다.

그러면 유한요소 해석방법에서 이들은 해석과정에 어떻게 포함될까? 유한요소법에서는 해석대상의 4대 요소가 해석과정에 매우 루틴하게 적용된다. 그것이 그림 4.8에 잘 나타나 있는데, 이것을 그림 4.9에 다시 표현하여 설명해 보자.

그림 4.9에서 Ⓐ, Ⓑ, Ⓒ, Ⓓ를 설명하면 다음과 같다.

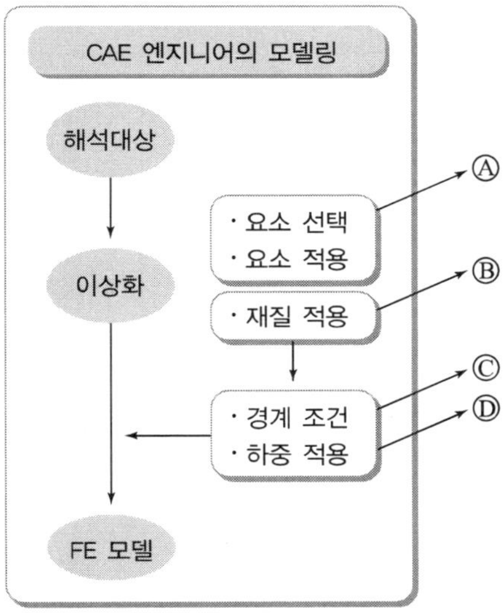

그림 4.9

Ⓐ: 요소 선택과 요소 적용은 해석대상의 형상(geometry)을 표현하는 과정이다. 이때의 형상은 단순한 형상이 아니라 그림 4.8에서 요소모델링의 개념이 내포된 요소방정식에 의한 형상의 표현이 된다.

Ⓑ: 재질 적용은 Ⓐ의 요소방정식에 재질(materials)값을 적용하는 것이다. 재질값의 적용이 끝나면 그림 4.7(c)의 상수계수(형상과 재질에 따른 강성)가 완전한 상수들로 구성된다.

Ⓒ: 경계조건 적용은 Ⓐ, Ⓑ가 적용된 뒤 각 절점의 자유도의 경계조건을 적용하는 것이다. 그림 4.7(c)를 예로 하면 다음과 같다.

상수계수행렬에서 구속된 자유도의 피벗항을 숫자 1로 대치시키고, 나머지 행(row)과 열(column)은 모두 숫자 0으로 대치시킨다. 그리고 하중벡터에서 그 자유도에 해당되는 항을 경계조건(구속조건)에서 주어진 값으로 대치시킨다. 이것은 선형연립방정식에서 해당 자유도의 경계조건을 강제로 만족하도록 하는 것이다.

Ⓓ: 하중 적용은 하중벡터의 해당 자유도에 적용된 하중값을 강제로 대입시키는 과정이다. 그림 4.7에서 이들 과정이 모두 끝나면 식 (4.1)과 같은 선형연립방정식이 구성된다.

$$\begin{bmatrix} 1 & 0 & 0 & 0 \\ 0 & 1 & 0 & 0 \\ 0 & 0 & k_{33} & k_{34} \\ 0 & 0 & k_{43} & k_{44} \end{bmatrix} \begin{Bmatrix} v_1 \\ \theta_1 \\ v_2 \\ \theta_2 \end{Bmatrix} = \begin{Bmatrix} 0 \\ 0 \\ P \\ 0 \end{Bmatrix} \tag{4.1}$$

식 (4.1)을 풀게 되면 구속되어 있는 자유도 v_1과 θ_1은 경계조건값인 0을 갖게 되고, v_2, θ_2는 실물 해석대상의 처짐값을 나타내는 어떤 값을 갖게 되는 것이다. 따라서 유한요소법에서는 그림 4.8에서처럼 요소개발자들에 의해 요소모델링이 되어 있는 경우에는 요소 선택과 요소, 재질 적용을 하고, 경계조건과 하중 적용이 매우 루틴하게 이루어지는 것이다. 이들 전 과정이 모두 프로그램되어 있으면 어떤 해석대상도 이와 같은 정형화된 작업과정으로 해석 가능한 것이다.

4.2.6 좌표계와 좌표변환

자연과학에서 물리법칙에 근거하여 현상을 해석할 때에는 관측계, 즉 좌표계의 선택을 필요로 한다. 선택된 좌표계에서 현상을 해석하면 구하고자 하는 물리량(위치, 속도,

가속도, 변위, 변형률, 응력 등)을 얻을 수 있다. 그러나 이때 선택된 좌표계는 해석의 편의를 위해 선정된 것이며 절대적인 것이 아니다. 그러므로 편의상 선정된 좌표계(관측계)가 바뀌면 관측된 물리량은 다른 모습으로 나타날 것이다.

그러면 좌표계가 바뀌었을 때 물리량은 어떻게 변환될까?

1 좌표축 회전과 텐서변환

텐서(tensor)란 벡터의 개념을 보다 확장한 기하학적인 양을 말하고, 탄성론의 'tension'에 그 어원을 두고 있다. 앞에서 자연현상을 해석할 때 좌표계를 선택하고 물리법칙을 적용하여 구하고자 하는 물리량을 얻는다 하였다. 이때 선택된 좌표계는 해석의 편의상 선정된 것이므로 설령 다른 좌표계를 사용한다 하더라도 물리법칙 자체는 달라지지 않아야 한다. 그러나 구하고자 하는 물리량은 좌표계가 달라짐에 따라 다른 값을 보일 수 있다. 비록 물리량이 좌표계(관측계)가 바뀜에 따라 다른 값을 보인다 하더라도 일정한 법칙 속에서 달라지는 것이므로 실제로는 불변의 물리량이라 할 수 있다.

이런 이유로 좌표계(관측계)에 관계없이 언제나 불변으로 존재하고 적용되는 물리법칙(방정식)을 텐서방정식(tensor equation)이라 하고, 텐서방정식에서 구해지는 물리량을 텐서(tensor) 또는 텐서량(tensor quantity)이라 한다. 관측계에 따라 그 관측된 양(텐서량)이 다른 값으로 나타나지만 관측계(좌표계)의 변환에 대하여 텐서량이 변환되는 법칙은 식 (4.2), (4.3), (4.4)와 같이 유일하게 표현된다. 우리는 텐서방정식이 불변이고, 즉 좌표계에 관계없이 유일하게 표현되고, 텐서량도 좌표계에 관계없이 유일하게 표현되는 변환법칙으로 나타내지므로 텐서(tensor)는 형태불변(form invariance)이라고 말한다.

• 0차 텐서(tensor of order zero)

성분은 1개이고, 스칼라량(온도)이 되며 좌표변환에 관계없다.

$$T' = T \tag{4.2}$$

• 1차 텐서(tensor of order one)

성분은 3개(x, y, z 또는 x_1, x_2, x_3)이고, 벡터량(위치벡터, 변위, 속도, 가속도 등)이며, 변환법칙은 식 (4.3)과 같다.

$$T_i' = a_{ij}\, T_j \tag{4.3}$$

• **2차 텐서(tensor of order two)**

성분은 9개(x_{11}, x_{12}, $\cdots$, x_{33})이고, 벡터량으로 응력, 변형률이 해당되며, 변환법칙은 식 (4.4)와 같다.

$$T_{i'j'}' = a_{i'i}\, a_{j'j}\, T_{ij} \tag{4.4}$$

❷ 합산규약과 좌표축 회전에 따른 방향여현

• **합산규약**

식 (4.3)과 (4.4)는 텐서변환법칙을 합산규약(summation convention)과 좌표축 회전에 따른 방향여현(direction cosines)으로 나타낸 것이다. 여기서 T는 텐서량이고 i는 변환된 좌표축, j는 원래 좌표축이고, a_{ij}는 방향여현이다. 합산규약의 표기방법을 텐서 표기법(tensor notation)이라고도 하며, 상대성이론을 발표한 물리학자 A. Einstein(1879～1955)이 다음과 같이 제안하였다.

하나의 항에 첨자지표가 1개가 나오면 이것을 자유지표(free index)라 하고, 2개가 반복해서 나오면 합산지표(summation index)라 한다. 각 자유지표에 대하여 합산지표를 반복해서 합산한다.

식 (4.3)의 $T_i = a_{ij}\, T_j$에서 i는 자유지표, j는 합산지표가 되며 $i, j = 1, 2, 3$으로 바뀐다면 다음과 같이 풀어 쓸 수 있다.

$$\begin{aligned} T_1 &= a_{11} T_1 + a_{12} T_2 + a_{13} T_3 \ (\text{자유지표 } i = 1,\ \text{합산지표 } j = 1, 2, 3) \\ T_2 &= a_{21} T_1 + a_{22} T_2 + a_{23} T_3 \ (\text{자유지표 } i = 2,\ \text{합산지표 } j = 1, 2, 3) \\ T_3 &= a_{31} T_1 + a_{32} T_2 + a_{33} T_3 \ (\text{자유지표 } i = 3,\ \text{합산지표 } j = 1, 2, 3) \end{aligned} \tag{4.5}$$

예 올바른 사용

$$A_i B_i \equiv A_1 B_1 + A_2 B_2 + A_3 B_3$$

$$C_{jj} \equiv C_{11} + C_{22} + C_{33}$$

$$\frac{\partial f_k}{\partial x_k} \equiv \frac{\partial f_1}{\partial x_1} + \frac{\partial f_2}{\partial x_2} + \frac{\partial f_3}{\partial x_3} \equiv f_{k,\,k} \equiv f_{1,\,1} + f_{2,\,2} + f_{3,\,3}$$

$A_i B_i \equiv A_j B_j \equiv A_k B_k$: 사용된 첨자에 관계없다.

예 잘못된 사용

$A_i + B_i$: 하나의 항에 합산지표가 두 번 나와야 합산규약이 적용됨

$A_i B_i C_i$: 하나의 항에 합산지표가 세 번 나와도 적용 안 됨

- **방향여현**

좌표축 회전에 따르는 방향여현은 다음과 같이 표현된다. 논의를 쉽게 하기 위해 그림 4.10과 같이 x_3축에 관해 θ만큼 회전시켜서 새로운 좌표축 x_1', x_2', x_3'을 생성하였다면 그에 따른 방향여현은 표 4.3과 같이 된다.

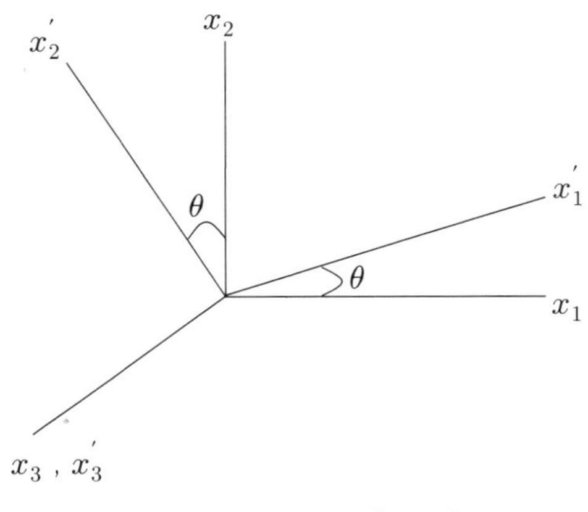

그림 4.10 좌표축 변환

표 4.3 좌표축 회전과 방향여현(그림 4.10)

(a) 변환 전 좌표축과 변환 후 좌표축의 방향여현

	x_1'	x_2'	x_3'	
x_1	$a_{11'} = a_{1'1}$	$a_{12'} = a_{2'1}$	$a_{13'} = a_{3'1}$	1축과 1′, 2′, 3′축 사이의 방향여현
x_2	$a_{21'} = a_{1'2}$	$a_{22'} = a_{2'2}$	$a_{23'} = a_{3'2}$	2축과 1′, 2′, 3′축 사이의 방향여현
x_3	$a_{31'} = a_{1'3}$	$a_{32'} = a_{2'3}$	$a_{33'} = a_{3'3}$	3축과 1′, 2′, 3′축 사이의 방향여현

(b) 그림 4.10에 적용된 방향여현

	x_1'	x_2'	x_3'
x_1	$\cos\theta$	$\cos(\theta + 90°) = -\sin\theta$	$\cos 90° = 0$
x_2	$\cos(90° - \theta) = \sin\theta$	$\cos\theta$	$\cos 90° = 0$
x_3	$\cos 90° = 0$	$\cos 90° = 0$	$\cos 0° = 1$

(c) 1차 텐서인 위치벡터의 변환을 matrix 형태로 표현

$$\begin{Bmatrix} x_1 \\ x_2 \\ x_3 \end{Bmatrix} = \begin{bmatrix} a_{11'} & a_{12'} & a_{13'} \\ a_{21'} & a_{22'} & a_{23'} \\ a_{31'} & a_{32'} & a_{33'} \end{bmatrix} \begin{Bmatrix} x_1' \\ x_2' \\ x_3' \end{Bmatrix}$$

$$= \begin{bmatrix} \cos\theta & -\sin\theta & 0 \\ \sin\theta & \cos\theta & 0 \\ 0 & 0 & 1 \end{bmatrix} \begin{Bmatrix} x_1' \\ x_2' \\ x_3' \end{Bmatrix}$$

4.2.7 유한요소법에서 좌표변환과 텐서량

유한요소법에서 사용되는 좌표계는 전체 좌표계(global coordinate system)와 지역좌표계(local coordinate system)의 두 가지가 있다. 따라서 좌표변환도 전체 좌표계와 지역 좌표계의 상호 변환이 가장 중요한 문제이다. 또한 유한요소법에서 좌표변환이 필요한 텐서량은 해석대상의 카테고리(구조해석, 열전달 해석, 유동해석, 전자기장 해석 등)에 따라 달라진다. 구조해석의 유한요소법에서는 좌표변환이 필요한 텐서량은 위치벡터, 변위벡터, 하중벡터의 1차 텐서에 한한다. 물론 응력, 변형률의 2차 텐서량도 구하고자 하는 물리량이지만 이들은 1차 텐서인 변위를 구한 뒤 탄성론의 관계식에서 계산되기 때문에 2차 텐서량의 좌표변환은 필요로 하지 않는다. 그러므로 여기에서는 구조해석의 유한요소법에서 1차 텐서량(위치, 변위, 하중)이 어떻게 전체 좌표계와 지역좌표계에서 상호 변환되고, 활용되는지를 설명한다.

그림 4.11에서 한 점 A의 위치벡터 자유도 성분은 3개, 변위벡터 자유도 성분은 6개이고, 하중벡터 자유도 성분은 6개이다. 이들은 모두 1차 텐서량이고 텐서변환식은 식 (4.3)을 따른다. 따라서 식 (4.3)에 의해 이들의 텐서변환식을 기술하면 식 (4.6), (4.7), (4.8)과 같다.

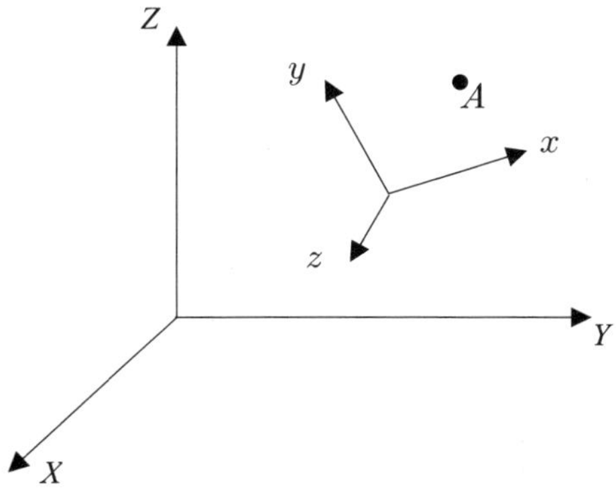

그림 4.11 전체 좌표계와 지역좌표계

» 위치벡터 자유도 성분(3개)

$$\begin{Bmatrix} x \\ y \\ z \end{Bmatrix} = \begin{bmatrix} a_{xX} & a_{xY} & a_{xZ} \\ a_{yX} & a_{yY} & a_{yZ} \\ a_{zX} & a_{zY} & a_{zZ} \end{bmatrix} \begin{Bmatrix} X \\ Y \\ Z \end{Bmatrix} \tag{4.6}$$

» 변위벡터 자유도 성분(6개)

$$\begin{Bmatrix} u \\ v \\ w \\ \theta_x \\ \theta_y \\ \theta_z \end{Bmatrix} = \begin{bmatrix} a_{xX} & a_{xY} & a_{xZ} & 0 & 0 & 0 \\ a_{yX} & a_{yY} & a_{yZ} & 0 & 0 & 0 \\ a_{zX} & a_{zY} & a_{zZ} & 0 & 0 & 0 \\ 0 & 0 & 0 & a_{xX} & a_{xY} & a_{xZ} \\ 0 & 0 & 0 & a_{yX} & a_{yY} & a_{yZ} \\ 0 & 0 & 0 & a_{zX} & a_{zY} & a_{zZ} \end{bmatrix} \begin{Bmatrix} U \\ V \\ W \\ \theta_X \\ \theta_Y \\ \theta_Z \end{Bmatrix} \tag{4.7}$$

» 하중벡터 자유도 성분(6개)

$$\begin{Bmatrix} f_x \\ f_y \\ f_z \\ m_x \\ m_y \\ m_z \end{Bmatrix} = \begin{bmatrix} a_{xX} & a_{xY} & a_{xZ} & 0 & 0 & 0 \\ a_{yX} & a_{yY} & a_{yZ} & 0 & 0 & 0 \\ a_{zX} & a_{zY} & a_{zZ} & 0 & 0 & 0 \\ 0 & 0 & 0 & a_{xX} & a_{xY} & a_{xZ} \\ 0 & 0 & 0 & a_{yX} & a_{yY} & a_{yZ} \\ 0 & 0 & 0 & a_{zX} & a_{zY} & a_{zZ} \end{bmatrix} \begin{Bmatrix} F_X \\ F_Y \\ F_Z \\ M_X \\ M_Y \\ M_Z \end{Bmatrix} \tag{4.8}$$

식 (4.6)의 방향여현 행렬 3×3 매트릭스를 $[T_1]$이라 하고, 지역좌표계의 물리량은 소문자와 하첨자 l을, 전체 좌표계에서 물리량은 대문자와 하첨자 g를 이용하여 위치벡터, 변위벡터, 하중벡터를 $\{x_l\}$, $\{X_g\}$, $\{w_l\}$, $\{W_g\}$, $\{f_l\}$, $\{F_g\}$와 같이 표현하면 식 (4.6), (4.7), (4.8)은 다음과 같이 표현된다.

$$\{x_l\} = [T_1]\{X_g\} \tag{4.6)'}$$

$$\{w_l\} = \begin{bmatrix} T_1 & 0 \\ 0 & T_1 \end{bmatrix}\{W_g\} = [T]\{W_g\} \tag{4.7)'}$$

$$\{f_l\} = [T]\{F_g\} \tag{4.8)'}$$

식 (4.6)′, (4.7)′, (4.8)′에서 방향여현 정방행렬(direction cosines square matrix) $[T_1]$, $[T]$는 다음과 같은 orthogonal matrix의 특성을 갖는다.

$$\begin{aligned} [T_1]^{-1} &= [T_1]^T \\ [T]^{-1} &= [T]^T \end{aligned} \tag{4.9}$$

따라서 다음과 같이 전체 좌표계의 물리량에 관해 나타낼 수 있다.

$$\{X_g\} = [T_1]^{-1}\{x_l\} = [T_1]^T\{x_l\} \tag{4.10}$$

$$\{W_g\} = [T]^{-1}\{w_l\} = [T]^T\{w_l\} \tag{4.11}$$

$$\{F_g\} = [T]^{-1}\{f_l\} = [T]^T\{f_l\} \tag{4.12}$$

유한요소법은 각 요소의 요소방정식을 구성한 후 각각의 요소방정식들을 조합하여 형상 전체의 선형연립방정식을 구성한 후 이것을 풀어서 절점의 미지자유도 정보를 얻는 것이라 하였다. 이때 각 요소방정식은 각 요소의 지역좌표계의 형상과 재질정보에 의한 강성행렬이 구성된다.

그리고 형상 전체의 선형연립방정식을 구성할 때에는 지역좌표계의 요소방정식을 전체 좌표계로 전환하여 조합한다. 따라서 형상과 요소방정식의 좌표변환이 필요하게 되는 것이다.

1 형상(geometry)의 좌표변환

해석대상의 전체 형상을 입력하는 것을 형상모델링(geometric modeling)이라 하는데, 이것은 전체 좌표계에서 수행된다. 전체 좌표계에서 입력된 형상이 각 요소방정식을 구성할 때에는 각 요소의 지역좌표계에서 이루어지므로 이때 형상정보의 좌표변환이 필요하고 식 (4.6)′을 사용하게 된다.

$$\{x_l\} = [T_1]\{X_G\} \qquad (4.6)'$$

❷ 요소방정식의 좌표변환

요소방정식은 각 요소의 지역좌표계의 형상정보[식 (4.6)′]에서 이루어지고, 이것을 다시 전체 좌표계의 요소방정식으로 전환하여 전체 형상의 선형연립방정식을 구성한다고 하였다. 이들 과정을 요약하면 다음과 같다.

$$\text{지역좌표계의 요소방정식 } [k_l]\{w_l\} = \{f_l\} \qquad (4.13)$$

$$\{w_l\} = [T]\{W_g\} \qquad (4.7)'$$

$$\{f_l\} = [T]\{F_g\} \qquad (4.8)'$$

식 (4.7)′, (4.8)′을 식 (4.13)에 대입하면

$$[k_l][T]\{W_g\} = [T]\{F_g\}$$

가 되고, 식 (4.9)를 이용하면 전체 좌표계의 요소방정식을 다음과 같이 얻는다.

$$\text{전체 좌표계의 요소방정식: } [T]^T[k_l][T]\{W_g\} = \{F_g\} \qquad (4.14)$$

$$[k_g]\{W_g\} = \{F_g\} \qquad (4.15)$$

$$\text{여기서, } [k_g] = [T]^T[k_l][T]$$

❸ 요소의 자유도 수와 좌표변환행렬, 강성행렬의 크기

요소의 자유도 수는 지역좌표계와 전체 좌표계에서 서로 다르게 표현될 수가 있다. 이것은 관측계가 달라지기 때문인데, 보다 본질적인 이유는 요소방정식이 처음 구성될 때에는 지역좌표계를 기준으로 하여 절점에서 자유도 수가 결정되지만 전체 좌표계로 변환되면 관측계가 달라지기 때문이다. 그러면 지역좌표계에서는 없었던 자유도가 전체 좌표계에서 생길 수 있다. 예를 들면, 트러스 요소는 지역좌표계로는 한 절점에서 1개의 변위자유도를 갖는다. 그러나 전체 좌표계에서 보면 세 방향으로 보일 수 있어 3개의 자유도를 갖는다(그림 4.12 참조). 따라서 각 요소의 자유도 수에 따른 행렬과 벡터들의 지역좌표계와 전체 좌표계와의 관계를 요약해 본다.

» 트러스 요소(일축 인장 / 압축요소)

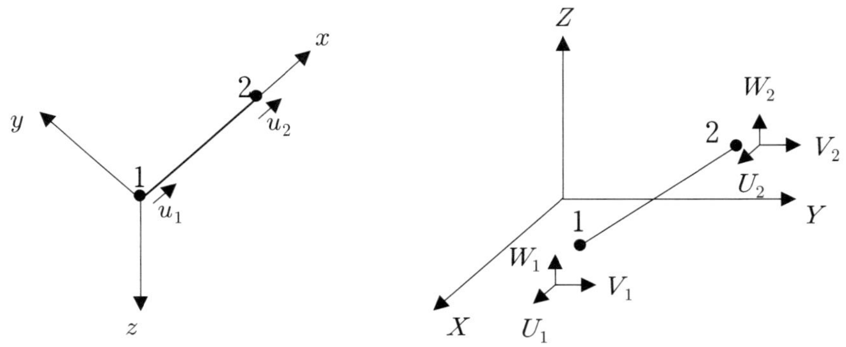

(a) 지역좌표계 자유도
(1절점 1자유도 2절점 2자유도 요소)

(b) 전체 좌표계 자유도

그림 4.12 트러스 요소 좌표계와 자유도

$$[k_l(2\times 2)]\begin{Bmatrix} u_1 \\ u_2 \end{Bmatrix} = \begin{Bmatrix} f_{x1} \\ f_{x2} \end{Bmatrix} \tag{4.16}$$

$$\begin{Bmatrix} u_1 \\ u_2 \end{Bmatrix} = \begin{bmatrix} a_{xX} & a_{xY} & a_{xZ} & 0 & 0 & 0 \\ 0 & 0 & 0 & a_{xX} & a_{xY} & a_{xZ} \end{bmatrix} \begin{Bmatrix} U_1 \\ V_1 \\ W_1 \\ U_2 \\ V_2 \\ W_2 \end{Bmatrix} \tag{4.17}$$

$$\begin{Bmatrix} f_{x1} \\ f_{x2} \end{Bmatrix} = \begin{bmatrix} a_{xX} & a_{xY} & a_{xZ} & 0 & 0 & 0 \\ 0 & 0 & 0 & a_{xX} & a_{xY} & a_{xZ} \end{bmatrix} \begin{Bmatrix} F_{X1} \\ F_{Y1} \\ F_{Z1} \\ F_{X2} \\ F_{Y2} \\ F_{Z2} \end{Bmatrix} \tag{4.18}$$

식 (4.16), (4.17), (4.18)은 지역좌표계에서 요소방정식과 변위변환식, 하중변환식이다. 식 (4.17), (4.18)을 식 (4.16)에 대입하여 지역좌표계에서 요소방정식을 전체 좌표계로 변환하면 다음과 같이 된다.

여기서, $[k_l] = [2\times 2]$, $\{w_l\} = \{2\times 1\}$, $\{f_l\} = \{2\times 1\}$

$[T] = [2\times 6]$, $\{W_g\} = \{6\times 1\}$, $\{F_g\} = \{6\times 1\}$

이고, 이들을 이용하여 간략히 표현하면 다음과 같다.

$$[T]^T[k_l][T]\{W_g\}=\{F_g\}$$

$$[6\times 2][2\times 2][2\times 6]\{6\times 1\}=\{6\times 1\} \tag{4.19}$$

$$[k_g(6\times 6)]\{W_g(6\times 1)\}=\{F_g(6\times 1)\}$$

- **평면응력 요소(2축 인장 / 압축요소)**

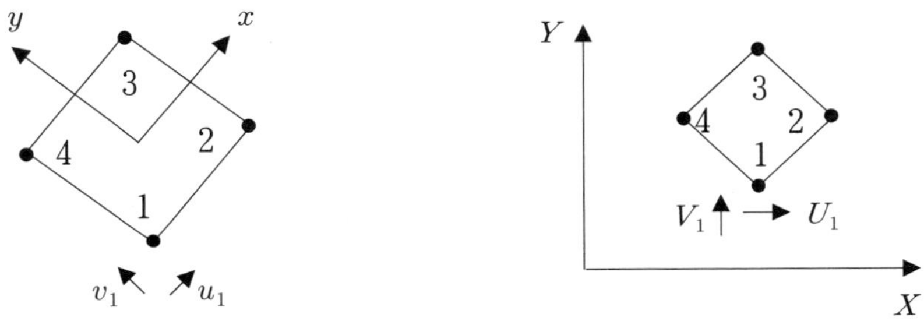

(a) 지역좌표계 자유도 (1절점 2자유도 4절점 8자유도 요소)

(b) 전체 좌표계 자유도(1절점 2자유도)

그림 4.13 평면요소 좌표계와 자유도

$$[k_l(8\times 8)]\{w_l(8\times 1)\}=\{f_l(8\times 1)\} \tag{4.20}$$

$$\{w_l(8\times 1)\}=[T(8\times 8)]\{W_g(8\times 1)\} \tag{4.21}$$

$$\{f_l(8\times 1)\}=[T(8\times 8)]\{F_g(8\times 1)\} \tag{4.22}$$

여기서, $$[T_1]=\begin{bmatrix} a_{xX} & a_{xY} \\ a_{yX} & a_{yY} \end{bmatrix} \tag{4.23}$$

라면,

$$[T(8\times 8)]=\begin{bmatrix} T_1 & 0 & 0 & 0 \\ 0 & T_1 & 0 & 0 \\ 0 & 0 & T_1 & 0 \\ 0 & 0 & 0 & T_1 \end{bmatrix} \tag{4.24}$$

이 된다.

식 (4.23), (4.24)는 좌표변환의 방향여현을 선택할 때 자유도 변환에서 지역좌표계와 전체 좌표계의 변환관계가 있는 것만 선택하기 때문이다. 즉, 한 절점에서 지역좌표 x

축의 자유도 u가 전체 좌표계 X, Y 두 축만 변환관계를 가져 U, V로 관측되므로 $\{a_{xX} a_{xY}\}$를 선택하고, y축의 v가 전체 좌표 X, Y 두 축만 변환관계를 가지므로 $\{a_{yX} a_{yY}\}$를 선택하는 것이다. 방향여현의 조합에서는 한 점에서의 자유도가 지역좌표와 전체 좌표로의 변환관계를 가지므로 서로 다른 점들은 변환관계가 존재하지 않는다. 따라서 절점번호가 다른 자유도들은 방향여현값을 0으로 갖게 된다.

식 (4.21), (4.22)는 식 (4.20)에 대입하면 전체 좌표계의 요소방정식은 다음과 같다.

$$\begin{aligned} &[T]^T [k_l][T]\{W_g\} = \{F_g\} \\ &[8\times 8][8\times 8][8\times 8]\{8\times 1\} = \{8\times 1\} \\ &[k_g(8\times 8)]\{W_g(8\times 1)\} = \{F_g(8\times 1)\} \end{aligned} \quad (4.25)$$

- solid 요소(3축 인장 / 압축요소)

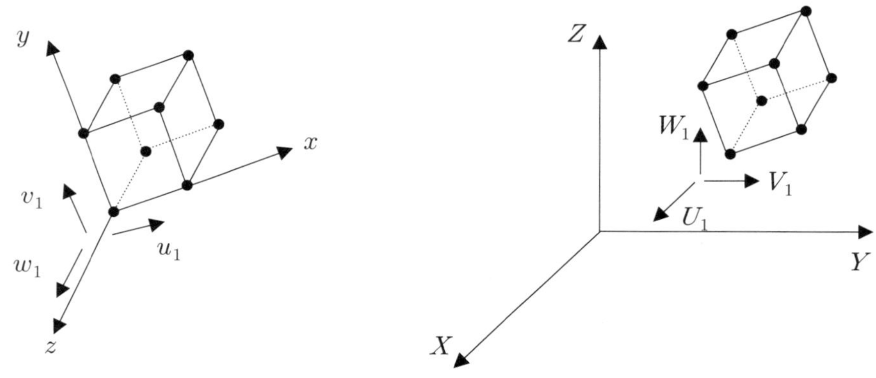

(a) 지역좌표계 자유도 (1절점 3자유도 8절점 24자유도 요소)

(b) 전체 좌표계 자유도(1절점 3자유도)

그림 4.14 solid 요소 좌표계와 자유도

$$[k_l(24\times 24)]\{w_l(24\times 1)\} = \{f_l(24\times 1)\} \quad (4.26)$$

$$\{w_l(24\times 1)\} = [T(24\times 24)]\{W_g(24\times 1)\} \quad (4.27)$$

$$\{f_l(24\times 1)\} = [T(24\times 24)]\{F_g(24\times 1)\} \quad (4.28)$$

$$\text{여기서, } [T_1] = \begin{bmatrix} a_{xX} & a_{xY} & a_{xZ} \\ a_{yX} & a_{yY} & a_{yZ} \\ a_{zX} & a_{zY} & a_{zZ} \end{bmatrix} \quad (4.29)$$

$$[T]=\begin{bmatrix} T_1 & & 0 \\ & 24\times24 & \\ 0 & & T_1 \end{bmatrix} \tag{4.30}$$

식 (4.27), (4.28)을 식 (4.26)에 대입하면 전체 좌표계의 요소방정식은 다음과 같다.

$$\begin{aligned} &[T]^T[k_l][T]\{W_g\}=\{F_g\} \\ &[24\times24][24\times24][24\times24]\{24\times1\}=\{24\times1\} \\ &[k_g(24\times24)]\{W_g(24\times1)\}=\{F_g(24\times1)\} \end{aligned} \tag{4.31}$$

- **beam 요소 [1축 인장 / 압축+비틀림+굽힘(beam)]**

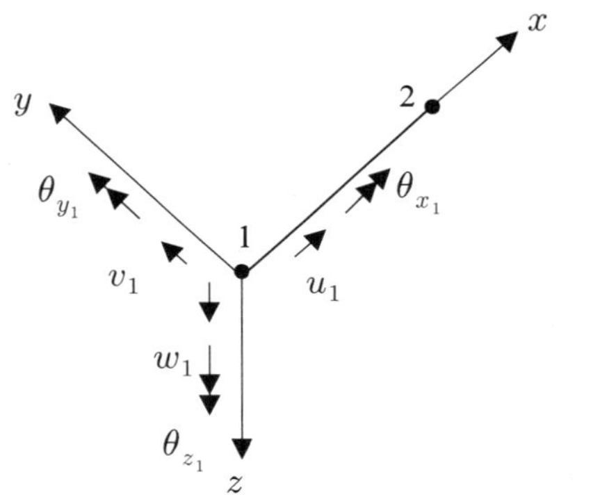

(a) 지역좌표계 자유도(1절점 6자유도 2절점 12자유도 요소)

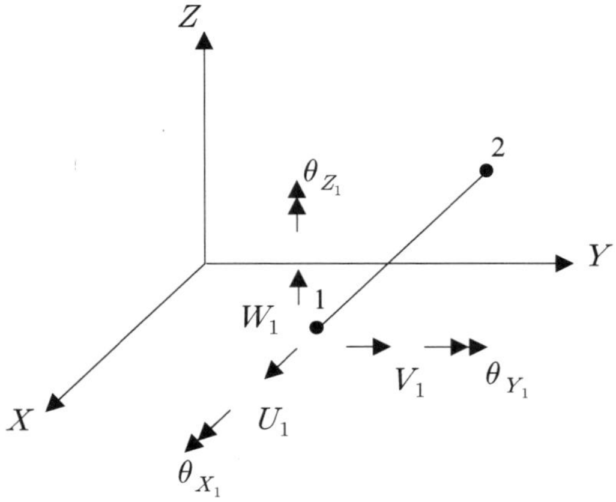

(b) 전체 좌표계 자유도(1절점 6자유도)

그림 4.15 beam 요소 좌표계와 자유도

$$[k_l(12\times12)]\{w_l(12\times1)\}=\{f_l(12\times1)\} \tag{4.32}$$

$$\{w_l(12\times1)\}=[T(12\times12)]\{W_g(12\times1)\} \tag{4.33}$$

$$\{f_l(12\times1)\}=[T(12\times12)]\{F_g(12\times1)\} \tag{4.34}$$

여기서 $[T_1]$은 식 (4.29)와 같고, $[T]$는 식 (4.30)에서 $[12\times12]$까지만 부분행렬을 선택하면 된다.

식 (4.33), (4.34)를 식 (4.32)에 대입하면 전체 좌표계의 요소방정식은 다음과 같다.

$$\begin{aligned}&[T]^T[k_l][T]\{W_g\}=\{F_g\}\\&[12\times12][12\times12][12\times12]\{12\times1\}=\{12\times1\}\\&[k_g(12\times12)]\{W_g(12\times1)\}=\{F_g(12\times1)\}\end{aligned} \tag{4.35}$$

- **plate 요소[2축 인장 / 압축+판굽힘(plate)]**

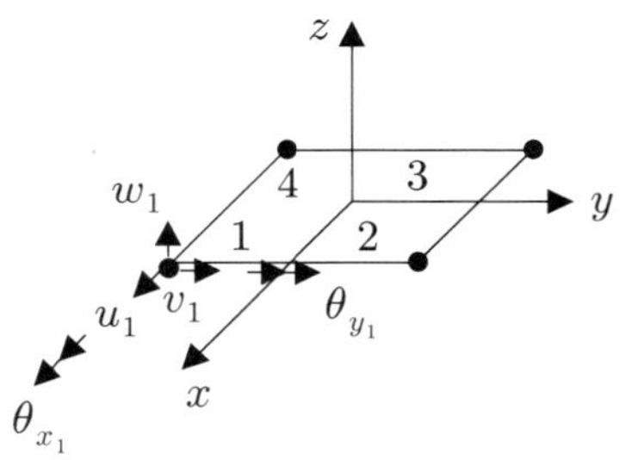

(a) 지역좌표계 자유도
(1절점 5자유도 4절점 20자유도 요소)

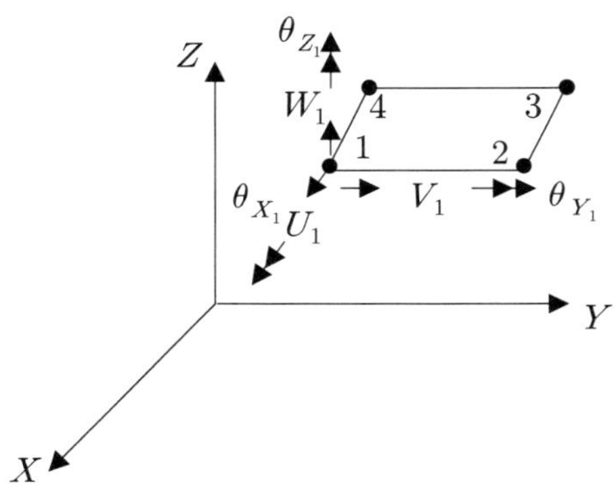

(b) 전체 좌표계 자유도
(1절점 6자유도 4절점 24자유도)

그림 4.16 plate 요소 좌표계와 자유도

$$[k_l(20\times20)]\{w_l(20\times1)\}=\{f_l(20\times1)\} \tag{4.36}$$

$$\{w_l(20\times1)\}=[T(20\times24)]\{W_g(24\times1)\} \tag{4.37}$$

$$\{f_l(20\times1)\}=[T(20\times24)]\{F_g(24\times1)\} \tag{4.38}$$

$$\text{여기서,}\ \underset{(5\times 6)}{[T]} = \begin{bmatrix} a_{xX} & a_{xY} & a_{xZ} & 0 & 0 & 0 \\ a_{yX} & a_{yY} & a_{yZ} & 0 & 0 & 0 \\ a_{zX} & a_{zY} & a_{zZ} & 0 & 0 & 0 \\ 0 & 0 & 0 & a_{xX} & a_{xY} & a_{xZ} \\ 0 & 0 & 0 & a_{yX} & a_{yY} & a_{yZ} \end{bmatrix} \tag{4.39}$$

$$\underset{(20\times 24)}{[T]} = \begin{bmatrix} T_1 & 0 & 0 & 0 \\ 0 & T_1 & 0 & 0 \\ 0 & 0 & T_1 & 0 \\ 0 & 0 & 0 & T_1 \end{bmatrix} \tag{4.40}$$

plate 요소에서 식 (4.39)의 $[T_1]$ 행렬이 (5×6)이 되는 것은 지역좌표계에서 구성되는 요소방정식에 z축에 관한 회전자유도를 고려하지 않기 때문이다. 따라서 한 점에서 지역좌표계의 z축에 관한 회전변위 θ_z의 전체 좌표계 X, Y, Z축으로의 변환관계가 생략된 것이다. 즉, 다음 그림과 같다.

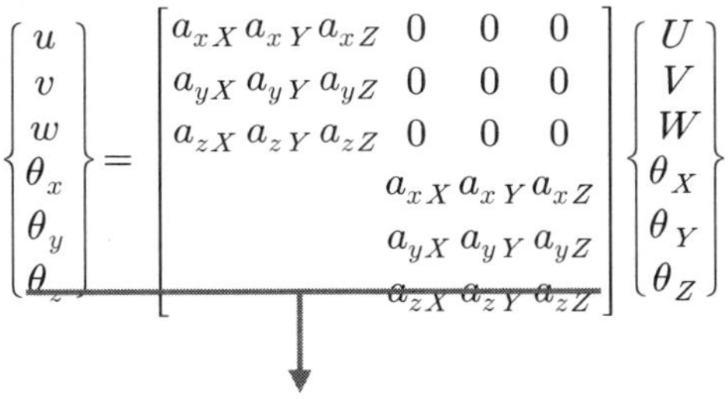

그림 4.17 plate 요소 자유도와 좌표변환 방향여현

그러면 식 (4.37), (4.38)을 식 (4.36)에 대입하면 전체 좌표계에서 요소방정식이 다음과 같이 얻어진다.

$$\begin{aligned} &[T]^T[k_l][T]\{W_g\} = \{F_g\} \\ &[24\times 20][20\times 20][20\times 24]\{24\times 1\} = \{24\times 1\} \\ &[k_g(24\times 24)]\{W_g(24\times 1)\} = \{F_g(24\times 1)\} \end{aligned} \tag{4.41}$$

4 유한요소에서 방향여현의 행렬 구하는 방법

"4.2.7절 유한요소법에서 좌표변환과 텐서량"을 보면 그림 4.11에서 전체 좌표계와 지역좌표계의 관계를 식 (4.6), (4.7), (4.8)과 같이 공부하였다. 여기서 설명에 필요한 내용을 발췌하면 그림 4.11과 식 (4.6)이고, 설명을 위하여 이 둘을 조합하여 그림 4.18에 나타내 본다.

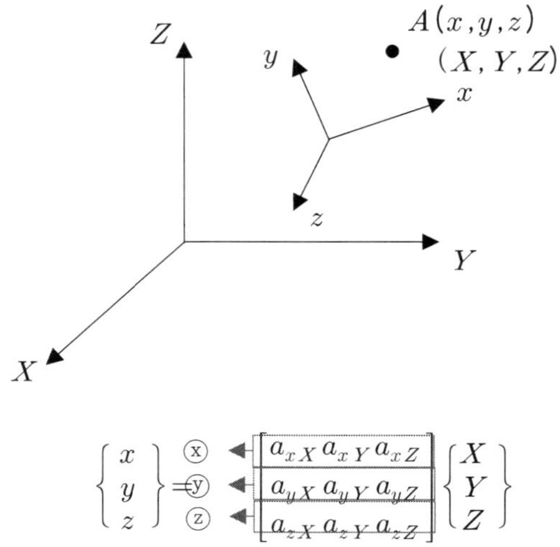

ⓧ: x축과 X, Y, Z축과의 방향여현

ⓨ: y축과 X, Y, Z축과의 방향여현

ⓩ: z축과 X, Y, Z축과의 방향여현

그림 4.18 전체 좌표계와 지역좌표계의 방향여현

그러면 실제로 공간상의 전체 좌표계와 지역좌표계에서 그림 4.18의 ⓧ, ⓨ, ⓩ와 같은 방향여현은 어떻게 구해질까?

3차원 공간상의 하나의 좌표계에서 삼각형을 이루는 세 꼭짓점의 좌표값을 알면 방향여현을 구할 수 있고, 새로운 지역좌표계를 생성할 수 있다. 유한요소법에서는 형상정보를 전체 좌표계에서 입력하게 된다. 요소를 분할하여 절점을 갖게 되면 각 요소의 절점 중 3개를 이용하여 그림 4.18에서의 방향여현 ⓧ, ⓨ, ⓩ를 구함과 동시에 요소의 지역좌표계도 구성하게 된다. 요소의 지역좌표계가 구성되고 전체 좌표계와의 방향여현이 생성되었으므로 전체 좌표계상에서 입력되었던 요소의 모든 절점들은 지역좌표계상에서 위치정보를 표현할 수 있고, 요소방정식을 구성할 수 있게 된다. 요소방정식은 그 요소의 지역좌표계에서의 요소형상정보로 구성되기 때문이다. plate 요소와 beam 요소를 예로 들어 설명해 본다.

• plate 요소

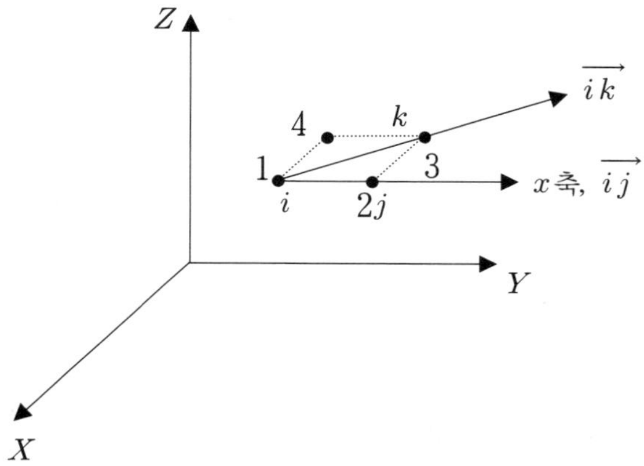

그림 4.19 plate 요소의 방향여현과 지역좌표계

i) 지역좌표계 x축과 전체 좌표계 X, Y, Z축과의 방향여현

먼저 plate 요소의 세 절점(i, j, k)을 이용하며, 두 점(i, j)을 잇는 축을 지역좌표계 x축으로 설정한다. 그러면 x축상의 ij 벡터는 전체 좌표계로 다음과 같이 표현되고 방향여현을 구할 수 있다.

$$x\text{축: } \overrightarrow{ij} = (X_j - X_i)\vec{i} + (Y_j - Y_i)\vec{j} + (Z_j - Z_i)\vec{k}$$

$$a_{xX} = \frac{X_j - X_i}{|\overrightarrow{ij}|}, \quad a_{xY} = \frac{Y_j - Y_i}{|\overrightarrow{ij}|}, \quad a_{xZ} = \frac{Z_i - Z_i}{|\overrightarrow{ij}|} \tag{4.42}$$

ii) 지역좌표계 y축의 설정 및 전체 좌표계 X, Y, Z축과의 방향여현

i, j, k 세 점은 언제나 1개의 면을 구성하므로 이 면에 수직한 벡터를 다음과 같이 생각할 수 있다. 이 벡터는 면에 포함되는 x축과 언제나 수직하므로 하나의 좌표축으로 생각할 수 있다. 이것을 y축이라 해도 되고, z축이라 해도 된다. 여기에서는 이것을 y축이라 한다.

$$y\text{축: } \overrightarrow{ij} \times \overrightarrow{ik} = \begin{vmatrix} \vec{i} & \vec{j} & \vec{k} \\ (Z_j - Z_i) & (X_j - X_i) & (Y_j - Y_i) \\ (Y_k - Y_i) & (Z_k - Z_i) & (X_k - X_i) \end{vmatrix}$$

$$= a\vec{i} + b\vec{j} + c\vec{k}$$

$$a_{yX}=\frac{a}{\sqrt{(a^2+b^2+c^2)}}$$
$$a_{yY}=\frac{b}{\sqrt{(a^2+b^2+c^2)}} \tag{4.43}$$
$$a_{yZ}=\frac{c}{\sqrt{(a^2+b^2+c^2)}}$$

iii) 지역좌표계 z축의 결정 및 전체 좌표계 X, Y, Z축과의 방향여현

이미 두 축이 구해졌으므로 두 축의 벡터곱으로 나머지 하나의 축을 구한다. 두 번째 구한 것을 y축이라 하였으면 세 번째는 z축이 될 것이고, 두 번째 구한 것을 z축이라 하였으면 세 번째는 y축이 될 것이다.

$$z축:\ (x\times y)=\begin{vmatrix}\vec{i} & \vec{j} & \vec{k}\\ a_{xX} & a_{xY} & a_{xZ}\\ a_{yX} & a_{yY} & a_{yZ}\end{vmatrix}$$
$$a_{zX}=(a_{xY}a_{yZ}-a_{xZ}a_{yY}) \tag{4.44}$$
$$a_{zY}=-(a_{xX}a_{yZ}-a_{xZ}a_{yX})$$
$$a_{zZ}=(a_{xX}a_{yY}-a_{xY}a_{yX})$$

② beam 요소

beam 요소는 line element로 일직선상에 절점을 갖는다. 그러므로 beam 요소상의 절점만으로는 면을 구성하는 최소한의 삼각형을 이루는 세 점을 구성할 수가 없게 되어 지역좌표계를 구성할 수가 없다. 따라서 beam 요소에서는 각 요소마다 가상의 한 점을 설정해 주어야 요소의 지역좌표계를 구성할 수가 있다. 가상의 한 점이 삼각형의 면을 이루도록 설정해주면 나머지 과정은 plate 요소와 동일하다.

그러나 가상의 한 점을 어디로 설정하느냐가 beam 요소에서 가장 중요하다. beam의 실제모델(physical model)은 단면을 갖고 있으며, 이 단면의 지역좌표계를 제대로 표현하도록 가상의 한 점을 선택해야 하기 때문이다. 즉, 가상의 한 점을 어떻게 선택하느냐에 따라 실제모델에서의 지역좌표축이 다음 그림 4.20처럼 여러 가지로 표현될 수 있기 때문이다.

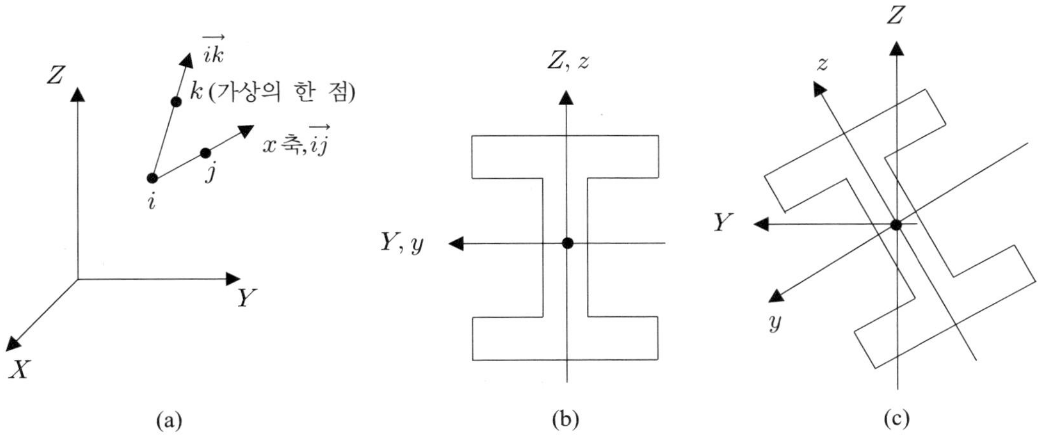

그림 4.20 beam 요소 가상점 선택에 따른 지역좌표계

그러면 beam 요소에서 가상의 한 점은 어떻게 선택하면 될까?

실제모델의 단면에서 세 번째 생성하고자 하는 축(이 책에서는 z축)을 생각하고, x축과 그 축이 이루는 면 위의 점 i, j, k가 삼각형이 될 수 있는 임의의 점 k를 선택하면 된다.

그렇게 하고 plate 요소에서의 과정을 밟으면 두 번째 축이(y축) $ij \times ik$의 벡터곱으로 먼저 생기고, 세 번째 축이 첫 번째 축 x와 두 번째 축의 벡터곱으로 실제모델에서 마음 속에 생각하였던 방향으로 생기게 된다.

상용코드에서조차도 beam 요소로 모델링을 하면 실제모델의 단면이 어느 방향으로 모델링되어 있는지 알 수 없는 경우가 있다. 왜냐하면 beam 요소모델은 실제모델을 모두 선으로만 표현하기 때문이다. 그러므로 가상점을 잘못 정해주면 엉뚱한 모델해석 결과를 던져주지만 해석자는 그 오류를 결과만으로 찾아내기가 어렵다. 예를 들면, 해석자는 그림 4.20의 (b)를 해석한다고 생각하였는데 가상점을 잘못 선택하면 결과는 (c)가 될 수 있다. 이런 이유로 유한요소해석에서 beam 요소를 사용할 때에는 크게 유의하여야 한다.

4.2.8 유한요소법을 이용한 공학해석과정

1장 1.4절에 FEM을 이용한 공학해석과정을 설명하였다. 책의 편제상 설명은 1장 1.4절을 참조하고, 여기에서는 그림 1.9에 요소모델링을 추가하여 그림 4.21에 나타낸다.

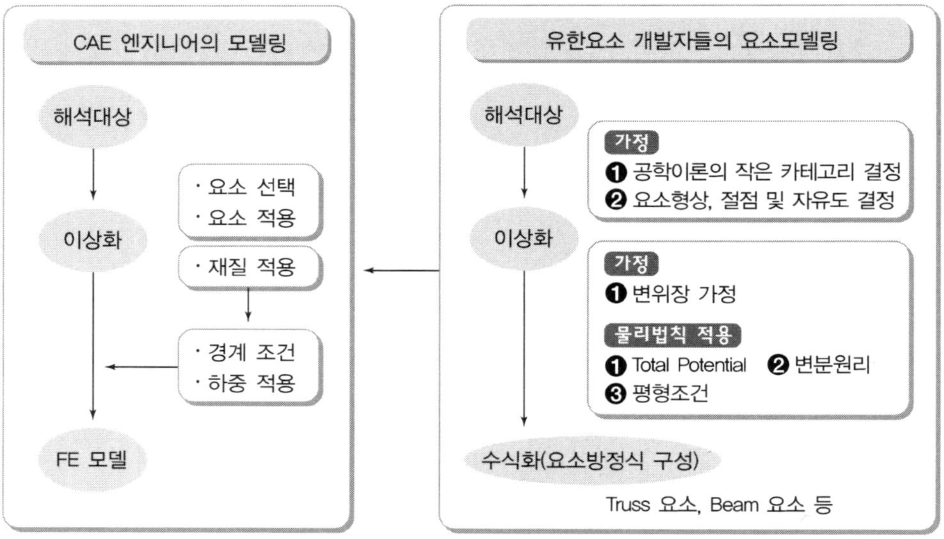

그림 4.21 유한요소법을 이용한 공학해석과정

그림 4.21로 설명 없이 유한요소법을 이용한 공학해석과정을 대신한다.

4.2.9 유한요소 해석 프로그램의 구조와 흐름도

유한요소 해석 프로그램의 구조는 크게 보면 매우 단순하다. 해석대상의 4대 요소(형상, 재질, 하중, 경계조건) 중 형상, 재질을 입력하여 요소방정식을 구성하고, 각 요소를 조합하여 선형연립방정식을 만들고, 하중, 경계조건을 대입하여 풀면 된다. 그러나 전체 좌표계와 지역좌표계의 변환관계가 개입되므로 여기에서는 좌표변환관계를 중심으로 흐름도를 구성해 본다.

① 형상 및 재질 정보입력(input geometry and materials)
형상을 요소로 분할하여 각 요소의 절점 정보를 전체 좌표계에서 입력

② 각 요소의 절점 정보를 지역좌표계로 전환

③ 지역좌표계에서 각 요소의 요소방정식 구성과 강성행렬 구성

$$[k]_l^e$$

④ 요소강성행렬의 전체 좌표계로의 전환

$$[k]_g^e = [T]^T [k]_l^e [T]$$

⑤ 각 요소의 전체 좌표계에서의 강성행렬을 조합하여 형상 전체의 선형연립방정식 구성

$$[k]_g \{W\}_g = \{F\}_g$$

⑥ 하중조건과 경계조건 적용

⑦ 선형연립방정식 풀이 및 전체 좌표계에서의 변위산출

$$\{W\}_g = [k]_g^{-1} \{F\}_g$$

⑧ 산출된 변위를 이용하여 변형률, 응력, 내력 등을 산출:
요소방정식 구성에서 사용된 변형률-변위관계식, 응력-변형률 관계식을 다시 활용한다. 여기서 변형률과 응력은 각 요소의 지역좌표계에서 다시 산출하고, 내력(reaction)은 전체 좌표계에서 산출한다. 이때 내력 계산에 사용되는 전체 강성행렬은 경계조건이 적용되지 않은 강성행렬이 사용된다.

변형률: $\{\epsilon\}_l = [B]\{w\}_l = [B][T]\{W\}_g$

응 력: $\{\sigma\}_l = [D][B]\{w\}_l = [D][B]\{W\}_g$

내 력: $\{F_i\}_g = [k]_g \{W\}_g$

여기에서 ①항과 ⑥항이 해석대상의 4대 요소 입력과정이 되고, 나머지는 내부의 좌표변환에 따른 계산과정이 된다. 유한요소 프로그램을 직접 만들지 않는 엔지니어들에게는 ①항과 ⑥항의 입력과정을 이해하는 것이 도움이 되기 때문에 아래에 예를 들어 설명한다.

실제로 상용코드에서는 그래픽과 메뉴방식으로 간편하게 처리되지만 소스코드에서 처리되는 방식은 이와 같다.

예제 3 다음은 판요소의 형상, 재질, 하중, 경계조건의 입력과정이다.

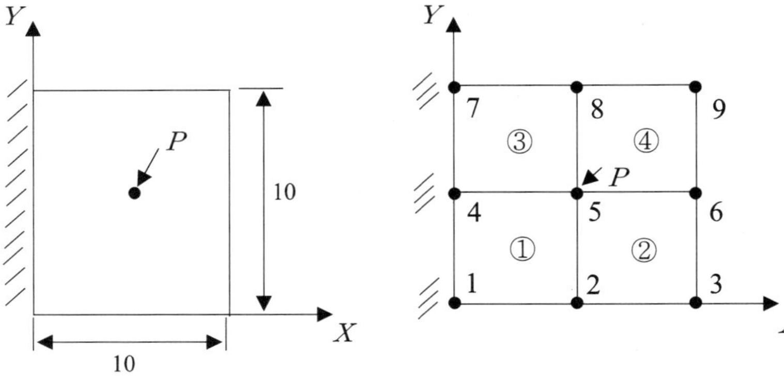

(a) 실제 구조물 (b) 유한요소 모델링(4개 요소 9개 절점)

그림 4.22

형상, 재질

절점번호	전체좌표계		좌표값
	X	Y	Z
1	0	0	0
2	5	0	0
3	10	0	0
4	0	5	0
5	5	5	0
6	10	5	0
7	0	10	0
8	5	10	0
9	10	10	0

요소번호	절점번호	재질
①	1 2 5 4	E, ν
②	2 3 6 5	E, ν
③	4 5 8 7	E, ν
④	5 6 9 8	E, ν

하중

절점번호	자유도(전체 좌표계)					
	P_x	P_y	P_z	M_x	M_y	M_z
5	0	0	P	0	0	0

경계조건

절점번호	자유도(전체 좌표계)					
	U	V	W	θ_X	θ_Y	θ_Z
1	구속	구속	구속	구속	구속	구속
4	구속	구속	구속	구속	구속	구속
7	구속	구속	구속	구속	구속	구속

■

4.3 유한요소 방정식 도출과정에 필요한 개념들

유한요소의 요소방정식 도출과정에 필요한 개념은 평형조건, 변분원리, 총 퍼텐셜 에너지의 세 가지이다. 이것은 그림 4.8의 요소모델링에서 물리법칙 적용의 세 가지가 되는데, 이들 세 가지로 모든 유한요소는 요소모델링을 할 수가 있다. 물론 각 요소마다 총 퍼텐셜 에너지를 구할 때 작은 카테고리 내의 각각의 관계식(탄성론, 유체역학, 전기장, 열전달…)들이 별도로 적용되겠지만 유한요소법이라는 큰 카테고리에서 보면 이 세 가지라 할 수 있으며, 이 책에서는 이해에 필요한 깊이만큼만 다루도록 하자.

4.3.1 평형과 평형조건

천평칭저울의 양쪽이 균형을 잡고 있는 상태를 평형상태라 한다. 천평칭저울의 어느 한 쪽에 중량이 더 실리게 되면 균형이 깨지게 되고, 우리는 이것을 **평형의 붕괴**라고 말한다. 매우 간단하게 받아들이고 이해할 수 있는 개념이지만, 자연계에서는 매우 중요한 역할을 하고 있는 것이 평형개념이고, 그러므로 자연현상을 해석하는 데 가장 중요한 물리개념으로 활용되는 것이 또한 평형개념이다.

평형에는 정적 평형(static equilibrium)과 동적 평형(dynamic equilibrium)이 있다. 정적 평형은 정지된 상태에서 평형을 유지하는 것으로, 앞에서 얘기한 천평칭저울이 균형을 잡고 있는 것과 같은 상태를 말한다. 동적 평형은 움직이고 활동하는 것들이 균형을 잡고 평형을 유지하는 것으로, 팽이가 회전을 하면서 균형을 잡는 것, 자전거가 앞으로 전진하면서 균형을 잡는 것, 태양계의 행성들이 태양 주위를 돌면서 균형을 잡고 있는 것 등이 모두 동적 평형에 해당된다. 동적 평형의 개념은 보다 확대되어 생태계의 평형이라든가 생물학적 평형에까지 적용할 수 있다. 생태계가 지속적인 활동을 계속하면서 평형을 유지하는 것이나 생명체가 지속적인 생명활동을 하면서 생명을 유지해 나가는 것도 일종의 동적 평형이라고 하며 과학적 고찰을 할 수가 있다.

평형에서 우리가 알고자 하는 것은 평형조건이다. 어떤 조건에서 평형이 유지되는가? 대부분의 학문에서 이 평형조건을 탐구하는 연구가 중요한 위치를 차지하고 있으며, 이 조건만 정확히 알 수 있다면 계(system)를 해석하고 조종할 수 있기 때문이다.

역학은 자연과학에서 가장 먼저 체계화되었기 때문에 역학적 평형조건은 완전히 정립되어 있다. 역학적 평형조건을 검토할 때 이용하는 물리량으로 **힘과 모멘트 그리고 에너지**가 있다. 정역학, 재료역학, 동역학, 열역학, 유체역학 등의 역학분야가 이들 물리량에 의한 역학적 평형조건을 세우는 일로 현상해석이 시작된다.

힘과 모멘트로 역학적 평형조건을 세워 자연현상을 해석하는 방법을 벡터해법이라고 하며, 에너지로 역학적 평형조건을 세워 해석하는 방법을 에너지법이라고 한다. 먼저 벡터해법과 에너지법에서의 평형조건을 기술하면 다음과 같다.

벡터해법 평형조건	$\sum \boldsymbol{F} = 0$ $\sum \boldsymbol{M} = 0$	(4.45)
에너지법 평형조건	$\delta\pi = 0$	(4.46)

유한요소법에서는 에너지법의 평형조건으로 요소방정식을 구성하므로 벡터해법의 평형조건은 더 이상 설명하지 않고, 에너지법 평형조건만 설명한다. 식 (4.46)에서 $\delta\pi = 0$의 'δ'는 변분연산자(variational operator)이고, 'π'는 총 퍼텐셜 에너지(total potential energy)이다. 따라서 '$\delta\pi = 0$'은 총 퍼텐셜 에너지의 1차변분이 0이 되는 것이 평형조건

이 된다는 뜻이다. 그러므로 우리는 변분원리(calculus of variation)와 총 퍼텐셜 에너지에 관하여 이 절에서 다루게 되는 것이다.

그러면 $\delta\pi = 0$, 즉 총 퍼텐셜 에너지의 1차변분이 0이 되는 것이 왜 평형의 필요조건이 되는가? 이에 대한 설명은 정성적으로 다음과 같이 간략하게 할 것이다.

이를 위하여 미분(differentiation)과 변분(variation)을 설명하면 미분은 '함수(function)의 변화율'이고, 변분은 '함수의 함수(functional)의 변화율'이다. 함수의 미분값이 0이면$\left(\dfrac{df(x)}{dx} = 0\right)$ 극대점, 극소점(extream point)을 나타내듯이, 변분에서 1차변분이 0이면($\delta\pi = 0$) 역시 극대점, 극소점(extream point)을 나타낸다. 극대점과 극소점은 변화율이 0이므로 곧 평형점을 의미한다. 다만 그 평형점이 안정평형이냐 불안정 평형이냐 하는 것은 함수에서는 2차미분이 양이면($f'' > 0$) 극소점으로 안정평형, 음이면($f'' < 0$) 극대점으로 불안정 평형이 된다. 마찬가지로 변분에서도 2차변분이 양이면($\delta^2\pi > 0$) 안정평형, 음이면($\delta^2\pi < 0$) 불안정 평형이 된다. 그림 4.23은 함수의 극대, 극소점을 나타낸 것이다.

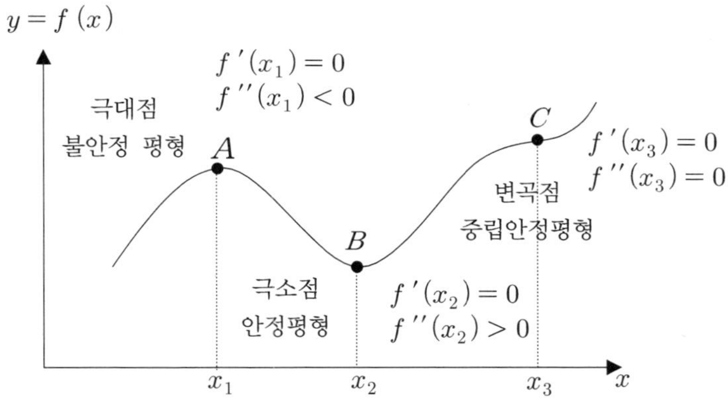

그림 4.23 함수의 극대 · 극소점(평형점)

따라서 미분과 변분을 개념적으로 상사시켜 정성적으로 이해하면 다음과 같이 요약할 수 있다. 보다 자세한 내용은 참고문헌[1])을 활용하기 바란다.

---

1) Solid Mechanics, A Variational Approach,
CLIVE L. DYM, IRVING H. SHAMES, McGRAW - HILL

표 4.4

평형조건	미분	변분
	$f(x)$: x의 함수(function)	$\pi = F(x, f(x), f'(x))$: 함수의 함수(functional)
안정평형(극소점)	$f' = 0,\ f'' > 0$	$\delta\pi = 0,\ \delta^2\pi > 0$
중립안정 평형(변곡점)	$f' = 0,\ f'' = 0$	$\delta\pi = 0,\ \delta^2\pi = 0$
불안정 평형(극대점)	$f' = 0,\ f'' < 0$	$\delta\pi = 0,\ \delta^2\pi < 0$

4.3.2 총 퍼텐셜 에너지

물체가 위치의 변화에 의해 생기는 에너지를 퍼텐셜 에너지(potential energy)라 한다. 퍼텐셜(potential)은 '일할 수 있는 잠재적인 능력'을 뜻하므로 퍼텐셜 에너지는 잠재적 에너지를 의미한다. 가장 간단한 예로 중력이 작용하는 지구상에서 무게 mg의 물체를 높이 h만큼 옮겨 놓았다면, 이 물체는 퍼텐셜 에너지 mgh만큼의 변화가 생겼다고 말한다. 여기에서 h만큼의 위치를 이동시킬 때 그림 4.24(a)와 같이 여러 길을 택할 수 있지만, 어느 길을 선택해도 길의 선택에 관계없이 에너지의 변화는 위치의 차이 h값에 의존함을 알 수 있다.

이와 같이 일이나 에너지를 계산할 때 경로에 관계없이 단지 위치의 차이에 의해 계산되면, 이와 같은 작용력을 보존력(conservative force)이라 한다. 중력과 스프링의 탄성력은 대표적인 보존력이다. 그러나 마찰력과 같은 힘이 그림 4.24(b)와 같은 길을 따라 작용한다면 중력에 의한 일과 마찰력에 의한 일이 복합되어 나타나게 된다. 이때에는 일의 계산이 어떤 길을 선택하느냐에 따라 달라진다. 이와 같이 경로에 따라 일과 에너지의 계산이 달라지는 작용력을 비보존력(nonconservative force)이라 한다.

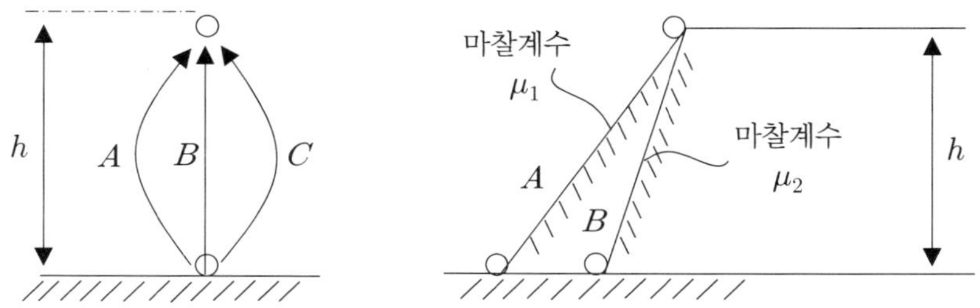

(a) 보존력(중력, 탄성력, …) (b) 비보존력(마찰력, …)

그림 4.24 보존력과 비보존력

보존력에 의해 생기는 에너지를 퍼텐셜 에너지라 하며, 계에 발생하는 퍼텐셜 에너지의 총합을 총 퍼텐셜 에너지(total potential energy)라 한다.

중력과 스프링의 탄성력을 대표적인 보존력이라 하였고, 탄성론에서는 물체를 탄성체로 생각하므로 탄성체의 변형에너지는 보존력에 의한 퍼텐셜 에너지로 계산된다. 탄성체의 변형에서 총 퍼텐셜 에너지는 다음과 같이 계산된다.

$$\pi = U + \phi = U - W \tag{4.47}$$

π: 총 퍼텐셜 에너지

U: 내력에 의한 퍼텐셜 에너지로 변형률 에너지라 부른다.

ϕ: 외력에 의한 퍼텐셜 에너지

W: 외력에 의한 일로 외력에 의한 퍼텐셜 에너지와의 관계는 $\phi = -W$ 이다.

보존력의 퍼텐셜 에너지 ϕ와 보존력이 한 일 W와의 관계는 $\phi = -W$이다. 그 이유는 보존력의 정의는 $F = -\nabla\phi$가 성립하는 힘 F를 말하고, 일의 정의는 $W = \int F \cdot dr$이므로 $W = \int F \cdot dr = \int -\nabla\phi \cdot dr = -\int d\phi = -\phi$가 된다. 따라서 외력이 보존력이라면 외력의 퍼텐셜 에너지와 외력이 한 일과의 관계는 $\phi = -W$ 가 된다.

그러면 탄성체에서 변형률 에너지와 외력에 의한 일은 어떻게 계산하는가? 문제를 일반화시켜야 하므로 벡터와 행렬을 이용하여 그림 4.25와 같은 일반적인 경우를 생각해 보자.

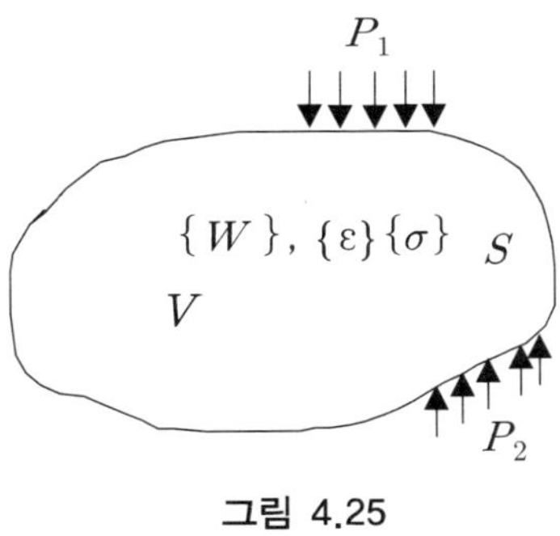

그림 4.25

그림 4.25는 체적 V, 표면적 S를 갖는 탄성체의 표면에 압력 $P_1, P_2, \cdots$가 작용하여 변형률, 응력, 변위가 $\{\epsilon\}, \{\sigma\}, \{W\}$와 같이 생기는 경우라 하자. 이때 변형률 에너지는 변형률과 응력을 곱한 값의 $\frac{1}{2}$을 체적에 대하여 적분하고, 외력에 의한 일은 압력과

변위를 곱한 값을 표면적에 대하여 적분하여 다음과 같이 표현된다.

$$U=\int_V \frac{1}{2}\{\epsilon\}^T\{\sigma\}dV \tag{4.48}$$

$$W=\int_S \{W\}^T\{P\}dS \tag{4.49}$$

따라서 탄성체의 변형에서 총 퍼텐셜 에너지는 식 (4.47)에 의해 다음과 같이 표현된다.

$$\pi = U-W=\int_V \frac{1}{2}\{\epsilon\}^T\{\sigma\}dV-\int_S \{W\}^T\{P\}dS \tag{4.50}$$

식 (4.50)의 π는 변형률, 응력, 변위 $\{\epsilon\}$, $\{\sigma\}$, $\{W\}$의 함수이고, $\{\epsilon\}$, $\{\sigma\}$, $\{W\}$는 $\epsilon=\epsilon(x, y, z)$, $\sigma=\sigma(x, y, z)$, $W=W(x, y, z)$로 각각 위치 x, y, z의 함수가 되므로, 결국 총 퍼텐셜 에너지 π는 함수의 함수(functional)가 된다. 그러므로 총 퍼텐셜 에너지의 평형조건을 따질 때는 변분법을 사용하게 된다.

4.3.3 변분법(variational method)

1 변분연산자에 의한 변분법

변분을 취하기 위하여 변분연산자(delta operator) 'δ'를 도입하며, 이것은 다음의 성질을 갖는다.

① 미분 연산자와 상호 교환 가능

$$\delta\left(\frac{dy}{dx}\right)=\frac{d}{dx}(\delta y) \tag{4.51}$$

② 적분기호와 상호 교환 가능

$$\delta\int y(x)dx=\int \delta y(x)dx \tag{4.52}$$

③ 변분은 전미분(total differentiation)과 같은 방법으로 이루어진다.

전미분

$$y = f(x_1, x_2, x_3, \cdots\ x_n)$$
$$dy = \frac{\partial f}{\partial x_1}dx_1 + \frac{\partial f}{\partial x_2}dx_2 + \cdots\ \frac{\partial f}{\partial x_n}dx_n \tag{4.53}$$

변　분

$$I = F(f_1, f_2, f_3, \cdots\ f_n, x)$$
$$\delta I = \frac{\partial F}{\partial f_1}\delta f_1 + \frac{\partial F}{\partial f_2}\delta f_2 + \cdots\ \frac{\partial F}{\partial f_n}\delta f_n \tag{4.54}$$

단, 식 (4.53)에서 $x_1, x_2, x_3, \cdots\ x_n$이 독립적이듯이(independent) 식 (4.54)에서 f_1, $f_2, \cdots\ f_n$은 서로 독립적이어야 한다. 또한 함수의 함수 F에는 함수 $f_1 \sim f_n$의 1차도함수, 2차도함수, $\cdots$ n차도함수를 포함하여도 변분방법은 동일하다.

예제 1 Euler-Lagrange 방정식

어떤 functional이 다음과 같을 때 1차변분이 0이 될 필요조건(극대·극소점을 가질 조건)을 구하여라.

$$I = \int_{x_1}^{x_2} F(x, y(x), y'(x))dx \tag{4.55}$$

$$\delta I = \int_{x_1}^{x_2}\left(\frac{\partial F}{\partial y}\delta y + \frac{\partial F}{\partial y'}\delta y'\right)dx \tag{4.56}$$

풀이 식 (4.56)의 두 번째 항을 부분적분하면 다음과 같다.

$$(fg)' = f'g + fg'$$
$$\int fg' = \int (fg)' - \int f'g$$
$$= [fg] - \int f'g$$

$f = \dfrac{\partial F}{\partial y'}$, $g' = \delta y'$이라면 $\left.\delta_y\right]_{x_1}^{x_2} = 0$이므로

$$\int_{x_1}^{x_2}\frac{\partial F}{\partial y'}\delta y' = \left[\frac{\partial F}{\partial y'}\delta y\right]_{x_1}^{x_2} - \int \frac{d}{dx}\left(\frac{\partial F}{\partial y'}\right)\delta y$$
$$= -\int \frac{d}{dx}\left(\frac{\partial F}{\partial y'}\right)\delta y$$

따라서 식 (4.56)의 1차변분을 다시 쓰면 다음과 같다.

$$\delta I = \int_{x_1}^{x_2} \left[\frac{\partial F}{\partial y} - \frac{d}{dx}\left(\frac{\partial F}{\partial y'} \right) \right] \delta y \cdot dx \tag{4.57}$$

$\delta I = 0$인 것은 극대·극소점을 가리키는 조건이라 하였는데 식 (4.57)에서 다음이 성립하여야 한다.

$$\left[\frac{\partial F}{\partial y} - \frac{d}{dx}\left(\frac{\partial F}{\partial y'} \right) \right] = 0 \tag{4.58}$$

식 (4.58)은 1차변분이 $0(\delta I = 0)$이 되는 필요조건이 된다. 이 조건 식 (4.58)을 변분법에서 Euler-Lagrange equation이라 한다. ■

예제 2 어떤 functional이 다음과 같을 때 Euler-Lagrange equation을 구하여라.

$$I = \int_{x_1}^{x_2} (3x^2 + 2x(y')^2 + 10xy)dx$$

$$F = F(x, y, y') = 3x^2 + 2x(y')^2 + 10xy$$

$$\frac{\partial F}{\partial y} - \frac{d}{dx}\left(\frac{\partial F}{\partial y'} \right) = 10x - \frac{d}{dx}(4x(y')) = 10x - 4y'$$

풀이 ∴ Euler-Lagrange equation은 다음과 같다.

$$\frac{\partial F}{\partial y} - \frac{d}{dx}\left(\frac{\partial F}{\partial y'} \right) = 0 \text{에서}$$

$$y' = \frac{5}{2}x$$

결국, $y' = \frac{5}{2}x$가 이 문제에서 functional의 1차변분이 0이 되는 $(\delta I = 0)$ 조건이 된다. 실제로 functional에 1차도함수, 2차도함수 등을 포함하고 있을 때는 부분적분을 포함하는 식 (4.55)에서 식 (4.58)까지의 과정을 충실히 따르면 $\delta I = 0$의 필요조건인 Euler-Lagrange equation이 저절로 나오게 된다. 만약 functional에 1차도함수나 2차도함수를 포함하지 않은 경우에는 부분적분이 필요 없으므로 단순히 전미분형태의 식 (4.54)의 방법으로 1차변분 (δI)를 구하고, 그것을 0으로 놓으면 $(\delta I = 0)$ 극대·극소점을 갖는 조건(평형조건)을 이루게 된다. 구조해석의 유한요소법에서 요소방정식 구성의 평형조건이 여기에 해당된다. 따라서 유한요소법의 요소방정식을 구성하고자 하는 경우는 식 (4.54)의 변분연산자에 의한 전미분형태의 변분방법을 잘 이해하고 있으면 된다. ■

❷ 탄성체 변형에서 총 퍼텐셜 에너지의 변분

탄성체 변형에서 총 퍼텐셜 에너지는 식 (4.50)으로 표현되었다.

$$\pi = U - W = \int_V \frac{1}{2}\{\epsilon\}^T\{\sigma\}dV - \int_S \{W\}^T\{P\}dS \qquad (4.50)$$

여기에서 $\{\epsilon\}$과 $\{\sigma\}$는 독립적이지 못하고 탄성론에서 변형률-변위 관계식, 응력-변형률 관계식을 갖고 있으므로 최종적으로는 변위함수로 나타낼 수 있게 된다. 식 (4.54)에서 변분의 독립변수함수들은

$$(f_1,\ f_2,\ \cdots)$$

따라서 이들 관계식을 이용하여 식 (4.50)의 총 퍼텐셜 에너지를 변위함수로 나타낸 후 변분을 취하게 된다. 이것이 구조해석의 유한요소 요소방정식 구성의 핵심이다. 다음에 그 과정을 기술해 본다.

응력-변형률 관계식은 식 (4.59)와 같으므로

$$\{\sigma\} = [D]\{\epsilon\} \qquad (4.59)$$

이것을 식 (4.50)에 대입하면 다음과 같이 된다.

$$\pi = \int_V \frac{1}{2}\{\epsilon\}^T[D]\{\epsilon\}dV - \int_S \{W\}^T\{P\}dS \qquad (4.60)$$

변형률-변위 관계식은

$$\{\epsilon\} = [\partial]\{W\} \qquad (4.61)$$

와 같고, 여기서 $[\partial]$는 편미분연산자행렬, $\{W\}$는 변위함수를 나타낸다.

식 (4.61)을 식 (4.60)에 대입하면 총 퍼텐셜 에너지는 변위함수로만 표현되고, 변분을 취할 수 있게 된다.

$$\pi = \int_V \frac{1}{2}([\partial]\{W\})^T[D]([\partial]\{W\})dV - \int_S \{W\}^T\{P\}dS \qquad (4.62)$$

그러나 식 (4.62)에는 변위함수가 미분연산자를 포함한 $[\partial]\{W\}$와 $\{W\}$가 함께 있으므로 1차변분이 Euler-Lagrange equation 형태를 취하게 된다. 이렇게 되면 복잡하게 되므로 변위함수를 유한요소의 절점변위(절점자유도)로 치환하여 처리하게 되는데 이것

이 유한요소법의 핵심이 되는 내용이다. 간단한 beam 문제를 예로 들어서 이 처리방법을 설명해 보자. 나머지 모든 다른 요소들도 이 방법을 따르게 된다. 그림 4.26은 beam 요소를 나타낸다.

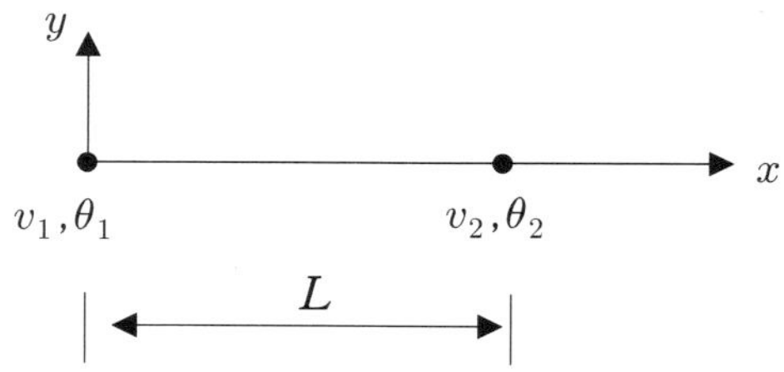

그림 4.26 1절점 2자유도 2절점 4자유도 beam 요소

변위함수를 요소 내에서 가정하면

$$v(x) = a_1 + a_2 x + a_3 x^2 + a_4 x^3$$

과 같이 할 수 있고, 행렬형태로 기술하면 다음과 같다.

$$\{W\} = [1\ x\ x^2\ x^3] \begin{Bmatrix} a_1 \\ a_2 \\ a_3 \\ a_4 \end{Bmatrix} = [X]\{a\} \tag{4.63}$$

요소의 경계조건

$$x = 0 \text{에서 } v = v_1,\ \theta_1 = \frac{\partial v}{\partial x}$$
$$x = L \text{에서 } v = v_2,\ \theta_2 = \frac{\partial v}{\partial x}$$

을 식 (4.63)에 대입하여 정리하고, 행렬형태로 표현하면 다음과 같다.

$$\begin{Bmatrix} v_1 \\ \theta_1 \\ v_2 \\ \theta_2 \end{Bmatrix} = \begin{bmatrix} 1 & 0 & 0 & 0 \\ 0 & 1 & 0 & 0 \\ 1 & L & L^2 & L^3 \\ 0 & 1 & 2L & 3L^2 \end{bmatrix} \begin{Bmatrix} a_1 \\ a_2 \\ a_3 \\ a_4 \end{Bmatrix} \tag{4.64}$$
$$\{W_e\} = [\overline{X}]\{a\}$$

식 (4.64)를 $\{a\}$에 관하여 풀면 다음과 같다.

$$\{a\} = [\overline{X}]^{-1}\{W_e\} \tag{4.65}$$

식 (4.65)를 식 (4.63)에 대입하면 변위함수 $\{W\}$는 절점변위 $\{W_e\}$로 다음과 같이 표현된다.

$$\{W\} = [X][\overline{X}]^{-1}\{W_e\} = [N]\{W_e\} \tag{4.66}$$

식 (4.66)을 변위함수로만 표현된 총 퍼텐셜 에너지 식 (4.62)에 대입하면 다음과 같이 된다.

$$\begin{aligned}\pi = &\int_V \frac{1}{2}([\partial][N]\{W_e\})^T[D]([\partial][N]\{W_e\})dV \\ &-\int_S ([N]\{W_e\})^T\{P\}dS\end{aligned} \tag{4.67}$$

식 (4.66), (4.67)에서 $[N]$은 결정된 x의 함수이므로 $[\partial][N]$은 계산되어 $[\partial][N]=[B]$와 같이 또다른 x의 함수로 표현된다.

$$[\partial][N] = [B] \tag{4.68}$$

식 (4.68)을 식 (4.67)에 대입하면

$$\pi = \int_V \frac{1}{2}([B]\{W_e\})^T[D]([B]\{W_e\})dV - \int_S ([N]\{W_e\}^T\{P\}dS \tag{4.69}$$

식 (4.69)는 온전히 절점변위벡터 $\{W_e\}$로만 표현된 총 퍼텐셜 에너지이므로, 쉽게 식 (4.54)와 같이 전미분과 유사하게 변분을 취할 수 있다.

$$\begin{aligned}\delta\pi &= \frac{\partial F}{\partial\{W_e\}}\delta\{W_e\} \\ &= \int_V \delta\{W_e\}^T[B]^T[D][B]dV\{W_e\} - \int_S \delta\{W_e\}^T[N]^T\{P\}dS\end{aligned} \tag{4.70}$$

식 (4.70)(총 퍼텐셜 에너지의 1차변분)을 0으로 놓고, 양변을 $\delta\{W_e\}^T$로 나누면, 요소의 평형조건이 성립하므로 요소방정식이 다음과 같이 구성된다.

$$\int_V [B]^T[D][B]dV\{W_e\} = \int_S [N]^T\{P\}dS \tag{4.71}$$

$$[k]\{W_e\} = \{f_e\}$$

여기서, $[k] = \int_V [B]^T[D][B]dV$

$$\{f_e\} = \int_S [N]^T\{P\}dS$$

4.4 유한요소의 요소방정식 도출(요소의 모델링)

4.4.1 요소모델링 개요

유한요소법에서 요소방정식 도출은 자연현상의 해석과정 관점에서 일종의 모델링에 해당된다. 탄성론에서 beam, plane stress & strain, plate 등의 이론과 지배방정식들이 모델링을 통하여 얻어지고 해석되었듯이 요소방정식도 모델링을 통하여 얻어지는 것이다. 자연현상 해석과정에서 모델링을 얼마만큼 잘 하느냐에 따라 해석 결과의 실제현상 묘사정도가 좌우되었듯이 요소방정식에서도 모델링 정도에 따라 해석 결과의 실제 현상 묘사 정도가 결정된다. 즉, 요소의 모델링에 따라 요소의 정확도가 결정되고, 전체 해석 대상의 해석 결과의 정확도도 결정된다는 뜻이다.

그러므로 요소모델링은 유한요소법에서 가장 중요한 핵심분야이고, 유한요소법이 시작된 1960년 이후 많은 연구자들이 요소모델링 연구에 집중하였다. 요소모델링은 다른 말로 요소개발이라고 할 수 있는데, 초기 20~30년간의 유한요소법 연구는 요소개발의 연구였다고 해도 과언이 아니다. 그런 이유로 현재 출간되어 있는 대부분의 유한요소법에 관한 서적들의 내용은 요소모델링, 즉 요소방정식 구성에 집중되어 있는 실정이다.

그러나 4.2.4절 요소방정식에서 언급하였듯이, 이미 검증된 요소와 pre-processor, post-processor가 잘 갖추어져 있는 상용프로그램을 사용하는 CAE 엔지니어들은 모든 요소들의 요소방정식과 요소의 정확도를 높이기 위한 기술적인 부분까지 공부할 필요가 없다. CAE 엔지니어들은 요소방정식을 구성하는 방법에 치중하기보다는 유한요소법 전반에 대한 이해와 모델링의 관점에서 요소를 이해하는 것이 현상을 해석할 때보다 도움이 된다.

따라서 여기에서는 이 책에서 일관되게 기술하여 온 모델링의 관점에서 각 요소의 요소방정식 도출과정을 살펴보고자 한다. 그림 4.8에 나타낸 요소개발자들의 요소모델링 과정을 보다 상세히 나타내면 그림 4.27과 같다.

그림 4.27은 유한요소법에서 요소모델링 과정과 수식화 방법을 모두 나타낸 것이다. 그림 4.27의 해석대상 가정에서 ① 공학이론의 작은 카테고리 결정, ② 요소형상, 절점 및 자유도 결정은 4.2.1절 자유도와 유한요소법, 4.2.2절 절점과 요소, 4.2.3절 요소의 종류와 자유도 수를 이해하는 것으로 설명을 대체한다. 그림 4.27의 수식화 방법 적용을 설명하면 다음과 같다.

유한요소법의 수식화 방법은 해석대상에 따라 크게 두 가지로 나눌 수 있다. 하나는 Rayleigh-Ritz Method이고, 다른 하나는 Weighted Residual Method이다. 초기의 유한요소법은 구조해석 분야에서 개발되었는데 Rayleigh-Ritz Method로 수식화되었다. Rayleigh-Ritz Method는 함수의 함수(functional)를 변분원리를 이용한 평형조건의 적용으로 수식화하는 방법이다.

구조해석 문제나 전기장 문제는 요소 내에서 구성방정식(constitutive equation)이 분명히 존재하고 총 퍼텐셜 에너지 형태의 functional을 쉽게 얻을 수 있기 때문에 대부분

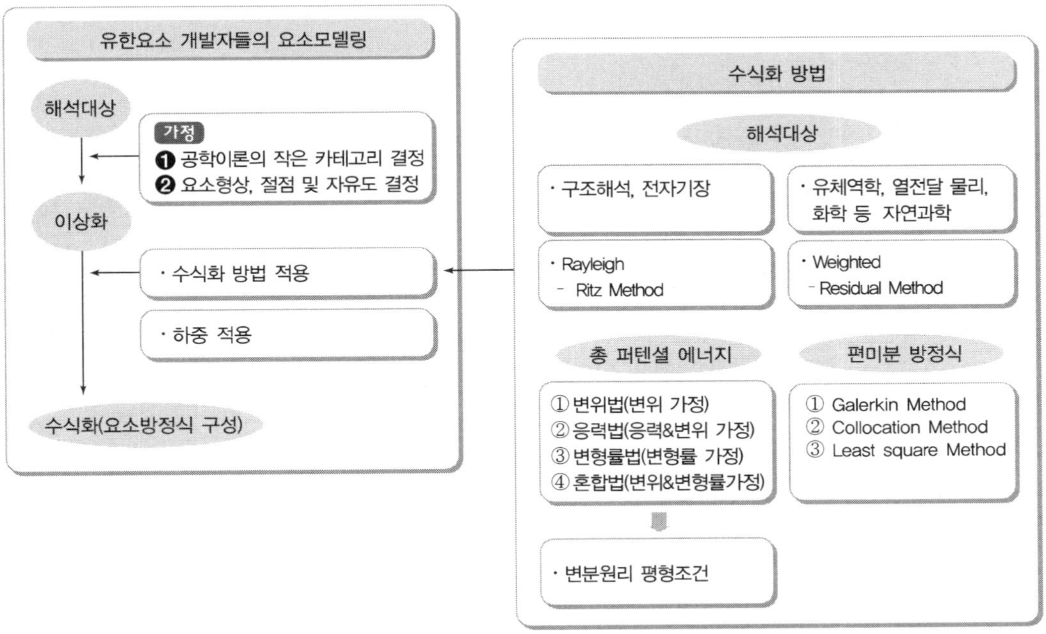

그림 4.27 요소모델링 과정과 수식화 방법

Rayleigh-Ritz Method로 수식화된다. 그러나 지배방정식이 편미분방정식 형태로 주어지고 functional을 쉽게 얻을 수 없는 유체유동문제, 열전달 문제, 그리고 물리, 화학 등의 일반적인 자연과학 문제들은 Weighted-Residual Method를 사용하여 수식화한다. Weighted-Residual Method는 Point collocation, Subdomain collocation, Galerkin method, Least Square method, Least Square collocation의 다섯 가지 방법으로 대별하는 데, 그중 Galerkin method가 가장 많이 쓰이고 있다.

구조해석의 유한요소법에서 총 퍼텐셜 에너지의 변분을 취하여 평형조건을 얻으려면 요소 내에서 알고자 하는 정보의 분포함수를 가정하고, 이것을 절점자유도 정보로 치환하여야 한다. 구조해석에서는 알고자 하는 정보는 변위, 변형률, 응력의 세 가지가 기본이다. 따라서 요소방정식의 수식화에서 가정방법에 따라 그림 4.27에서 보듯이 다음 네 가지의 방법이 연구되어 있다.

표 4.5

가정방법에 따른 요소방정식 수식화 방법
① 변위법(the assumed displacement method): 요소 내 변위분포함수를 가정
② 변형률법(the assumed strain method): 요소 내 변형률분포함수를 가정
③ 응력법(the assumed stress method): 요소 내 응력분포함수를 가정하고 순차적으로 요소 내 변위분포함수를 가정
④ 혼합법(hybrid methods or mixed methods or two - fields methods): i) 요소 내 변위분포함수와 변형률분포함수를 동시에 가정하여 총 퍼텐셜 에너지를 표현 ii) 요소 내 변위분포함수와 응력분포함수를 동시에 가정하여 총 퍼텐셜 에너지를 표현

상기와 같이 요소 내 정보분포함수 가정방법에 따라 크게 네 가지 수식화 방법이 있지만, 응력법과 혼합법은 2개의 정보를 가정하고 세세한 처리방법이 복잡한 과정을 거치면서 명칭이 달라진다. 변위법과 변형률법이 단일정보 분포함수를 가정하므로 이해하기 쉽다.

그러나 이 책의 목적은 요소개발자들을 위한 것이 아니므로 각각의 방법들을 모두 기술하지 않고, 현재 가장 보편적으로 많이 쓰이는 변위법에 대하여만 설명하기로 한다. 변위법에 대하여 이 책에서 일관되게 정형화한 모델링의 수순에 따라 (그림 4.27의 수순 또는 그림 1.7의 수순) 각 요소(truss, beam, plane, plate, solid)의 요소모델링 과정을 패턴화하고자 한다.

4.4.2 요소모델링 방법의 정형화(구조해석에서 변위법에 대하여)

4.3.3절의 (2)항 탄성체 변형에서 총 퍼텐셜 에너지의 변분에서 보여준 요소모델링의 과정과 그림 4.27의 요소모델링 과정과 수식화 방법을 조합하여 요소모델링 방법을 정형화하면 그림 4.28과 같이 나타낼 수 있다.

그림 4.28의 정형화된 요소모델링 방법에서 가장 중요한 부분은 Ⓐ, Ⓑ, Ⓒ이다. Ⓐ 과정은 탄성론에서 truss, beam, plate 등의 작은 카테고리에 따른 각각의 응력-변형률 관계식, 변형률-변위 관계식을 행렬형태로 나타내는 것을 말한다. 이것은 어떤 요소를 모델링할 것인지에 따라 그 이론에 근거하여 구성하는 것이다.

Ⓑ 과정은 요소형상, 절점 및 자유도 수를 가정한 후 그 요소 내에서의 변위장(변위분포함수)을 가정하고, 요소의 경계조건을 적용하여 요소 내 변위분포함수를 절점의 자유도 변위로 치환하는 과정을 말한다. 이 과정이 유한요소 개발의 핵심이 되며, 변위분포함수를 어떻게 가정하느냐에 따라 요소의 정확도가 결정되는 중요한 과정이 된다. 이 과정에서 생성되는 식 (h)와 식 (i)의 $[N]$과 $[B]$는 요소형상함수(element shape function),

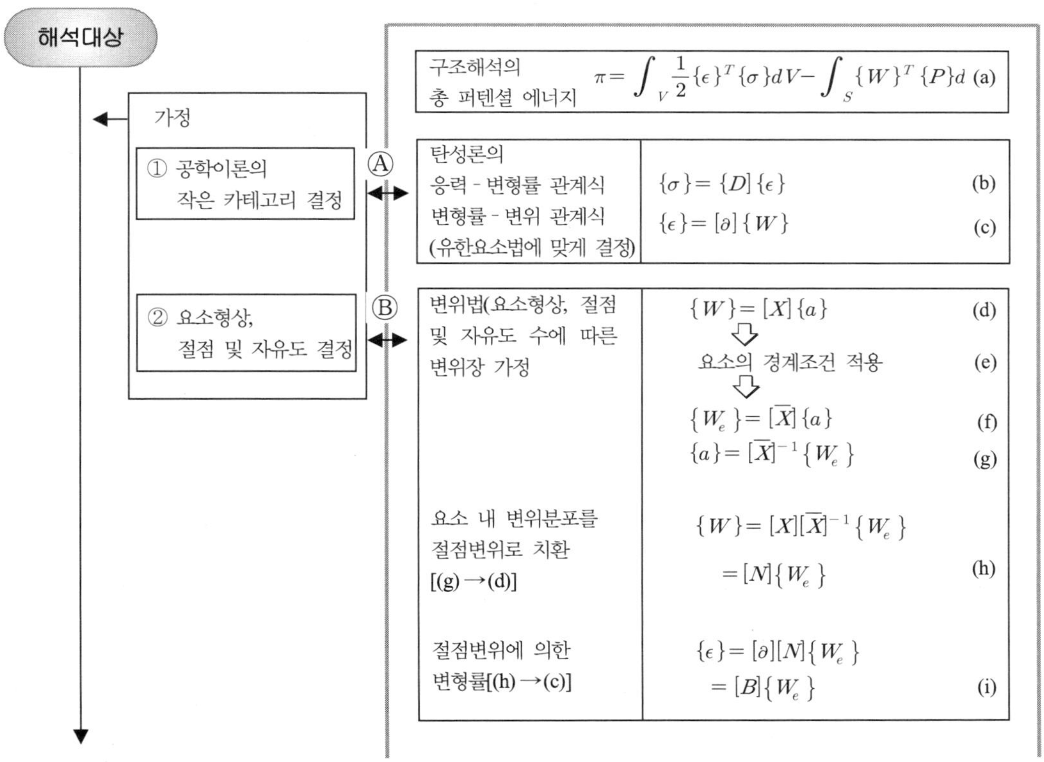

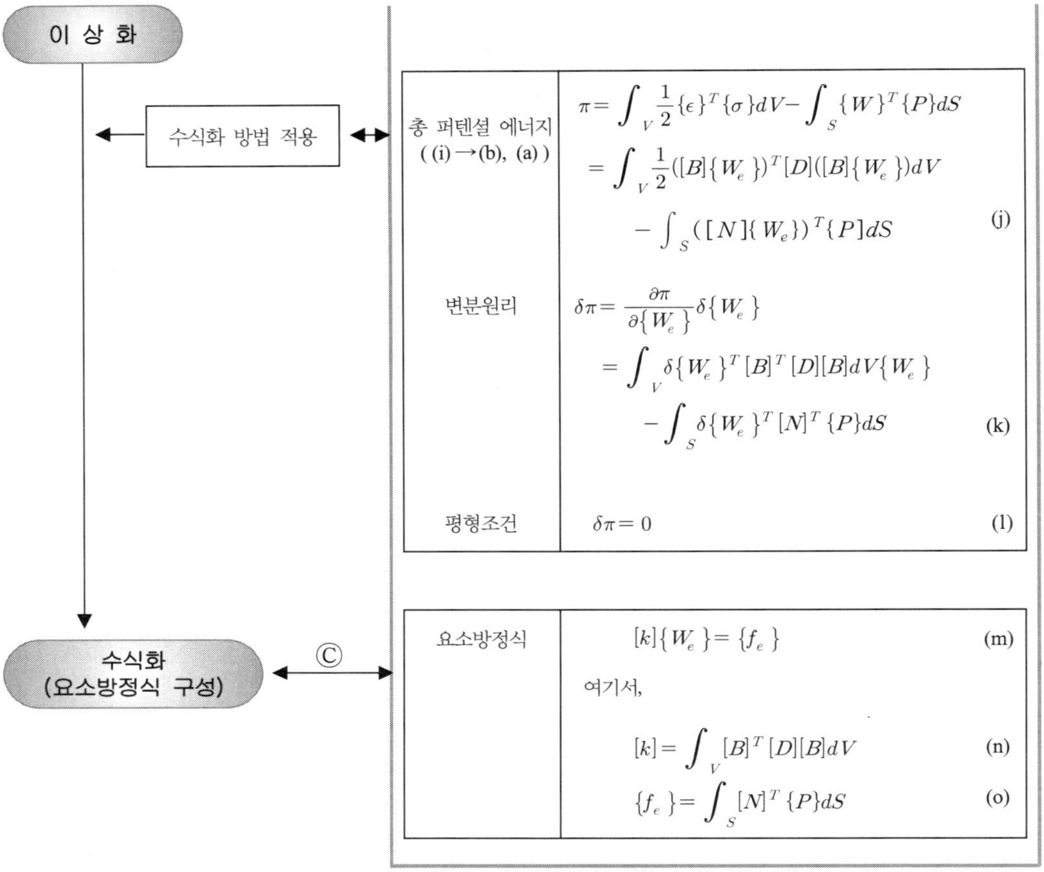

그림 4.28 정형화된 요소모델링 방법

요소 변형률-변위 행렬(element strain-displacement matrix)이라 하여 변위와 변형률의 요소 내 분포함수를 절점 자유도 변위와 맺어주는 중요한 역할을 하는 함수행렬이다. 이들은 곧바로 요소방정식 구성에 적용될 수 있는 것으로, 어떤 요소이든 이 둘을 구하게 되면 식 (m)을 이용하여 요소방정식을 구할 수 있게 된다.

Ⓒ 과정은 정형화된 요소방정식을 표현한 것이다. 이것은 일반적으로 컴퓨터의 수치해법(numerical method)의 수치적분을 이용하여 구하여진다. 다만, 여기서 식 (o)의 하중벡터는 요소 내 면적분포하중을 절점하중으로 구하는 것만 표현하였다. 실제로 하중은 힘과 모멘트의 집중하중(point loads), 힘과 모멘트의 선분포하중(line loads), 압력에 의한 면적분포하중(surface loads), 체적분포하중(body force)이 있는데, 여기에서는 면적분포하중만 모델링에 적용한 것이다. 참고로 모든 하중을 모델링에 적용하여 형상함수로

나타내면 다음과 같다.

$$\{f_e\} = \int_V [N]^T \{g\} dV + \int_S [N]^T \{P\} dS + \sum_i [N_i]^T \{P_i\} + \int_l [N]^T \{r\} dl + \int_l \frac{\partial [N]^T}{\partial n} \{M\} dl \tag{4.72}$$

그러므로 Ⓐ, Ⓑ만 결정되면 요소방정식 Ⓒ는 저절로 나오게 되는 것이다. 이런 이유로 요소모델링에서 Ⓐ, Ⓑ의 과정이 가장 중요하다. Ⓐ와 Ⓑ 과정은 해석대상을 가정하여 이상화시키는 과정에 있고, 이것은 자연현상 해석과정의 모델링 과정과 유사하다고 할 수 있다. 그래서 이것을 '요소모델링'이라 한 것이다.

따라서 유한요소법에서 요소모델링 과정은 Ⓐ, Ⓑ 과정의 결정이라 해도 과언이 아니다. 그러므로 이제부터 각 요소들의 요소방정식 구성과정은 Ⓐ, Ⓑ 과정의 결정과 산입을 통하여 Ⓒ 과정의 결과적 표현으로 나타내고자 한다.

4.4.3 유한요소법을 위한 탄성론 각 카테고리의 기본관계식(Ⓐ 과정)

다음은 그림 4.28의 탄성론의 각 카테고리별 Ⓐ 과정에 해당되는 응력-변형률 관계식, 변형률-변위관계식을 행렬 형태로 요약한다. 이 책에서 소개하고자 하는 요소에 맞게 다시 구성한 것이다. 이 책에서는 현재 쓰이는 요소 중 가장 보편적인 것을 소개한다. 만약, 누가 아주 새로운 요소를 개발하고자 한다면 그는 탄성론의 작은 카테고리에서 가정부터 새롭게 하고, 응력-변형률 관계식, 변형률-변위 관계식부터 다시 기술해 나가야 될 것이다. 예를 들면, 비틀림에서 warping이 없는 경우를 가정하였는데, 누가 warping을 고려하는 요소를 개발하고자 한다면, 가정에서 warping이 있다고 하고, 관계식들을 새롭게 기술해야 한다는 뜻이다.

따라서 이 절의 내용은 다음과 같이 정형화되어 구성된다.

(제목) 요소 모델링의 제목

<그림> 필요한 모델의 그림

가 정

탄성론과 유한요소법에서의 가정을 통해 발생변위, 변형률-변위 관계식, 응력-변형률 관계식은

» **발생변위** : 탄성론에서 발생하는 변위와 유한요소법에서 발생하는 발생할 수 있지만 유한요소법에서는 발생하지 않을 수 있음 : 예를 들면 순수 beam 굽힘에서 u, plate 굽힘에서 u, v).
이렇게 되는 이유는 탄성론에서 beam은 단면을 갖지만 유한요소법에서 beam은 단면이 점으로 가정되기 때문이다. plate도 마찬가지로 탄성론에서는 두께를 갖고 단면이 있지만 유한요소법에서는 단면은 선으로 되고 판 전체는 두께 없는 면으로 가정되기 때문이다. 즉, 유한요소법에서의 가정이 탄성론에서의 가정과 차이가 있을 수 있고, 이런 이유로 탄성론에서의 변형률-변위관계식, 응력-변형률 관계식을 변형률 에너지식을 이용하여 유한요소법에서의 응력-변형률 관계식과 변형률-변위 관계식으로 정형화시키는 과정을 밟는 것이 수식화에 편리한 것이다.

» **변형률-변위 관계식** : 탄성론에서의 변형률-변위 관계식 결정

» **응력-변형률 관계식** : 탄성론에서의 응력-변형률 관계식 결정

응력-변형률 관계식

유한요소법에서 사용되는 정형화된 형태의 응력-변형률 관계 행렬, 이때 응력 벡터는 단면적이나 두께에 걸쳐 적분이 이루어진 경우는 합응력 벡터(내력)가 된다.

$$\{\sigma\} = \{D\}\{\epsilon\}$$

변형률-변위 관계식

유한요소법에서 사용되는 정형화된 형태의 변형률-변위 관계 행렬

$$\{\epsilon\} = [\partial]\{W\}$$

편미분연산자 행렬 $[\partial]$가 유한요소법에서 사용되고, 변위벡터 $\{W\}$가 유한요소법의 변위법에서 가정된다.

1 Truss 이론(1차원 인장/압축)

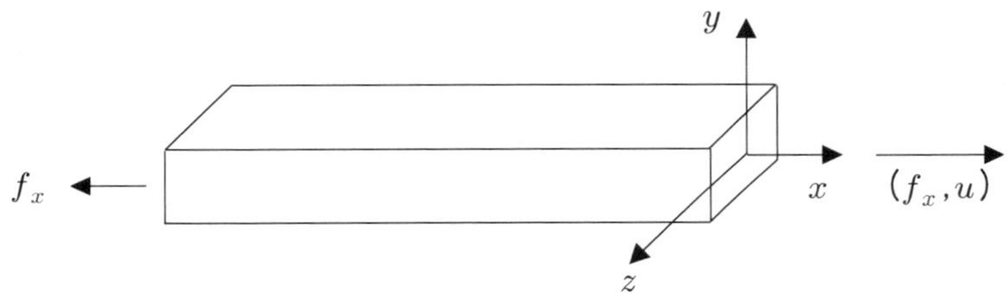

그림 4.29 1차원 인장/압축

가 정

① 하중 P는 단면의 도심에 작용한다.
② 하중에 의해 직접적으로 발생하는 변형은 길이 방향만 존재한다.
③ 응력은 길이 방향 응력만 고려한다.
④ 단면 내 변위는 동일하다[유한요소에서 단면을 점으로 처리, 즉 그림 4.29는 선요소(line element)가 됨].

» 발생변위

$$u = u(x): \text{ 탄성론, 유한요소법 모두 발생} \tag{4.73}$$

» 변형률-변위 관계식

$$\epsilon_x = \frac{du}{dx} \tag{4.74}$$

» 응력-변형률 관계식

$$\sigma_x = E\epsilon_x \tag{4.75}$$

유한요소법에서 정형화된 형태의 응력-변형률 관계 행렬, 변형률-변위 관계 행렬로 바꾸어 주기 위해 변형률 에너지를 먼저 구해보자.

$$\begin{aligned} U &= \int_V \frac{1}{2}\{\epsilon\}^T\{\sigma\}dV = \int_V \frac{1}{2}\{\epsilon_x\}\{E\epsilon_x\}dV \\ &= \int_x \int_A \frac{1}{2}\epsilon_x\, E\epsilon_x\, dAdx = \frac{1}{2}\int_x \{\epsilon_x\}[EA]\{\epsilon_x\}dx \\ &= \frac{1}{2}\int_x \{\epsilon\}^T[D]\{\epsilon\}dx \end{aligned} \tag{4.76}$$

식 (4.76)은 1차원 인장/압축문제를 정형화된 유한요소 수식화 과정에 맞게 표현한 변형률 에너지식이다. 여기에서 응력-변형률 관계식과 변형률-변위 관계식을 찾으면 다음과 같다.

응력-변형률 관계식

$\{\sigma\} = [D]\{\epsilon\}$에서 단면적에 대하여 적분이 이루어졌으므로 응력벡터는 합응력벡터(내력)가 된다.

$$\{\sigma\} = \{f_{ix}\} = [EA]\{\epsilon_x\} \tag{4.77}$$

여기서, 구성행렬 $[D] = [EA]$

변형률 벡터 $\{\epsilon\} = \{\epsilon_x\}$

변형률-변위 관계식

$\{\epsilon\} = [\partial]\{W\}$에서

$$\{\epsilon\} = \{\epsilon_x\} = \left\{\frac{du}{dx}\right\} = \left[\frac{d}{dx}\right]\{u\} \tag{4.78}$$

여기서, 편미분연산자 행렬 $[\partial] = \left[\frac{d}{dx}\right]$

변위벡터 $\{W\} = \{u\}$

❷ Torsion 이론(1차원 비틀림)

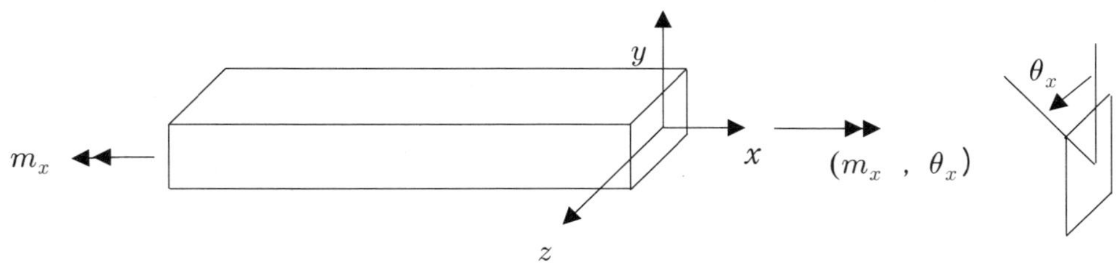

그림 4.30 1차원 비틀림

가 정

① 비틀림 변형량이 적다.

② 수직 변형률은 없다.

③ warping은 없다.

④ 단면 내 변위[(비틀림 각 변위)는 동일하다(유한요소에서 단면을 점으로 처리, 즉 그림 4.30은 선요소(line element)가 됨].

» 발생변위

$$\theta_x = \theta_x(x):\ \text{탄성론, 유한요소법 모두 발생} \tag{4.79}$$

» 변형률-변위 관계식

$$\gamma_{x\theta} = r\frac{d\theta_x}{dx} \tag{4.80}$$

» 응력-변형률 관계식

$$\tau_{x\theta} = G\gamma_{x\theta} \tag{4.81}$$

유한요소법에서 정형화된 형태의 응력-변형률 관계 행렬, 변형률-변위 관계 행렬로 바꾸어 주기 위해 변형률 에너지를 먼저 구해보자.

$$
\begin{aligned}
U &= \int_V \frac{1}{2}\{\epsilon\}^T\{\sigma\}dV = \int_V \frac{1}{2}\{\gamma_{x\theta}\}\{G\gamma_{x\theta}\}dV \\
&= \int_V \frac{1}{2}\left\{r\frac{d\theta_x}{dx}\right\}\left\{Gr\frac{d\theta_x}{dx}\right\}dV \\
&= \frac{1}{2}\int_x \int_A \left\{\frac{d\theta_x}{dx}\right\}[Gr^2]\left\{\frac{d\theta_x}{dx}\right\}dA \cdot dx \\
&= \frac{1}{2}\int_x \left\{\frac{d\theta_x}{dx}\right\}[GI_x]\left\{\frac{d\theta_x}{dx}\right\}dx \\
&= \frac{1}{2}\int_x \{\kappa_{xx}\}[GI_x]\{\kappa_{xx}\}dx \\
&= \frac{1}{2}\int_x \{\epsilon\}^T[D]\{\epsilon\}dx
\end{aligned}
\tag{4.82}
$$

식 (4.82)는 1차원 비틀림 문제를 정형화된 유한요소 수식화 과정에 맞게 표현한 변형률에너지 식이다. 여기에서 응력-변형률 관계식과 변형률-변위 관계식을 찾으면 다음과 같다.

◎ 응력-변형률 관계식

$\{\sigma\} = [D]\{\epsilon\}$에서 단면적에 대하여 적분이 이루어졌으므로 응력벡터는 합응력 벡터(내력)가 된다.

$$\{\sigma\} = \{m_{ix}\} = [GI_x]\{\kappa_{xx}\} \tag{4.83}$$

여기서, 구성행렬 $[D] = [GI_x]$

변형률 벡터 $\{\epsilon\} = \{\kappa_{xx}\}$

◎ 변형률-변위 관계식

$\{\epsilon\} = [\partial]\{W\}$에서

$$\{\epsilon\} = \{\kappa_{xx}\} = \left\{\frac{d\theta_x}{dx}\right\} = \left[\frac{d}{dx}\right]\{\theta_x\} \tag{4.84}$$

여기서, 편미분연산자 행렬 $[\partial] = \left[\frac{d}{dx}\right]$

변위벡터 $\{W\} = \{\theta_x\}$

3 Beam 이론(순수굽힘 이론: 2차원 평면 내 변형)

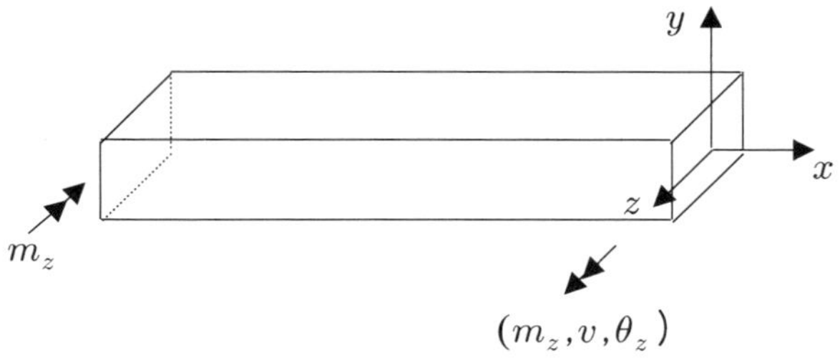

그림 4.31 2차원 순수굽힘

가 정

① 전단변형에 의한 전단변형률은 무시한다. (최초 중립축에 수직이었던 단면은 변형 후에도 수직이다.)
② 회전변위는 굽힘변형에 의해서만 발생한다.
③ 유한요소에서 단면 내 변위(처짐, 처짐각)는 동일하다(단면을 점으로 처리, 선요소가 됨).

① 전단변형에 의한 전단변형률을 고려한다. (최초 중립축에 수직이었던 단면은 변형 후 전단변형의 효과로 수직이 안 될 수 있다.)
② 총 회전변위는 굽힘변형에 의한 것과 전단변형에 의한 것의 합이다.
③ 유한요소에서 단면 내 변위(처짐, 처짐각)는 동일하다(단면을 점으로 처리, 선요소가 됨).

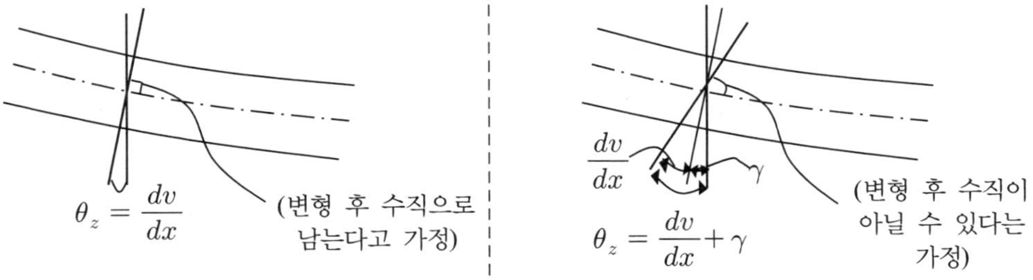

(a) Euler Beam 이론

(b) Timoshenko Beam 이론

그림 4.32

» 발생변위

$$u = u(x) = y\theta_z: \text{ 탄성론 발생}$$

$$v = v(x) = v: \text{ 탄성론, 유한요소법 모두 발생} \quad (4.85)$$

$$\theta_z = \theta_z(x): \text{ 탄성론, 유한요소법 모두 발생}$$

» 변형률-변위 관계식

$$\epsilon_x = \frac{\partial u}{\partial x} = y\frac{d\theta_z}{dx}$$

$$\gamma_{xy} = \frac{\partial u}{\partial y} + \frac{\partial v}{\partial x} = \theta_z - \frac{dv}{dx} \tag{4.86}$$

$$\epsilon_y = \epsilon_z = \gamma_{xz} = \gamma_{yz} = 0$$

» 응력-변형률 관계식

$$\sigma_x = E\epsilon_x = Ey\frac{d\theta_z}{dx} \tag{4.87}$$

$$\tau_{xy} = G\gamma_{xy} = G\left(\theta_z - \frac{dv}{dx}\right)$$

식 (4.86)과 (4.87)은 순수한 탄성론에서의 관계식이다. 이들을 유한요소법의 수식화 과정에서 정형화된 형태의 응력-변형률 관계 행렬, 변형률-변위 관계 행렬로 바꾸어 주기 위해 beam에서의 변형률 에너지를 다음과 같이 구해보자.

$$\begin{aligned}
U &= \int_V \frac{1}{2}\{\epsilon\}^T\{\sigma\}dV \\
&= \int_V \frac{1}{2}\{\epsilon_x \, \gamma_{xy}\}\{E\epsilon_x \, G\gamma_{xy}\}^T dV \\
&= \frac{1}{2}\int_V E{\epsilon_x}^2 dV + \frac{1}{2}\int_V G{\gamma_{xy}}^2 dV \\
&= \frac{1}{2}\int_A\int_x Ey^2\left(\frac{d\theta_z}{dx}\right)^2 dA \cdot dx + \frac{1}{2}\int_A\int_x G{\gamma_{xy}}^2 dA \cdot dx \\
&= \frac{1}{2}\int_x EI_z {\kappa_{xz}}^2 dx + \frac{1}{2}\int_x GA{\gamma_{xy}}^2 dx \\
&\quad \left(\int_A y^2 dA = I_z, \quad \int_A dA = A, \quad \frac{d\theta_z}{dx} = \kappa_{xz}(\text{곡률})\right) \\
&= \frac{1}{2}\int_x \{\gamma_{xy} k_{xz}\}\begin{bmatrix} GA & \\ & EI_z \end{bmatrix}\begin{Bmatrix} \gamma_{xy} \\ k_{xz} \end{Bmatrix} dx \\
&= \frac{1}{2}\int_x \{\epsilon\}^T[D]\{\epsilon\}dx
\end{aligned} \tag{4.88}$$

식 (4.88)은 정형화된 유한요소 수식화 과정에 맞게 표현된 변형률 에너지식이다. 여기에서 응력-변형률 관계식과 변형률-변위 관계식을 찾으면 다음과 같다.

응력-변형률 관계식

» Euler Beam 이론

$\{\sigma\} = [D]\{\epsilon\}$에서 단면적에 대하여 적분이 이루어졌으므로 응력벡터는 합응력 벡터(내력)가 된다.

$$\{\sigma\} = \{m_{iz}\} = [EI_z]\{\kappa_{xz}\} \tag{4.89}$$

여기서, 구성행렬 $[D] = [EI_z]$

변형률 벡터 $\{\epsilon\} = \{\kappa_{xz}\}$

$$(\because \gamma_{xy} = 0)$$

» Timoshenko Beam 이론

$$\{\sigma\} = [D]\{\epsilon\}$$

$$\{\sigma\} = \begin{Bmatrix} f_{iy} \\ m_{iz} \end{Bmatrix} = \begin{bmatrix} GA & \\ & EI_z \end{bmatrix} \begin{Bmatrix} \gamma_{xy} \\ \kappa_{xz} \end{Bmatrix} \tag{4.90}$$

여기서, 구성행렬 $[D] = \begin{bmatrix} GA & \\ & EI_z \end{bmatrix}$

변형률 벡터 $\{\epsilon\} = \begin{Bmatrix} \gamma_{xy} \\ \kappa_{xz} \end{Bmatrix}$

변형률-변위 관계식

» Euler Beam 이론

$\{\epsilon\} = [\partial]\{W\}$에서

$$\{\epsilon\} = \{\kappa_{xz}\} = \begin{Bmatrix} \dfrac{d\theta_z}{dx} \end{Bmatrix} = \begin{Bmatrix} \dfrac{d^2 v}{dx^2} \end{Bmatrix} = \begin{bmatrix} \dfrac{d^2}{dx^2} \end{bmatrix} \{v\} \tag{4.91}$$

여기서, 편미분연산자 행렬 $[\partial] = \begin{bmatrix} \dfrac{d^2}{dx^2} \end{bmatrix}$

변위벡터 $\{W\}=\{v\}$

» Timoshenko Beam 이론

$\{\epsilon\}=[\partial]\{W\}$에서

$$\{\epsilon\}=\begin{Bmatrix}\gamma_{xy}\\ \kappa_{xz}\end{Bmatrix}=\begin{Bmatrix}\theta_z-\dfrac{dv}{dx}\\ \dfrac{d\theta_z}{dx}\end{Bmatrix}=\begin{bmatrix}-\dfrac{d}{dx} & 1\\ 0 & \dfrac{d}{dx}\end{bmatrix}\begin{Bmatrix}v\\ \theta_z\end{Bmatrix} \tag{4.92}$$

여기서, 편미분연산자 행렬 $[\partial]=\begin{bmatrix}-\dfrac{d}{dx} & 1\\ 0 & \dfrac{d}{dx}\end{bmatrix}$

변위벡터 $\{W\}=\begin{Bmatrix}v\\ \theta_z\end{Bmatrix}$

결국, 이 절에서 말하고자 하는 것은 다음 두 가지로 요약할 수 있다. 첫째로는 순수한 탄성론 관계식과 이론에 근거하여 정형화된 유한요소법의 응력-변형률 관계식 행렬과 변형률-변위 관계식 행렬의 도출이 요소수식화를 쉽게 하기 위해 필요할 수 있다는 것이다. 두 번째는 탄성론의 어느 이론을 사용하느냐에 따라 가정하는 변위장이 달라진다는 것이다. 즉, Euler Beam 이론을 사용하여 요소를 만든다면 처짐변위장 $v(x)$만 가정하면 된다. Timoshenko Beam 이론을 사용하여 요소를 만든다면 $v(x)$와 $\theta_z(x)$를 각각 가정하여야 한다는 것이다.

지금까지 기술한 Torsion 이론(1차원 비틀림), Beam 이론과 뒤에 기술할 Plate 이론에서 회전각(θ)과 곡률(κ)의 혼돈을 피하기 위하여 하첨자에 대한 기호 약속을 다음 표와 같이 한다.

여기에서 모멘트에 대한 하첨자는 이들 모두 회전축을 나타내고, 모멘트에 의해 발생하는 회전각과 곡률이 편의상 약속을 달리한다. 따라서 모멘트와 회전각, 곡률을 짝지어 놓은 것이다.

표 4.6

Torsion 이론과 Beam 이론(line element: 선요소)
$\kappa_{xx} = \dfrac{d\theta_x}{dx}$ $\kappa_{xy} = \dfrac{d\theta_y}{dx}$, Euler Beam에서 $\theta_y = \dfrac{dw}{dx}$이고 $k_{xy} = \dfrac{d^2w}{dx^2}$ $\kappa_{xz} = \dfrac{d\theta_z}{dx}$, Euler Beam에서 $\theta_z = \dfrac{dv}{dx}$이고 $k_{xz} = \dfrac{d^2v}{dx^2}$ 모멘트, 회전각, 곡률의 짝: $(m_x, \theta_x, k_{xx}), (m_y, \theta_y, k_{xy}), (m_z, \theta_z, k_{xz})$ m_x, m_y, m_z 의 하첨자는 모멘트 회전축을 의미하고, $\theta_x, \theta_y, \theta_z$는 하첨자의 축에 관하여 회전된 각 변위이고, 선요소의 길이 방향을 x 축으로 한다.

4 Plane stress & strain 이론(2차원 인장/압축)

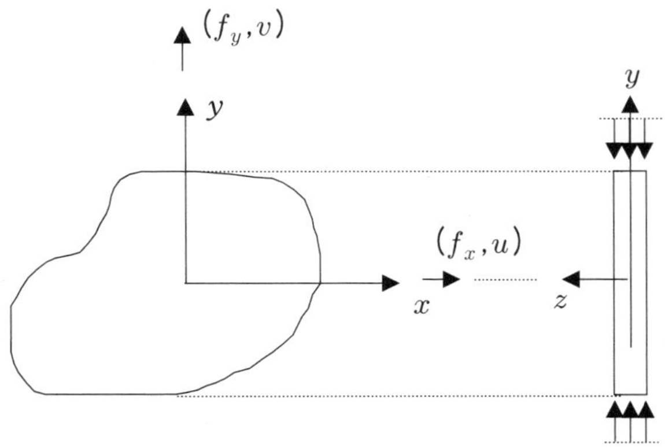

그림 4.33 2차원 인장/압축(평면 변형)

가 정

① 얇은 판이 판에 평행하고 두께에 균일한 하중을 받는다.

② 응력은 $\sigma_z = \tau_{xz} = \tau_{yz} = 0$

③ 변위는 x 방향 u, y 방향 v만 존재한다.

» 발생변위

$u = u(x, y)$: 탄성론, 유한요소법 모두 발생
$v = v(x, y)$: 탄성론, 유한요소법 모두 발생 (4.93)

» 변형률-변위 관계식

$$
\begin{aligned}
\epsilon_x &= \frac{\partial u}{\partial x} \\
\epsilon_y &= \frac{\partial v}{\partial y} \\
\gamma_{xy} &= \frac{\partial u}{\partial y} + \frac{\partial v}{\partial x}
\end{aligned}
\tag{4.94}
$$

» 응력-변형률 관계식

i) Plane stress인 경우

$$
\begin{Bmatrix} \sigma_x \\ \sigma_y \\ \tau_{xy} \end{Bmatrix} = \frac{E}{1-\nu^2} \begin{bmatrix} 1 & \nu & 0 \\ \nu & 1 & 0 \\ 0 & 0 & \dfrac{1-\nu}{2} \end{bmatrix} \begin{Bmatrix} \epsilon_x \\ \epsilon_y \\ \gamma_{xy} \end{Bmatrix} \tag{4.95}
$$

ii) Plane strain인 경우

$$
\begin{Bmatrix} \sigma_x \\ \sigma_y \\ \tau_{xy} \end{Bmatrix} = \frac{E}{(1+\nu)(1-2\nu)} \begin{bmatrix} (1-\nu) & \nu & 0 \\ \nu & (1-\nu) & 0 \\ 0 & 0 & \dfrac{1-2\nu}{2} \end{bmatrix} \begin{Bmatrix} \epsilon_x \\ \epsilon_y \\ \gamma_{xy} \end{Bmatrix} \tag{4.96}
$$

유한요소법에서 정형화된 형태의 응력-변형률 관계 행렬, 변형률-변위 관계 행렬로 바꿔주기 위해 변형률 에너지를 구해 보자.

$$
\begin{aligned}
U &= \int_V \frac{1}{2}\{\epsilon\}^T\{\sigma\}dV \\
&= \int_A \int_z \frac{1}{2}\{\epsilon_x \quad \epsilon_y \quad \gamma_{xy}\}[D]\{\epsilon_x \quad \epsilon_y \quad \gamma_{xy}\}^T dz\, dx\, dy \\
&= \frac{1}{2}\int_A \{\epsilon\}^T[D]\{\epsilon\}dx\, dy
\end{aligned}
\tag{4.97}
$$

식 (4.97)은 2차원 인장/압축 문제(평면응력 및 평면 변형률)에서 유한요소 수식화 과정에 맞게 표현한 변형률 에너지식이다. 이 식에서는 두께가 언제나 단위두께이므로 평면의 면적 적분만 이루어지면 된다.

또한 탄성론에서의 응력-변형률 관계식과 변형률-변위 관계식이 변형 없이 그대로 사용됨을 알 수 있다.

응력-변형률 관계식

$\{\sigma\} = [D]\{\epsilon\}$에서 식 (4.95)와 식 (4.96)이 그대로 적용된다.

그러므로 구성행렬은 다음과 같다.

$$\text{Plane stress에서 } [D] = \frac{E}{1-\nu^2}\begin{bmatrix} 1 & \nu & 0 \\ \nu & 1 & 0 \\ 0 & 0 & \dfrac{1-\nu}{2} \end{bmatrix} \tag{4.98}$$

$$\text{Plane strain에서 } [D] = \frac{E}{(1+\nu)(1-2\nu)}\begin{bmatrix} (1-\nu) & \nu & 0 \\ \nu & (1-\nu) & 0 \\ 0 & 0 & \dfrac{1-2\nu}{2} \end{bmatrix} \tag{4.99}$$

변형률 벡터는 $\{\epsilon\} = \{\epsilon_x \quad \epsilon_y \quad \gamma_{xy}\}^T$

변형률-변위 관계식

$\{\epsilon\} = [\partial]\{W\}$에서

$$\{\epsilon\} = \begin{Bmatrix} \epsilon_x \\ \epsilon_y \\ \gamma_{xy} \end{Bmatrix} = \begin{Bmatrix} \dfrac{\partial u}{\partial x} \\ \dfrac{\partial v}{\partial y} \\ \dfrac{\partial v}{\partial y} + \dfrac{\partial v}{\partial x} \end{Bmatrix} = \begin{bmatrix} \dfrac{\partial}{\partial x} & 0 \\ 0 & \dfrac{\partial}{\partial y} \\ \dfrac{\partial}{\partial y} & \dfrac{\partial}{\partial x} \end{bmatrix}\begin{Bmatrix} u \\ v \end{Bmatrix} \tag{4.100}$$

여기서, 편미분연산자 행렬

$$[\partial] = \begin{bmatrix} \dfrac{\partial}{\partial x} & 0 \\ 0 & \dfrac{\partial}{\partial y} \\ \dfrac{\partial}{\partial y} & \dfrac{\partial}{\partial x} \end{bmatrix}$$

변위벡터 $\{W\} = \begin{Bmatrix} u \\ v \end{Bmatrix}$

5 Plate 이론(순수판굽힘 이론)

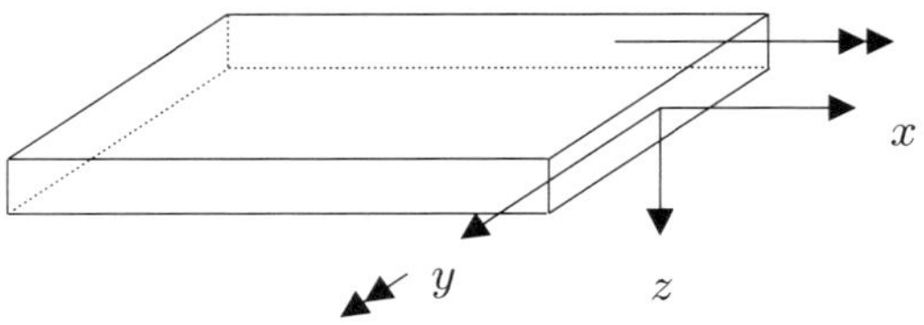

그림 4.34 판굽힘 변형(그림 2.30 참조)

표 4.7

Plate 이론(Surface element: 면요소)
$\kappa_x = \frac{\partial^2 w}{\partial x^2}$, Kirchhoff 이론에서 $\theta_x = \frac{\partial w}{\partial x}$ $\kappa_y = \frac{\partial^2 w}{\partial y^2}$, Kirchhoff 이론에서 $\theta_y = \frac{\partial w}{\partial y}$ $\kappa_{xy} = \frac{\partial^2 w}{\partial x \partial y}$ 모멘트, 회전각, 곡률의 짝: (m_x, θ_x, k_x), (m_y, θ_y, k_y) m_x, m_y의 하첨자는 회전축이 아니라, σ_x 를 유발시키는 모멘트를 m_x, σ_y 를 유발시키는 모멘트를 m_y 로 한다.

가 정

① 중립면에 최초 수직이었던 평면은 굽힘변형 후에도 중립면에 수직으로 남는다(전단변형의 영향은 없다).
② 회전변위는 굽힘변형에 의해서만 발생한다.
③ 유한요소에서 단면 내 판두께방향 변위(처짐, 처짐각)는 동일하다(단면을 선으로 처리, 중립면이 요소가 되는 면요소가 됨).

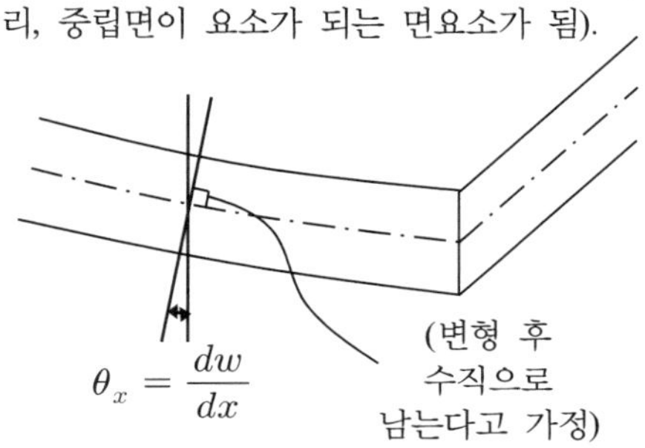

(a) Kirchhoff plate 이론

① 중립면에 최초 수직이었던 평면은 굽힘변형 후 전단변형의 효과로 중립면에 수직이 안 될 수 있다(전단변형의 영향이 있다).
② 총 회전변위는 굽힘변형에 의한 것과 전단변형에 의한 것의 합이다.
③ 유한요소에서 단면 내 판두께방향 변위(처짐, 처짐각)는 동일하다(단면을 선으로 처리, 중립면이 요소가 되는 면요소가 됨).

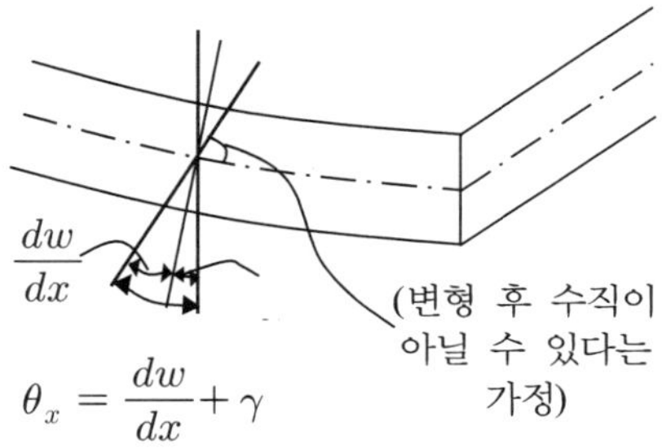

(b) Mindlin plate 이론

(a) Kirchhoff plate 이론(얇은 판)

» 발생변위

$u = u(x, y) = -z\theta_x$: 탄성론에서 발생

$v = v(x, y) = -z\theta_y$: 탄성론에서 발생

$w = w(x, y)$: 탄성론, 유한요소법에서 모두 발생

$\theta_x = \theta_x(x, y) = \dfrac{\partial w}{\partial x}$: 탄성론, 유한요소법에서 모두 발생

$\theta_y = \theta_y(x, y) = \dfrac{\partial w}{\partial y}$: 탄성론, 유한요소법에서 모두 발생 (4.101)

» 변형률-변위 관계식[2.2.5절 (1)항 식 (e) 참조]

$$\begin{aligned} \epsilon_x &= \frac{\partial u}{\partial x} = -z\frac{\partial \theta_x}{\partial x} = -z\frac{\partial^2 w}{\partial x^2} = -z\kappa_x \\ \epsilon_y &= \frac{\partial v}{\partial y} = -z\frac{\partial \theta_y}{\partial y} = -z\frac{\partial^2 w}{\partial y^2} = -z\kappa_y \end{aligned} \tag{4.102}$$

$$
\begin{aligned}
r_{xy} &= \frac{\partial u}{\partial y} + \frac{\partial v}{\partial x} = -z\left(\frac{\partial \theta_x}{\partial y} + \frac{\partial \theta_y}{\partial x}\right) \\
&= -2z\frac{\partial^2 w}{\partial x\,\partial y} = -2z\,\kappa_{xy}
\end{aligned} \tag{4.102}
$$

이 변형률-변위 관계식을 벡터와 행렬 형태로 정리하면 다음과 같이 된다.

$$
\begin{Bmatrix} \epsilon_x \\ \epsilon_y \\ r_{xy} \end{Bmatrix} = \begin{bmatrix} -z & 0 & 0 \\ 0 & -z & 0 \\ 0 & 0 & -2z \end{bmatrix} \begin{Bmatrix} \kappa_x \\ \kappa_y \\ \kappa_{xy} \end{Bmatrix} \tag{4.103}
$$

» 응력-변형률 관계식[2.2.5절 (1)항 식 (5), (g) 참조]

$$
\begin{aligned}
\sigma_x &= -\frac{Ez}{1-\nu^2}(\kappa_x + \nu\kappa_y) \\
\sigma_y &= -\frac{Ez}{1-\nu^2}(\kappa_y + \nu\kappa_x) \\
\tau_{xy} &= -\frac{Ez}{1+\nu}\kappa_{xy}
\end{aligned} \tag{4.104}
$$

이것을 벡터와 행렬형태로 정리하면 다음과 같다.

$$
\begin{Bmatrix} \sigma_x \\ \sigma_y \\ \tau_{xy} \end{Bmatrix} = \begin{bmatrix} -\dfrac{Ez}{1-\nu^2}\begin{bmatrix} 1 & \nu \\ \nu & 1 \end{bmatrix} & \begin{matrix} 0 \\ 0 \end{matrix} \\ \begin{matrix} 0 & 0 \end{matrix} & -\dfrac{Ez}{1-\nu^2} \end{bmatrix} \begin{Bmatrix} k_x \\ k_y \\ k_{xy} \end{Bmatrix} \tag{4.105}
$$

식 (4.103), (4.105)를 유한요소법의 수식화 과정에서 정형화된 형태의 응력-변형률 관계 행렬, 변형률-변위 관계 행렬로 바꾸어 주기 위해 판굽힘에서 변형률 에너지를 다음과 같이 구해 보자.

$$
\begin{aligned}
U &= \int_V \frac{1}{2}\{\epsilon\}^T\{\sigma\}dV \\
&= \int_V \frac{1}{2}\{\epsilon_x \quad \epsilon_y \quad r_{xy}\}\{\sigma_x \quad \sigma_y \quad \tau_{xy}\}^T dV \\
&= \frac{1}{2}\int_A \{\kappa_x \quad \kappa_y \quad \kappa_{xy}\}\frac{Et^3}{12(1-\nu^2)}\begin{bmatrix} 1 & \nu & 0 \\ \nu & 1 & 0 \\ 0 & 0 & 2(1-\nu) \end{bmatrix}\begin{Bmatrix} \kappa_x \\ \kappa_y \\ \kappa_{xy} \end{Bmatrix} dx\,dy \\
&= \frac{1}{2}\int_A \{\epsilon\}^T[D]\{\epsilon\}dx\,dy
\end{aligned} \tag{4.106}
$$

식 (4.106)은 식 (4.103), (4.105)를 변형률 에너지식에 대입하여 두께에 관하여 적분처리한 결과이다. 유한요소법의 plate 요소는 중립면만 취급하고 두께를 생각하지 않기 때문에 이와 같은 과정을 거쳐 유한요소법에서 응력-변형률 관계, 변형률-변위 관계를 새롭게 정형화할 필요가 있는 것이다. 두께에 대하여 적분하면,

$$\int_{-\frac{t}{2}}^{\frac{t}{2}} z^2 dz = \frac{t^3}{12}$$

이 되는데, 여러분들이 필요하면 직접 식 (4.106)을 유도하여 보길 바란다.

식 (4.106)은 정형화된 유한요소 수식화 과정에 맞게 표현된 변형률 에너지식이다. 여기에서 응력-변형률 관계식과 변형률-변위 관계식을 찾으면 다음과 같다.

응력-변형률 관계식(Kirchhoff plate)

$\{\sigma\} = [D]\{\epsilon\}$에서 두께에 대하여 적분이 이루어졌으므로 응력벡터는 합응력벡터(내력)가 된다. 이때 내력의 하첨자 기호는 그림 2.30을 참조하되, 식 (4.105)의 응력을 유발하는 응력기호와 같게 한다.

$$\{\sigma\} = \begin{Bmatrix} m_{ix} \\ m_{iy} \\ m_{ixy} \end{Bmatrix} = \frac{Et^3}{12(1-\nu^2)} \begin{bmatrix} 1 & \nu & 0 \\ \nu & 1 & 0 \\ 0 & 0 & 2(1-\nu) \end{bmatrix} \begin{Bmatrix} \kappa_x \\ \kappa_y \\ \kappa_{xy} \end{Bmatrix} \tag{4.107}$$

여기서, 구성행렬 $[D] = \frac{Et^3}{12(1-\nu^2)} \begin{bmatrix} 1 & \nu & 0 \\ \nu & 1 & 0 \\ 0 & 0 & 2(1-\nu) \end{bmatrix}$

변형률 벡터 $\{\epsilon\} = \{\kappa_x \quad \kappa_y \quad \kappa_{xy}\}$

변형률-변위 관계식(Kirchhoff plate)

$\{\varepsilon\} = [\partial]\{W\}$에서

$$\{\epsilon\} = \begin{Bmatrix} \kappa_x \\ \kappa_y \\ \kappa_{xy} \end{Bmatrix} = \begin{Bmatrix} \dfrac{\partial^2 w}{\partial x^2} \\ \dfrac{\partial^2 w}{\partial y^2} \\ \dfrac{\partial^2 w}{\partial x \, \partial y} \end{Bmatrix} = \begin{bmatrix} \dfrac{\partial^2}{\partial x^2} \\ \dfrac{\partial^2}{\partial y^2} \\ \dfrac{\partial^2}{\partial x \, \partial y} \end{bmatrix} \{w\} \tag{4.108}$$

여기서, 편미분연산자 행렬 $[\partial] = \begin{bmatrix} \dfrac{\partial^2}{\partial x^2} \\ \dfrac{\partial^2}{\partial y^2} \\ \dfrac{\partial^2}{\partial x \partial y} \end{bmatrix}$

변위벡터 $\{W\} = \{w\}$

(b) Mindlin plate 이론(두꺼운 판)

» 발생변위

$$\begin{aligned} &u = u(x, y) = -z\theta_x\text{: 탄성론에서 발생} \\ &v = v(x, y) = -z\theta_y\text{: 탄성론에서 발생} \\ &w = w(x, y)\text{: 탄성론, 유한요소법에서 모두 발생} \\ &\theta_x = \theta_x(x, y)\text{: 탄성론, 유한요소법에서 모두 발생} \\ &\theta_y = \theta_y(x, y)\text{: 탄성론, 유한요소법에서 모두 발생} \end{aligned} \tag{4.109}$$

» 변형률-변위 관계식

$$\begin{aligned} \epsilon_x &= -z\frac{\partial \theta_x}{\partial x} \\ \epsilon_y &= -z\frac{\partial \theta_y}{\partial y} \\ \gamma_{xy} &= -z\left(\frac{\partial \theta_x}{\partial y} + \frac{\partial \theta_y}{\partial x}\right) \\ \gamma_{yz} &= \theta_y - \frac{\partial w}{\partial y} \\ \gamma_{xz} &= \theta_x - \frac{\partial w}{\partial x} \end{aligned} \tag{4.110}$$

이 변형률-변위 관계식을 벡터와 행렬형태로 정리하면 다음과 같이 된다.

$$\begin{Bmatrix} \epsilon_x \\ \epsilon_y \\ \gamma_{xy} \\ \gamma_{yz} \\ \gamma_{xz} \end{Bmatrix} = \begin{bmatrix} -z & 0 & 0 & 0 & 0 \\ 0 & -z & 0 & 0 & 0 \\ 0 & 0 & -2z & 0 & 0 \\ 0 & 0 & 0 & 1 & 0 \\ 0 & 0 & 0 & 0 & 1 \end{bmatrix} \begin{Bmatrix} \kappa_x \\ \kappa_y \\ \kappa_{xy} \\ \gamma_{yz} \\ \gamma_{xz} \end{Bmatrix} \tag{4.111}$$

» 응력-변형률 관계식

$$\begin{aligned}
\sigma_x &= \frac{E}{1-\nu^2}(\epsilon_x + \nu\epsilon_y) \\
\sigma_y &= \frac{E}{1-\nu^2}(\epsilon_y + \nu\epsilon_x) \\
\tau_{xy} &= G\gamma_{xy} \\
\tau_{yz} &= G\gamma_{yz} \\
\tau_{xz} &= G\gamma_{xz}
\end{aligned} \tag{4.112}$$

식 (4.110)을 (4.112)에 대입하여 벡터와 행렬형태로 정리하면 다음과 같다.

$$\begin{Bmatrix} \sigma_x \\ \sigma_y \\ \tau_{xy} \\ \tau_{yz} \\ \tau_{xz} \end{Bmatrix} = \begin{bmatrix} -\dfrac{Ez}{1-\nu^2}\begin{bmatrix} 1 & \nu \\ \nu & 1 \end{bmatrix} & \begin{matrix} 0 \\ 0 \end{matrix} & \begin{matrix} 0 & 0 \\ 0 & 0 \end{matrix} \\ 0 \quad 0 & -\dfrac{Ez}{1-\nu^2} & 0 \quad 0 \\ 0 \quad 0 & 0 & G \quad 0 \\ 0 \quad 0 & 0 & 0 \quad G \end{bmatrix} \begin{Bmatrix} \kappa_x \\ \kappa_y \\ \kappa_{xy} \\ \gamma_{yz} \\ \gamma_{xz} \end{Bmatrix} \tag{4.113}$$

논의를 간단히 하기 위해 응력-변형률 관계 행렬을 $\{\sigma\} = [E]\{\epsilon\}$이라면 식 (4.113)은

$$\begin{aligned}
\{\sigma_M\} &= [E_M]\{\epsilon_M\} \\
[E_M] &= \begin{bmatrix} [E_k] & 0 & 0 \\ 0 & G & 0 \\ 0 & 0 & G \end{bmatrix}
\end{aligned} \tag{4.114}$$

와 같이 되고, 여기서 하첨자 M은 Mindlin, k는 Kirchhoff를 나타낸다.

식 (4.111)과 (4.113)은 탄성론에서의 관계식이다. 이들을 유한요소법에서 정형화된 형태의 관계식으로 바꾸기 위하여 변형률 에너지를 다음과 같이 구해 보자.

$$\begin{aligned}
U &= \int_V \frac{1}{2}\{\epsilon\}^T\{\sigma\}dV \\
&= \int_V \frac{1}{2}\{\epsilon_x \quad \epsilon_y \quad \gamma_{xy} \quad \gamma_{yz} \quad \gamma_{xz}\}[E_M]\{\kappa_x \kappa_y \kappa_{xy} \gamma_{yz} \gamma_{xz}\}^T dV \\
&= \frac{1}{2}\int_A \{\epsilon\}^T[D_M]\{\epsilon\}dx\,dy
\end{aligned} \tag{4.115}$$

식 (4.115)를 계산하여 정리하면 다음과 같은 관계로 정리된다.

응력-변형률 관계식(Mindlin plate)

$\{\sigma\} = [D]\{\epsilon\}$에서

$$\{\sigma\} = \{m_{ix} \quad m_{iy} \quad m_{ixy} \quad Q_y \quad Q_x\}^T$$
$$= [D_M]\{\kappa_x \quad \kappa_y \quad \kappa_{xy} \quad \gamma_{yz} \quad \gamma_{xz}\}^T \tag{4.116}$$

여기서, 구성행렬 $[D] = [D_M] = \begin{bmatrix} [D_k] & 0 & 0 \\ 0 & Gt & 0 \\ 0 & 0 & Gt \end{bmatrix}$

변형률 벡터 $\{\epsilon\} = \{\kappa_x \quad \kappa_y \quad \kappa_{xy} \quad \gamma_{yz} \quad \gamma_{xz}\}^T$

단, 종탄성계수 $G = \dfrac{E}{2(1+\nu)}$, $\gamma_{yz} = \theta_y - \dfrac{\partial w}{\partial y}$, $\gamma_{xz} = \theta_x - \dfrac{\partial w}{\partial x}$

변형률-변위 관계식(Mindlin plate)

$\{\epsilon\} = [\partial]\{W\}$에서

$$\{\epsilon\} = \begin{Bmatrix} \kappa_x \\ \kappa_y \\ \kappa_{xy} \\ \gamma_{yz} \\ \gamma_{xz} \end{Bmatrix} = \begin{bmatrix} \dfrac{\partial^2}{\partial x^2} & 0\,0 \\ \dfrac{\partial^2}{\partial y^2} & 0\,0 \\ \dfrac{\partial^2}{\partial x\,\partial y} & 0\,0 \\ -\dfrac{\partial}{\partial y} & 0\,1 \\ -\dfrac{\partial}{\partial x} & 1\,0 \end{bmatrix} \begin{Bmatrix} w \\ \theta_x \\ \theta_y \end{Bmatrix} \tag{4.117}$$

여기서, 편미분연산자 행렬은 다음과 같고,

$$[\partial] = \begin{bmatrix} \dfrac{\partial^2}{\partial x^2} & 0\,0 \\ \dfrac{\partial^2}{\partial y^2} & 0\,0 \\ \dfrac{\partial^2}{\partial x\,\partial y} & 0\,0 \\ -\dfrac{\partial}{\partial y} & 0\,1 \\ -\dfrac{\partial}{\partial x} & 1\,0 \end{bmatrix}$$

변위벡터는 다음과 같다.

$$\{W\}=\{w \quad \theta_x \quad \theta_y\}$$

6 Solid element(3차원 인장/압축)

유한요소법에서 solid element는 탄성론의 기본관계식을 가정과 변형 없이 그대로 모두 사용하는 유일한 요소이다. 그런 이유로 유한요소법에서 이 요소가 탄성론의 기본이론을 가장 완벽하게 표현한다고 할 수 있고(가정을 통한 모델링 과정이 없으므로), 이론적으로는 모든 유한요소 가운데 가장 정확도가 높은 요소가 된다.

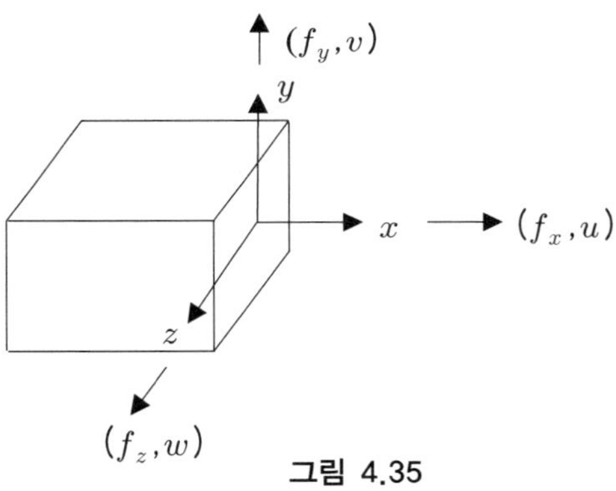

그림 4.35

가 정

특별한 가정 없이 탄성론의 기본관계식을 그대로 모두 사용한다.

» 발생변위

$$\begin{aligned} u &= u(x, y, z) \\ v &= v(x, y, z) \\ w &= w(x, y, z) \end{aligned} \tag{4.118}$$

» 변형률-변위 관계식

$$
\begin{aligned}
\epsilon_x &= \frac{\partial u}{\partial x} \\
\epsilon_y &= \frac{\partial v}{\partial y} \\
\epsilon_z &= \frac{\partial w}{\partial z} \\
\gamma_{xy} &= \frac{\partial u}{\partial y} + \frac{\partial v}{\partial x} \\
\gamma_{yz} &= \frac{\partial v}{\partial z} + \frac{\partial w}{\partial y} \\
\gamma_{xz} &= \frac{\partial u}{\partial z} + \frac{\partial w}{\partial x}
\end{aligned}
\tag{4.119}
$$

» 응력-변형률 관계식

$$
\begin{aligned}
\epsilon_x &= \frac{1}{E}[\sigma_x - \nu(\sigma_y + \sigma_z)] \\
\epsilon_y &= \frac{1}{E}[\sigma_y - \nu(\sigma_x + \sigma_z)] \\
\epsilon_z &= \frac{1}{E}[\sigma_z - \nu(\sigma_x + \sigma_y)] \\
\gamma_{xy} &= \frac{\tau_{xy}}{G} \\
\gamma_{yz} &= \frac{\tau_{yz}}{G} \\
\gamma_{xz} &= \frac{\tau_{xz}}{G}
\end{aligned}
\tag{4.120}
$$

행렬 형태로 다시 쓰면 다음과 같다.

$$
\begin{Bmatrix} \sigma_x \\ \sigma_y \\ \sigma_z \\ \tau_{xy} \\ \tau_{yz} \\ \tau_{xz} \end{Bmatrix} = \begin{bmatrix} & & \\ & D & \\ & & \end{bmatrix} \begin{Bmatrix} \epsilon_x \\ \epsilon_y \\ \epsilon_z \\ \gamma_{xy} \\ \gamma_{yz} \\ \gamma_{xz} \end{Bmatrix}
\tag{4.121}
$$

여기서,

$$[D]=\frac{E(1-\nu)}{(1+\nu)(1-2\nu)}\begin{bmatrix} 1 & \frac{\nu}{1-\nu} & \frac{\nu}{1-\nu} & 0 & 0 & 0 \\ \frac{\nu}{1-\nu} & 1 & \frac{\nu}{1-\nu} & 0 & 0 & 0 \\ \frac{\nu}{1-\nu} & \frac{\nu}{1-\nu} & 1 & 0 & 0 & 0 \\ 0 & 0 & 0 & \frac{1-2\nu}{2(1-\nu)} & 0 & 0 \\ 0 & 0 & 0 & 0 & \frac{1-2\nu}{2(1-\nu)} & 0 \\ 0 & 0 & 0 & 0 & 0 & \frac{1-2\nu}{2(1-\nu)} \end{bmatrix}$$

유한요소법의 정형화된 형태로 표현하기 위하여 변형률 에너지식을 구하여 보아도 식 (4.119)와 (4.121)이 그대로 사용된다.

$$U=\int_V \frac{1}{2}\{\epsilon\}^T\{\sigma\}dV=\frac{1}{2}\int_V\{\epsilon\}^T[D]\{\epsilon\}dV \tag{4.122}$$

응력-변형률 관계식

$\{\sigma\}=[D]\{\epsilon\}$에서 구성행렬 $[D]$와 변형률 벡터 $\{\epsilon\}$으로 식 (4.121)이 동일하게 사용된다.

변형률-변위 관계식

$\{\epsilon\}=[\partial]\{W\}$에서 식 (4.119)가 동일하게 사용된다.

여기서, 편미분연산자 행렬은 다음과 같고

$$[\partial]=\begin{bmatrix} \frac{\partial}{\partial x} & 0 & 0 \\ \frac{\partial}{\partial y} & 0 & 0 \\ \frac{\partial}{\partial z} & 0 & 0 \\ \frac{\partial}{\partial y} & \frac{\partial}{\partial x} & 0 \\ 0 & \frac{\partial}{\partial z} & \frac{\partial}{\partial y} \\ \frac{\partial}{\partial z} & 0 & \frac{\partial}{\partial x} \end{bmatrix}\begin{Bmatrix} u \\ v \\ w \end{Bmatrix} \tag{4.123}$$

변위벡터는 다음과 같다.

$$\{W\} = \{u \quad v \quad w\} \tag{4.124}$$

7 일반화된 Beam 요소(3D 굽힘+Truss+Torsion)

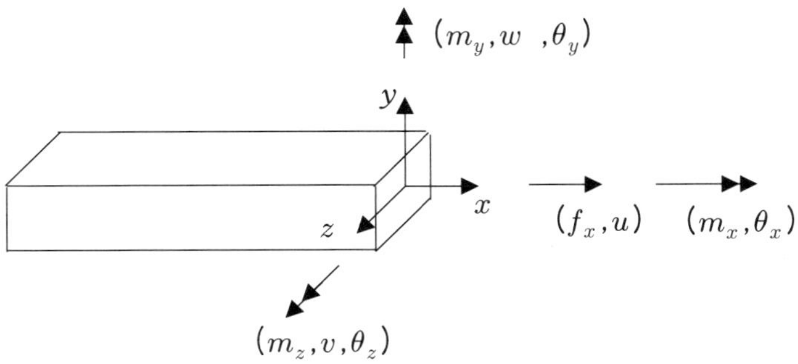

그림 4.36

가 정

Truss 이론, Torsion 이론, 순수굽힘 이론이 독립적이므로 이들을 중첩하여 조합한다. 순수굽힘 이론에서 Euler Beam과 Timoshenko Beam은 요소개발자가 선택하면 된다.

» 발생변위: 지역좌표계에서 6개의 변위발생(6자유도/절점)

$$u = u(x)$$

$$v = v(x)$$

$$w = w(x)$$

$$\theta_x = \theta_x(x)$$

$$\theta_y = \theta_y(x)$$

$$\theta_z = \theta_z(x)$$

응력-변형률 관계식: Euler-Beam 요소

$\{\sigma\} = [D]\{\epsilon\}$에서 응력벡터는 합응력 벡터(내력)를 말한다.

$$\{\sigma\} = \{f_{ix} \quad m_{ix} \quad m_{iy} \quad m_{iz}\}^T$$

$$[D] = \begin{bmatrix} EA & & & \\ & GI_x & & \\ & & EI_y & \\ & & & EI_z \end{bmatrix} \tag{4.125}$$

$$\{\epsilon\} = \{\epsilon_x \quad \kappa_{xx} \quad \kappa_{xy} \quad \kappa_{xz}\}^T$$

변형률-변위 관계식: Euler-Beam 요소

$\{\epsilon\} = [\partial]\{W\}$에서

$$\{\epsilon\} = \begin{Bmatrix} \epsilon_x \\ \kappa_{xx} \\ \kappa_{xy} \\ \kappa_{xz} \end{Bmatrix} = \begin{bmatrix} \dfrac{du}{dx} \\ \dfrac{d\theta_x}{dx} \\ \dfrac{d^2w}{dx^2} \\ \dfrac{d^2v}{dx^2} \end{bmatrix} = \begin{bmatrix} \dfrac{d}{dx} & 0 & 0 & 0 \\ 0 & 0 & 0 & \dfrac{d}{dx} \\ 0 & 0 & \dfrac{d^2}{dx^2} & 0 \\ 0 & \dfrac{d^2}{dx^2} & 0 & 0 \end{bmatrix} \begin{Bmatrix} u \\ v \\ w \\ \theta_x \end{Bmatrix}$$

여기서, 편미분연산자 행렬과 변위벡터는 다음과 같다.

$$[\partial] = \begin{bmatrix} \dfrac{d}{dx} & 0 & 0 & 0 \\ 0 & 0 & 0 & \dfrac{d}{dx} \\ 0 & 0 & \dfrac{d^2}{dx^2} & 0 \\ 0 & \dfrac{d^2}{dx^2} & 0 & 0 \end{bmatrix} \tag{4.126}$$

$$\{W\} = \{u \quad v \quad w \quad \theta_x\}^T$$

응력-변형률 관계식: Timoshenko Beam 요소

$\{\sigma\} = [D]\{\epsilon\}$에서 응력벡터는 합응력 벡터(내력)를 말한다.

$$\{\sigma\} = \{f_{ix} \quad f_{iy} \quad f_{iz} \quad m_{ix} \quad m_{iy} \quad m_{iz}\}^T$$

$$[D] = \begin{bmatrix} EA & & & & & \\ & GA & & & & \\ & & GA & & & \\ & & & GI_x & & \\ & & & & EI_y & \\ & & & & & EI_z \end{bmatrix} \tag{4.127}$$

$$\{\epsilon\} = \{\epsilon_x \quad \gamma_{xy} \quad \gamma_{xz} \quad \kappa_{xx} \quad \kappa_{xy} \quad \kappa_{xz}\}^T$$

변형률-변위 관계식: Timoshenko Beam 요소

$\{\epsilon\} = [\partial]\{W\}$에서

$$\{\epsilon\} = \begin{Bmatrix} \epsilon_x \\ \gamma_{xy} \\ \gamma_{xz} \\ \kappa_{xx} \\ \kappa_{xy} \\ \kappa_{xz} \end{Bmatrix} = \begin{bmatrix} \dfrac{du}{dx} \\ \theta_z - \dfrac{dv}{dx} \\ \theta_y - \dfrac{dw}{dx} \\ \dfrac{d\theta_x}{dx} \\ \dfrac{d\theta_y}{dx} \\ \dfrac{d\theta_z}{dx} \end{bmatrix} = \begin{bmatrix} \dfrac{d}{dx} & 0 & 0 & 0 & 0 & 0 \\ 0 & -\dfrac{d}{dx} & 0 & 0 & 0 & 1 \\ 0 & 0 & -\dfrac{d}{dx} & 0 & 1 & 0 \\ 0 & 0 & 0 & \dfrac{d}{dx} & 0 & 0 \\ 0 & 0 & 0 & 0 & \dfrac{d}{dx} & 0 \\ 0 & 0 & 0 & 0 & 0 & \dfrac{d}{dx} \end{bmatrix} \begin{Bmatrix} u \\ v \\ w \\ \theta_x \\ \theta_y \\ \theta_z \end{Bmatrix}$$

여기서, 편미분연산자 행렬과 변위벡터는 다음과 같다.

$$[\partial] = \begin{bmatrix} \dfrac{d}{dx} & 0 & 0 & 0 & 0 & 0 \\ 0 & -\dfrac{d}{dx} & 0 & 0 & 0 & 1 \\ 0 & 0 & -\dfrac{d}{dx} & 0 & 1 & 0 \\ 0 & 0 & 0 & \dfrac{d}{dx} & 0 & 0 \\ 0 & 0 & 0 & 0 & \dfrac{d}{dx} & 0 \\ 0 & 0 & 0 & 0 & 0 & \dfrac{d}{dx} \end{bmatrix} \begin{Bmatrix} u \\ v \\ w \\ \theta_x \\ \theta_y \\ \theta_z \end{Bmatrix}$$

$$\{W\} = \{u \quad v \quad w \quad \theta_x \quad \theta_y \quad \theta_z\}^T \tag{4.128}$$

8 일반화된 Plate 요소(판굽힘+Plane stress)

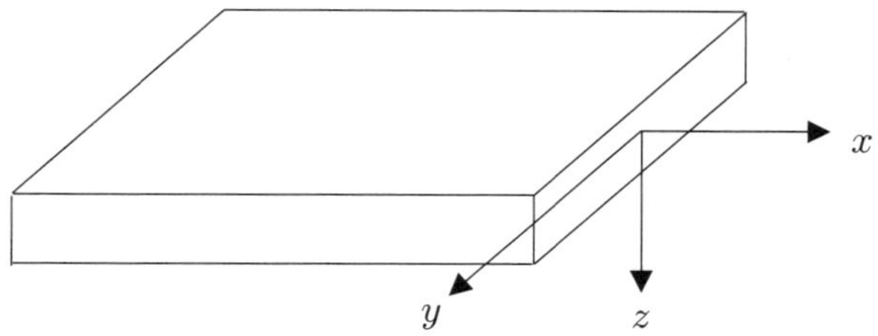

그림 4.37

가 정

Plane stress 이론과 순수판굽힘 이론이 독립적이므로 이들을 중첩하여 조합한다. 판굽힘 이론에서 Kirchhoff plate 이론과 Mindlin plate 이론의 선택은 개발하고자 하는 요소에 따라 요소개발자가 선택하면 된다.

» 발생변위: 지역좌표계에서 5개의 변위발생(5자유도/절점)

$$
\begin{aligned}
u &= u(x, y) \\
v &= v(x, y) \\
w &= w(x, y) \\
\theta_x &= \theta_x(x, y) \\
\theta_y &= \theta_y(x, y)
\end{aligned}
\tag{4.129}
$$

응력-변형률 관계식: Kirchhoff plate 요소

$\{\sigma\} = [D]\{\epsilon\}$에서 응력벡터는 합응력 벡터(내력)를 말한다. (4)항의 Plane stress 에서 두께는 언제나 단위두께($t = 1$)를 의미하므로 합응력벡터가 응력자체를 의미했지만, Plate에서는 두께가 고려되고 두께에 대하여 적분을 하므로 합응력벡터가 내력으로 나타나게 된다.

따라서 합응력 벡터, 구성행렬, 변형률 벡터는 Plane stress와 Plate를 조합한 다음과 같다.

$$\{\sigma\} = \{f_x \quad f_y \quad f_{xy} \quad m_x \quad m_y \quad m_{xy}\}^T$$

$$\underset{(6\times 6)}{[D]} = \begin{bmatrix} \dfrac{Et}{1-\nu^2}\begin{bmatrix} 1 & \nu & 0 \\ \nu & 1 & 0 \\ 0 & 0 & \dfrac{1-\nu}{2} \end{bmatrix} & 0 \\ 0 & \dfrac{Et^3}{12(1-\nu^2)}\begin{bmatrix} 1 & \nu & 0 \\ \nu & 1 & 0 \\ 0 & 0 & 2(1-\nu) \end{bmatrix} \end{bmatrix} \tag{4.130}$$

$$\{\epsilon\} = \{\epsilon_x \quad \epsilon_y \quad \gamma_{xy} \quad \kappa_x \quad \kappa_y \quad \kappa_{xy}\}^T \tag{4.131}$$

변형률-변위 관계식: Kirchhoff plate 요소

$\{\epsilon\} = [\partial]\{W\}$에서

$$\{\epsilon\} = \begin{Bmatrix} \epsilon_x \\ \epsilon_y \\ \gamma_{xy} \\ \kappa_x \\ \kappa_y \\ \kappa_{xy} \end{Bmatrix} = \begin{bmatrix} \dfrac{\partial u}{\partial x} \\ \dfrac{\partial u}{\partial y} \\ \dfrac{\partial u}{\partial y} + \dfrac{\partial v}{\partial x} \\ \dfrac{\partial^2 w}{\partial x^2} \\ \dfrac{\partial^2 w}{\partial y^2} \\ \dfrac{\partial^2 w}{\partial x \partial y} \end{bmatrix} = \begin{bmatrix} \dfrac{\partial}{\partial x} & 0 & 0 \\ 0 & \dfrac{\partial}{\partial y} & 0 \\ \dfrac{\partial}{\partial y} & \dfrac{\partial}{\partial x} & 0 \\ 0 & 0 & \dfrac{\partial^2}{\partial x^2} \\ 0 & 0 & \dfrac{\partial^2}{\partial y^2} \\ 0 & 0 & \dfrac{\partial^2}{\partial x \partial y} \end{bmatrix} \begin{Bmatrix} u \\ v \\ w \end{Bmatrix} \tag{4.132}$$

여기서, 편미분연산자 행렬과 변위벡터는 다음과 같다.

$$[\partial] = \begin{bmatrix} \dfrac{\partial}{\partial x} & 0 & 0 \\ 0 & \dfrac{\partial}{\partial y} & 0 \\ \dfrac{\partial}{\partial y} & \dfrac{\partial}{\partial x} & 0 \\ 0 & 0 & \dfrac{\partial^2}{\partial x^2} \\ 0 & 0 & \dfrac{\partial^2}{\partial y^2} \\ 0 & 0 & \dfrac{\partial^2}{\partial x \partial y} \end{bmatrix} \tag{4.133}$$

$$\{W\} = \{u \quad v \quad w\}^T \tag{4.134}$$

응력-변형률 관계식: Mindlin plate 요소

$\{\sigma\} = [D]\{\epsilon\}$에서 Mindline plate 이론과 Plane stress를 조합하면 합응력 벡터, 구성행렬, 변형률 벡터는 다음과 같이 된다.

$$\{\sigma\} = \{f_{ix} \quad f_{iy} \quad f_{ixy} \quad m_{ix} \quad m_{iy} \quad m_{ixy} \quad Q_y \quad Q_x\}^T$$

$$\underset{(8\times 8)}{[D]} = \begin{bmatrix} \begin{bmatrix} D_{\text{Kirchhoff 요소}} \\ (6\times 6) \\ [\text{식 } (4.130)] \end{bmatrix} & & \\ & Gt & \\ & & Gt \end{bmatrix} \tag{4.135}$$

$$\{\epsilon\} = \{\epsilon_x \quad \epsilon_y \quad \gamma_{xy} \quad \kappa_x \quad \kappa_y \quad \kappa_{xy} \quad \gamma_{yz} \quad \gamma_{xz}\}^T \tag{4.136}$$

변형률-변위 관계식: Mindlin plate 요소

$\{\epsilon\} = [\partial]\{W\}$에서

$$\{\epsilon\} = \begin{Bmatrix} \epsilon_x \\ \epsilon_y \\ \gamma_{xy} \\ \kappa_x \\ \kappa_y \\ \kappa_{xy} \\ \gamma_{yz} \\ \gamma_{xz} \end{Bmatrix} = \begin{bmatrix} [\epsilon]_{\text{Kirchhoff 요소}} \\ (6\times 1) \\ \\ \theta_y - \dfrac{\partial w}{\partial y} \\ \theta_x - \dfrac{\partial w}{\partial x} \end{bmatrix} = \begin{bmatrix} [\partial]_{\text{Kirchhoff 요소}} & & & & \\ (6\times 3) & & & & \\ [\text{식 } (4.133)] & & & & \\ 0 & 0 & -\dfrac{\partial}{\partial y} & 0 & 1 \\ 0 & 0 & -\dfrac{\partial}{\partial x} & 1 & 0 \end{bmatrix} \begin{Bmatrix} u \\ v \\ w \\ \theta_x \\ \theta_y \end{Bmatrix} \tag{4.137}$$

여기서, 편미분연산자 행렬과 변위벡터는 다음과 같다.

$$\underset{(8\times 5)}{[\partial]} = \begin{bmatrix} [\partial]_{\text{Kirchhoff 요소}} & & & & \\ (6\times 3) & & & & \\ [\text{식 } (4.133)] & & & & \\ 0 & 0 & -\dfrac{\partial}{\partial y} & 0 & 1 \\ 0 & 0 & -\dfrac{\partial}{\partial x} & 1 & 0 \end{bmatrix} \tag{4.138}$$

$$\{W\} = \{u \quad v \quad w \quad \theta_x \quad \theta_y\}^T \tag{4.139}$$

표 4.8

요 소		응력-변형률 관계식 $\{\sigma\}=[D]\{\epsilon\}$			변형률-변위 관계식 $\{\epsilon\}=[\partial]\{W\}$	
		응력벡터 또는 합응력 벡터 (내력) $\{\sigma\}$	구성행렬 $[D]$	변형률 벡터 $\{\epsilon\}$	편미분연산자 행렬 $[\partial]$	변위 벡터 $\{W\}$
Truss(Bar)		$\{f_{ix}\}$	$[EA]$	$\{\epsilon_x\}$	$\left[\frac{d}{dx}\right]$	$\{u\}$
Torsion		$\{m_{ix}\}$	$[GI_x]$	$\{\kappa_{xx}\}$	$\left[\frac{d}{dx}\right]$	$\{\theta_x\}$
Beam (2D) (순수굽힘)	Euler (thin Beam)	$\{m_{iz}\}$	$[EI_z]$	$\{\kappa_{xz}\}$	$\left[\frac{d^2}{dx^2}\right]$	$\{v\}$
	Timo-shenko	$\begin{Bmatrix} f_{iy} \\ m_{iz} \end{Bmatrix}$	$\begin{bmatrix} GA & \\ & EI_z \end{bmatrix}$	$\begin{Bmatrix} r_{xy} \\ \kappa_{xz} \end{Bmatrix}$	$\begin{bmatrix} -\frac{d}{dx} & 1 \\ 0 & \frac{d}{dx} \end{bmatrix}$	$\begin{Bmatrix} v \\ \theta_z \end{Bmatrix}$
일반화된 Beam (3D) (Truss+ Torsion+ 순수굽힘)	Euler	$\begin{Bmatrix} f_{iy} \\ m_{ix} \\ m_{iy} \\ m_{iz} \end{Bmatrix}$	$\begin{bmatrix} EA & & & \\ & GI_x & & \\ & & EI_y & \\ & & & EI_x \end{bmatrix}$	$\begin{Bmatrix} \epsilon_x \\ \kappa_{xx} \\ \kappa_{xy} \\ \kappa_{xz} \end{Bmatrix}$	$\begin{bmatrix} \frac{d}{dx} & 0 & 0 & 0 \\ 0 & 0 & 0 & \frac{d}{dx} \\ 0 & 0 & \frac{d^2}{dx^2} & 0 \\ 0 & \frac{d^2}{dx^2} & 0 & 0 \end{bmatrix}$	$\begin{Bmatrix} u \\ v \\ w \\ \theta_x \end{Bmatrix}$
	Timo-shenko	$\begin{Bmatrix} f_{ix} \\ f_{iy} \\ f_{iz} \\ m_{ix} \\ m_{iy} \\ m_{iz} \end{Bmatrix}$	$\begin{bmatrix} EA & & & & & \\ & GA & & & & \\ & & GA & & & \\ & & & GI_x & & \\ & & & & EI_y & \\ & & & & & EI_z \end{bmatrix}$	$\begin{Bmatrix} \epsilon_x \\ r_{xy} \\ r_{xz} \\ \kappa_{xx} \\ \kappa_{xy} \\ \kappa_{xz} \end{Bmatrix}$	$\begin{bmatrix} \frac{d}{dx} & 0 & 0 & 0 & 0 & \\ 0 & -\frac{d}{dx} & 0 & 0 & 0 & 1 \\ 0 & 0 & -\frac{d}{dx} & 0 & 1 & 0 \\ 0 & 0 & 0 & \frac{d}{dx} & 0 & 0 \\ 0 & 0 & 0 & 0 & \frac{d}{dx} & 0 \\ 0 & 0 & 0 & 0 & 0 & \frac{d}{dx} \end{bmatrix}$	$\begin{Bmatrix} u \\ v \\ w \\ \theta_x \\ \theta_y \\ \theta_z \end{Bmatrix}$

표 4.8 (계 속)

요 소		응력-변형률 관계식 $\{\sigma\}=[D]\{\epsilon\}$			변형률-변위 관계식 $\{\epsilon\}=[\partial]\{W\}$	
		응력벡터 또는 합응력 벡터 (내력) $\{\sigma\}$	구성행렬 $[D]$	변형률 벡터 $\{\epsilon\}$	편미분연산자 행렬 $[\partial]$	변위 벡터 $\{W\}$
Plane	Plane stress	$\begin{Bmatrix}\sigma_x\\ \sigma_y\\ \tau_{xy}\end{Bmatrix}$	$\dfrac{E}{1-\nu^2}\begin{bmatrix}1 & \nu & 0\\ \nu & 1 & 0\\ 0 & 0 & \dfrac{1-\nu}{2}\end{bmatrix}$	$\begin{Bmatrix}\epsilon_x\\ \epsilon_y\\ r_{xy}\end{Bmatrix}$	$\begin{bmatrix}\dfrac{\partial}{\partial x} & 0\\ 0 & \dfrac{\partial}{\partial y}\\ \dfrac{\partial}{\partial y} & \dfrac{\partial}{\partial x}\end{bmatrix}$	$\begin{Bmatrix}u\\ v\end{Bmatrix}$
	Plane strain	$\begin{Bmatrix}\sigma_x\\ \sigma_y\\ \tau_{xy}\end{Bmatrix}$	$\dfrac{E}{(1+\nu)(1-2\nu)}\begin{bmatrix}(1-\nu) & \nu & 0\\ \nu & (1-\nu) & 0\\ 0 & 0 & \dfrac{1-2\nu}{2}\end{bmatrix}$	$\begin{Bmatrix}\epsilon_x\\ \epsilon_y\\ r_{xy}\end{Bmatrix}$	$\begin{bmatrix}\dfrac{\partial}{\partial x} & 0\\ 0 & \dfrac{\partial}{\partial y}\\ \dfrac{\partial}{\partial y} & \dfrac{\partial}{\partial x}\end{bmatrix}$	$\begin{Bmatrix}u\\ v\end{Bmatrix}$
Plate (굽힘)	Kirch-hoff Plate (thin Plate)	$\begin{Bmatrix}m_{ix}\\ m_{iy}\\ m_{ixy}\end{Bmatrix}$	$\dfrac{Et^3}{12(1-\nu^2)}\begin{bmatrix}1 & \nu & 0\\ \nu & 1 & 0\\ 0 & 0 & 2(1-\nu)\end{bmatrix}$	$\begin{Bmatrix}\kappa_x\\ \kappa_y\\ \kappa_{xy}\end{Bmatrix}$	$\begin{bmatrix}\dfrac{\partial^2}{\partial x^2}\\ \dfrac{\partial^2}{\partial y^2}\\ \dfrac{\partial^2}{\partial x\,\partial y}\end{bmatrix}$	$\{w\}$
	Mindlin Plate (thick Plate)	$\begin{Bmatrix}m_{ix}\\ m_{iy}\\ m_{ixy}\\ Q_y\\ Q_x\end{Bmatrix}$	$\begin{bmatrix}[D_k] & \\ & Gt \\ & & Gt\end{bmatrix}$	$\begin{Bmatrix}\kappa_x\\ \kappa_y\\ \kappa_{xy}\\ r_{yz}\\ r_{xz}\end{Bmatrix}$	$\begin{bmatrix}\dfrac{\partial^2}{\partial x^2} & 0 & 0\\ \dfrac{\partial^2}{\partial y^2} & 0 & 0\\ \dfrac{\partial^2}{\partial x\,\partial y} & 0 & 0\\ -\dfrac{\partial}{\partial y} & 0 & 1\\ -\dfrac{\partial}{\partial x} & 1 & 0\end{bmatrix}$	$\begin{Bmatrix}w\\ \theta_x\\ \theta_y\end{Bmatrix}$

표 4.8 (계 속)

요 소		응력-변형률 관계식 $\{\sigma\}=[D]\{\epsilon\}$		변형률-변위 관계식 $\{\epsilon\}=[\partial]\{W\}$		
		응력벡터 또는 합응력벡터 (내력) $\{\sigma\}$	구성행렬 $[D]$	변형률 벡터 $\{\epsilon\}$	편미분연산자 행렬 $[\partial]$	변위 벡터 $\{W\}$
일반화된 Plate (굽힘+ Plane stress)	Kirch-hoff Plate	$\begin{Bmatrix} f_{ix} \\ f_{iy} \\ f_{ixy} \\ m_{ix} \\ m_{iy} \\ m_{ixy} \end{Bmatrix}$	$\begin{bmatrix} \frac{Et}{1-\nu^2}\begin{bmatrix} 1 & \nu & 0 \\ \nu & 1 & 0 \\ 0 & 0 & \frac{1-\nu}{2} \end{bmatrix} & 0 \\ 0 & \frac{Et^3}{12(1-\nu^2)}\begin{bmatrix} 1 & \nu & 0 \\ \nu & 1 & 0 \\ 0 & 0 & 2(1-\nu) \end{bmatrix} \end{bmatrix}$	$\begin{Bmatrix} \epsilon_x \\ \epsilon_y \\ \gamma_{xy} \\ \kappa_x \\ \kappa_y \\ \kappa_{xy} \end{Bmatrix}$	$\begin{bmatrix} \frac{\partial}{\partial x} & 0 & 0 \\ 0 & \frac{\partial}{\partial y} & 0 \\ \frac{\partial}{\partial y} & \frac{\partial}{\partial x} & 0 \\ 0 & 0 & \frac{\partial^2}{\partial x^2} \\ 0 & 0 & \frac{\partial^2}{\partial y^2} \\ 0 & 0 & \frac{\partial^2}{\partial x \partial y} \end{bmatrix}$	$\begin{Bmatrix} u \\ v \\ w \end{Bmatrix}$
	Mindlin Plate	$\begin{Bmatrix} f_{ix} \\ f_{iy} \\ f_{ixy} \\ m_{ix} \\ m_{iy} \\ m_{ixy} \\ Q_y \\ Q_x \end{Bmatrix}$	$\left[\begin{array}{c:cc} D_{\text{kirchhoff}}\ (6\times 6) & & \\ \hdashline & Gt & \\ & & Gt \end{array}\right]$	$\begin{Bmatrix} \epsilon_x \\ \epsilon_y \\ \gamma_{xy} \\ \kappa_x \\ \kappa_y \\ \kappa_{xy} \\ r_{yz} \\ r_{xz} \end{Bmatrix}$	$\left[\begin{array}{ccc:cc} & [\partial]_{\text{kirchhoff}}\ (6\times 3) & & & \\ \hdashline 0 & 0 & -\frac{\partial}{\partial y} & 0 & 1 \\ 0 & 0 & -\frac{\partial}{\partial x} & 1 & 0 \end{array}\right]$	$\begin{Bmatrix} u \\ v \\ w \\ \theta_x \\ \theta_y \end{Bmatrix}$
Solid (3D)		$\begin{Bmatrix} \sigma_x \\ \sigma_y \\ \sigma_z \\ \tau_{xy} \\ \tau_{yz} \\ \tau_{xz} \end{Bmatrix}$	$\begin{bmatrix} \frac{E(1-\nu)}{(1+\nu)(1-2\nu)} \begin{bmatrix} 1 & \frac{\nu}{1-\nu} & \frac{\nu}{1-\nu} & 0 & 0 & 0 \\ \frac{\nu}{1-\nu} & 1 & \frac{\nu}{1-\nu} & 0 & 0 & 0 \\ \frac{\nu}{1-\nu} & \frac{\nu}{1-\nu} & 1 & 0 & 0 & 0 \\ 0 & 0 & 0 & \frac{1-2\nu}{2(1-\nu)} & 0 & 0 \\ 0 & 0 & 0 & 0 & \frac{1-2\nu}{2(1-\nu)} & 0 \\ 0 & 0 & 0 & 0 & 0 & \frac{1-2\nu}{2(1-\nu)} \end{bmatrix} \end{bmatrix}$	$\begin{Bmatrix} \epsilon_x \\ \epsilon_y \\ \epsilon_z \\ r_{xy} \\ r_{yz} \\ r_{xz} \end{Bmatrix}$	$\begin{bmatrix} \frac{\partial}{\partial x} & 0 & 0 \\ \frac{\partial}{\partial y} & 0 & 0 \\ \frac{\partial}{\partial z} & 0 & 0 \\ \frac{\partial}{\partial y} & \frac{\partial}{\partial x} & 0 \\ 0 & \frac{\partial}{\partial z} & \frac{\partial}{\partial y} \\ \frac{\partial}{\partial z} & 0 & \frac{\partial}{\partial x} \end{bmatrix}$	$\begin{Bmatrix} u \\ v \\ w \end{Bmatrix}$

4.4.3절의 내용은 유한요소법의 각 요소에 대한 요소모델링 과정, 즉 그림 4.28의 Ⓐ 과정에 대한 것이다. 요소모델링은 그림 4.28의 Ⓐ, Ⓑ, Ⓒ 전 과정을 거치는데, 그중 Ⓐ, Ⓑ 과정이 요소개발자의 생각과 아이디어가 필요한 것이고, Ⓒ 과정은 Ⓐ, Ⓑ 과정의 결과를 컴퓨터를 이용하여 수치적분을 하면 나오는 결과이다. 따라서 다음 4.4.4절에서는 이 절에서의 결과(Ⓐ 과정 결과)를 이용하여 Ⓑ, Ⓒ 과정을 거치는 방법을 설명할 것이다. 그러므로 Ⓐ 과정의 결과를 요약해 놓는 것은 Ⓑ, Ⓒ 과정을 위해 필요하다. 표 4.8에 Ⓐ 과정의 결과를 요약해 놓는다.

실제로 표 4.8에서 일반화된 Beam은 Truss, Torsion, Beam 굽힘을 각각 Ⓐ, Ⓑ, Ⓒ과정까지 수행하여 각각의 요소방정식을 조합하여도 결과는 같다. 일반화된 Plate도 Plane과 Plate 굽힘을 각각 요소방정식까지 구하여 조합하면 결과는 같다. 그러나 표 4.8은 전체를 한눈에 보기에 편하고, 특히 변위벡터는 Ⓑ 과정에서 변위장을 가정할 때 가정하여야 할 변위자유도를 그대로 나타내는 것이다. 예를 들면, Beam(2D 굽힘)에서 Euler Beam은 요소 내에서 $v = v(x)$만 가정하면 된다. 그러나 Timoshenko beam 요소로 모델링하려면 요소 내에서 $v = v(x)$와 $\theta_z = \theta_z(x)$를 각각 가정하여 Ⓑ 과정과 Ⓒ 과정을 거쳐야 한다는 뜻이다. 이런 점에서 표 4.8이 요소모델링을 이해하는 데 잘 정리되어 있다고 할 수 있다. 4.4.4절에서는 표 4.8을 이용하여 Ⓑ, Ⓒ 과정으로 요소가 모델링되어 요소방정식이 구성되는 것을 설명한다.

4.4.4 요소모델링

요소모델링의 과정은 엄밀히 말하면 그림 4.28의 전 과정을 처음부터 밟아가는 것을 말한다. 그러나 그림 4.28의 Ⓐ 과정은 탄성론의 작은 카테고리의 응력-변형률 관계식과 변형률-변위 관계식을 유한요소법 수식화에 적합하게 바꾸어 놓는 것이다. 그러므로 개발하고자 하는 요소가 속한 탄성론의 작은 카테고리가 결정되면 이들 관계식 또한 결정되어 그대로 사용된다. 그런 이유로 4.4.3절에서 미리 이들 관계식을 구하여 보았고 표 4.8에 요약하여 놓았다.

실제로 탄성론의 작은 카테고리 내에서도 요소형상, 절점 및 자유도 수의 결정과 그것에 대한 변위를 어떻게 가정하느냐에 따라 다양한 요소가 만들어질 수 있다. 그러므로 엄밀한 의미에서 요소모델링은 이 과정부터 시작된다고 할 수 있고, 이 과정이 그림

4.28의 Ⓑ 과정에 해당된다.

이 절에서는 그림 4.28의 요소모델링 전 과정을 공학해석의 모델링 과정과 유사하게 정형화시켜 각 요소의 요소방정식을 구해보도록 한다.

1 Truss 요소(1차원 인장/압축)

해석대상 : Truss 요소

모델링 → 가정

① Truss 이론에 따른 관계식 결정(표 4.8 이용)

$\{\epsilon\} = [\partial]\{W\}$에서

$$\{\epsilon_x\} = \left[\frac{d}{dx}\right]\{u\} \tag{a}$$

② 요소형상, 절점 및 자유도 결정 → 변위장 가정

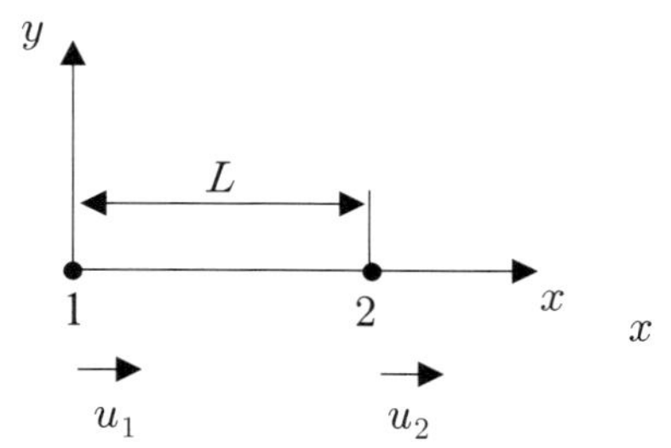

그림 4.38 2절점 2자유도 Truss 요소

변위장 가정

변위장(displacement fields)의 가정은 변위법(the assumed displacement method)의 핵심이고, 요소모델링의 핵심이다. 즉 변위장을 어떻게 가정하느냐에 따라 요소의 정확도가 결정되기 때문이다. 지금까지 요소개발자들은 변위장의 가정에 많은 실험과 연구를 수행했다고 해도 과언이 아니고, 대부분의 요소개발 연구논문들은 다양한 변위장의 가정에 따른 결과를 연구한 것들이라 할 수 있다.

변위장 가정방법의 핵심은 표 4.8의 변위벡터에 있는 변위들을 각각 가정한다는

것이고, 요소 내의 해당변위 벡터에 관계되는 자유도 수와 일치하는 미정계수(unknown coefficients)를 가져야 한다. 유한요소법에서는 이 미정계수를 'generalized coordinates'라 부른다.

변위장의 가정은 Fourier series로 가정해도 좋고, exponential function으로 가정해도 좋고, polynomial로 가정해도 좋다. 어떻게 가정하느냐는 요소개발자의 선택이지만 요소모델링 후 결과평가에서 정확도와 수렴성 등이 우수해야 요소로써 가치가 인정되는 것이다. 지금까지 많은 연구자들이 여러 논문에 자신들의 요소개발 연구결과를 게재하였지만 보편적으로 성공한 경우는 polynomial로 가정한 것이 대부분이다. 그리고 상용프로그램에 탑재되어 있는 것도 대부분 polynomial로 가정한 것들이다. 실제로 각 상용코드(ANSYS, NASTRAN, ABAQUS …)에 탑재된 요소가 변위장을 어떻게 가정하였는지를 해당 회사의 요소개발자들 외에는 알 수가 없다. 요소의 정확도와 수렴성에 가장 중요한 이 부분은 해당 회사에서 공식적으로 밝히지 않기 때문이다. 다만 사용코드의 사용자 매뉴얼에는 각 요소의 정확도와 수렴성 평가 결과를 탄성론 이론 해석 결과와 비교하여 공식적으로 밝히고, 자신들의 코드가 신뢰성이 있고 우수하다고 홍보할 뿐이다. 그만큼 모델링의 관점에서는 가정이라는 부분이 중요하다. 여기에서는 가장 보편적으로 알려진 변위장 가정에 따른 요소모델링을 소개하도록 한다.

$$u = u(x) = a_1 + a_2 x = [1 \quad x]\begin{Bmatrix} a_1 \\ a_2 \end{Bmatrix} \tag{b}$$

$\{W\} = [X]\{a\}$에서

$$\{W\} = \{u\}$$

$$[X] = [1 \quad x] \tag{c}$$

$$\{a\} = \begin{Bmatrix} a_1 \\ a_2 \end{Bmatrix} \tag{d}$$

여기서, 식 (d)는 미정계수 또는 generalized coordinates라 하고, 요소의 자유도 수의 개수와 일치시켜야 한다.

◎ 모델링 → 수학모델(요소방정식)

요소경계조건 적용

$$x = 0\text{일 때},\ u = u_1$$
$$x = L\text{일 때},\ u = u_2 \tag{e}$$

식 (e)를 식 (b)에 대입하여 행렬형태로 나타내면,

$$u_1 = a_1$$
$$u_2 = a_1 + a_2 L \tag{f}$$
$$\begin{Bmatrix} u_1 \\ u_2 \end{Bmatrix} = \begin{bmatrix} 1 & 0 \\ 1 & L \end{bmatrix} \begin{Bmatrix} a_1 \\ a_2 \end{Bmatrix}$$

$\{W_e\} = [\overline{X}]\{a\}$에서

$$\{W_e\} = \begin{Bmatrix} u_1 \\ u_2 \end{Bmatrix}:\ \text{절점변위벡터}$$
$$[\overline{X}] = \begin{bmatrix} 1 & 0 \\ 1 & L \end{bmatrix} \tag{f$'$}$$

식 (f)에서 미정계수 벡터를 구하면,

$$\begin{Bmatrix} a_1 \\ a_2 \end{Bmatrix} = \begin{bmatrix} 1 & 0 \\ 1 & L \end{bmatrix}^{-1} \begin{Bmatrix} u_1 \\ u_2 \end{Bmatrix} \tag{g}$$

$\{a\} = [\overline{X}]^{-1}\{W_e\}$에서

$$[\overline{X}]^{-1} = \begin{bmatrix} 1 & 0 \\ 1 & L \end{bmatrix}^{-1} = \begin{bmatrix} 1 & 0 \\ -\dfrac{1}{L} & \dfrac{1}{L} \end{bmatrix} \tag{g$'$}$$

요소 내 변위분포를 절점변위로 치환

식 (g)를 식 (b)에 대입하면,

$$u = u(x) = [1 \quad x]\begin{bmatrix} 1 & 0 \\ 1 & L \end{bmatrix}^{-1} \begin{Bmatrix} u_1 \\ u_2 \end{Bmatrix}$$
$$= [1 \quad x]\begin{bmatrix} 1 & 0 \\ -\dfrac{1}{L} & \dfrac{1}{L} \end{bmatrix}\begin{Bmatrix} u_1 \\ u_2 \end{Bmatrix} = \begin{bmatrix} \dfrac{L-x}{L} & \dfrac{x}{L} \end{bmatrix}\begin{Bmatrix} u_1 \\ u_2 \end{Bmatrix} \tag{h}$$

$\{W\} = [X][\overline{X}]^{-1}\{W_e\} = [N]\{W_e\}$에서

$$[N] = \left[\frac{L-x}{L} \quad \frac{x}{L}\right] = [N_1 \quad N_2] \tag{h'}$$

여기서, $[N]$은 형상함수(shape function)라 부른다.

절점변위에 의한 변형률

식 (h)를 식 (a)에 대입하면,

$$\begin{aligned}\{\epsilon_x\} &= \left[\frac{d}{dx}\right]\left[\frac{L-x}{L} \ \frac{x}{L}\right]\begin{Bmatrix}u_1\\u_2\end{Bmatrix}\\ &= \left[\frac{d}{dx}\left(\frac{L-x}{L}\right) \frac{d}{dx}\left(\frac{x}{L}\right)\right]\begin{Bmatrix}u_1\\u_2\end{Bmatrix}\\ &= \left[-\frac{1}{L} \ \frac{1}{L}\right]\begin{Bmatrix}u_1\\u_2\end{Bmatrix}\end{aligned} \tag{i}$$

$\{\epsilon\} = [\partial][N]\{W_e\} = [B]\{W_e\}$에서

$$[B] = [\partial][N] = \left[\frac{dN_1}{dx} \quad \frac{dN_2}{dx}\right] = \left[-\frac{1}{L} \quad \frac{1}{L}\right] \tag{i'}$$

여기서 $[B]$는 변형률-변위 행렬(strain-displacement matrix)이라 부른다.

결국 $[B]$는 편미분연산자행렬 $[\partial]$와 형상함수행렬 $[N]$의 곱으로 이루어지고, 요소방정식은 $[B]$와 구성행렬 $[D]$의 적분 $\int [B]^T[D][B]dV$로 이루어지므로 변형률-변위 행렬 $[B]$가 요소방정식 구성의 핵심이 된다.

수식화 방법 적용

총 퍼텐셜 에너지

$$\begin{aligned}\pi &= \int_V \frac{1}{2}\{\epsilon\}^T\{\sigma\}dV - \int_S \{W\}^T\{P\}dS\\ &= \int_V \frac{1}{2}([B]\{W_e\})^T[D]([B]\{W_e\})dV\\ &\quad - \int_S ([N]\{W_e\})^T\{P\}dS\end{aligned} \tag{j}$$

변분원리

$$\begin{aligned}\delta\pi &= \frac{\partial\pi}{\partial\{W_e\}}\delta\{W_e\} \\ &= \int_V \delta\{W_e\}^T[B]^T[D][B]dV\{W_e\} - \int_S \delta\{W_e\}^T[N]^T\{P\}dS\end{aligned} \tag{k}$$

평형조건

$$\delta\pi = 0 \tag{l}$$

요소방정식 구성

$$[k]\{W_e\} = \{f_e\} \tag{m}$$

여기서, $[k] = \int_L [B]^T[D][B]dx$

$$[B] = [N_1 \quad N_2] = \left[-\frac{1}{L} \quad \frac{1}{L}\right]$$

$[D] = [EA]$(표 4.8 이용)

$$\begin{aligned}[k] &= \int_0^L \left(\begin{bmatrix} -\frac{1}{L} \\ \frac{1}{L}\end{bmatrix}[EA]\left[-\frac{1}{L} \ \frac{1}{L}\right]\right)dx = \begin{bmatrix} \frac{EA}{L} & -\frac{EA}{L} \\ -\frac{EA}{L} & \frac{EA}{L}\end{bmatrix} \\ &= \begin{bmatrix} k_{11} & k_{12} \\ k_{21} & k_{22}\end{bmatrix} = [k_{ij}]\end{aligned} \tag{n}$$

하중의 기호는 식 (4.8)의 지역좌표계와 전체 좌표계의 기호를 사용한다. Truss에서는 분포하중이 없고 절점에서 집중하중만 존재하므로 식 (4.72)에서

$$\{f_e\} = \sum_i [N_i]^T\{f_x\}$$

식 (h′)에서 $[N] = \left[\frac{L-x}{L} \quad \frac{x}{L}\right]$

절점 $1(i=1)$에서 $x=0$, 절점 $2(i=2)$에서 $x=L$이므로 $[N_i] = [1 \quad 1]$이고

$$\{f_e\} = \begin{Bmatrix} f_{x1} \\ f_{x2} \end{Bmatrix}$$

그러므로 요소방정식은 다음과 같이 구성된다.

$$[k]\{W_e\} = \{f_e\} \tag{m}$$

$$\begin{bmatrix} \frac{EA}{L} & -\frac{EA}{L} \\ -\frac{EA}{L} & \frac{EA}{L} \end{bmatrix} \begin{Bmatrix} u_1 \\ u_2 \end{Bmatrix} = \begin{Bmatrix} f_{x1} \\ f_{x2} \end{Bmatrix} \tag{m′}$$

식 (m′)은 요소방정식이다. 그림 4.7의 요소방정식과 비교하여 다시 설명하면 E는 탄성계수로 재질에 관계된다. A, L은 단면적과 요소의 길이로 형상에 관계된다. 따라서 강성행렬 $[k]$는 형상과 재질로 결정되는 행렬임을 알 수 있다.

4.2.4절 그림 4.7을 다시 보고 해석대상의 4대요소(형상, 재질, 하중, 경계조건)가 요소방정식에서 어떻게 산입되어 있는지를 확인하길 바란다.

요소방정식에는 형상, 재질, 하중만 산입되어 있다. 경계조건은 해석대상 전체의 요소방정식을 모두 구성한 다음 입력하게 된다. 기술적으로는 하중도 경계조건과 같은 시점에 입력하여도 된다. 형상과 재질에 의해서 결정되는 요소방정식의 강성행렬을 해석대상 전체 시스템에 대하여 구성한 다음 하중을 입력하면 해당요소에서 형상함수를 이용하여 절점으로 하중을 전환하므로 하중과 경계조건은 최종적으로 같은 시점에 입력해도 된다는 것이다. 모든 상용코드는 해석대상 4대 요소의 입력순서에서 하중과 경계조건은 같은 시점에 순서를 바꾸어도 상관없게 만들어 놓았다. 그러나 형상과 재질은 유한요소를 구성하려면 존재하여야 하므로 언제나 요소를 구성하기 전에 입력하여야 한다. 상용코드의 입력순서는 이런 이유에 근거하여 프로그래밍되어 있는 것이다.

2 Torsion 요소(1차원 비틀림)

◎ 해석대상 : Torsion 요소

◎ 모델링 ➜ 가정

① Torsion 이론에 따른 관계식 결정(표 4.8 이용)

$\{\epsilon\} = [\partial]\{W\}$에서

$$\{\kappa_{xx}\} = \left[\frac{d}{dx}\right]\{\theta_x\} \qquad \text{(a)}$$

② 요소형상, 절점 및 자유도 결정 → 변위장 가정

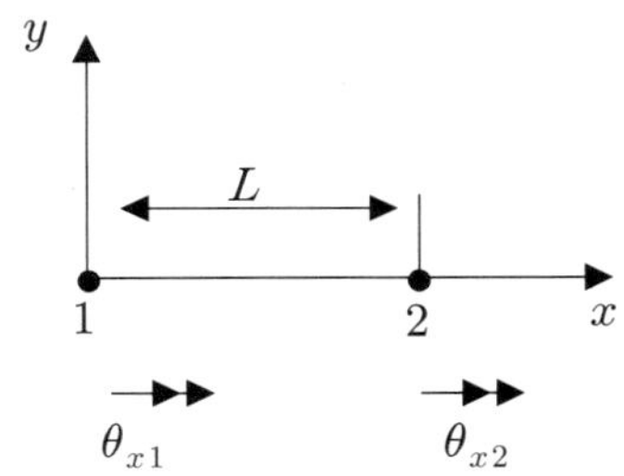

그림 4.39 2절점 2자유도 Torsion 요소

◎ 변위장 가정

$$\theta_x = \theta_x(x) = a_1 + a_2 x = [1 \quad x]\begin{Bmatrix} a_1 \\ a_2 \end{Bmatrix} \qquad \text{(b)}$$

$\{W\} = [X]\{a\}$에서

$$\{W\} = \{\theta_x\}$$

$$[X] = [1 \quad x] \qquad \text{(c)}$$

$$\{a\} = \begin{Bmatrix} a_1 \\ a_2 \end{Bmatrix} \qquad \text{(d)}$$

◎ 모델링 ➜ 수학모델(요소방정식)

요소경계조건 적용

$$x=0\text{일 때 } \theta_x=\theta_{x1}$$
$$x=L\text{일 때 } \theta_x=\theta_{x2} \qquad \text{(e)}$$

식 (e)를 식 (b)에 대입하여 행렬형태로 나타내면,

$$\theta_{x1}=a_1$$
$$\theta_{x2}=a_1+a_2L \qquad \text{(f)}$$
$$\begin{Bmatrix}\theta_{x1}\\ \theta_{x2}\end{Bmatrix}=\begin{bmatrix}1 & 0\\ 1 & L\end{bmatrix}\begin{Bmatrix}a_1\\ a_2\end{Bmatrix}$$

$\{W_e\}=[\overline{X}]\{a\}$에서

$$\{W_e\}=\begin{Bmatrix}\theta_{x1}\\ \theta_{x2}\end{Bmatrix}\text{: 절점변위벡터}$$
$$[\overline{X}]=\begin{bmatrix}1 & 0\\ 1 & L\end{bmatrix} \qquad \text{(f')}$$

식 (f)에서 미정계수 벡터를 구하면,

$$\begin{Bmatrix}a_1\\ a_2\end{Bmatrix}=\begin{bmatrix}1 & 0\\ 1 & L\end{bmatrix}\begin{Bmatrix}\theta_{x1}\\ \theta_{x2}\end{Bmatrix} \qquad \text{(g)}$$

$\{a\}=[\overline{X}]^{-1}\{W_e\}$에서

$$[\overline{X}]^{-1}=\begin{bmatrix}1 & 0\\ 1 & L\end{bmatrix}^{-1}=\begin{bmatrix}1 & 0\\ -\dfrac{1}{L} & \dfrac{1}{L}\end{bmatrix} \qquad \text{(g')}$$

요소 내 변위분포를 절점변위로 치환

식 (g)를 식 (b)에 대입하면,

$$\theta_x=\theta_x(x)=[1 \quad x]\begin{bmatrix}1 & 0\\ 1 & L\end{bmatrix}\begin{Bmatrix}\theta_{x1}\\ \theta_{x2}\end{Bmatrix}=\begin{bmatrix}\dfrac{L-x}{L} & \dfrac{x}{L}\end{bmatrix}\begin{Bmatrix}\theta_{x1}\\ \theta_{x2}\end{Bmatrix} \qquad \text{(h)}$$

$\{W\}=[X][\overline{X}]^{-1}\{W_e\}=[N]\{W_e\}$에서

$$[N] = \left[\frac{L-x}{L} \quad \frac{x}{L} \right] = [N_1 \quad N_2] \tag{h'}$$

절점변위에 의한 변형률

식 (h)를 식 (a)에 대입하면,

$$\{\kappa_{xx}\} = \left[\frac{d}{dx} \right] \left[\frac{L-x}{L} \ \frac{x}{L} \right] \begin{Bmatrix} \theta_{x1} \\ \theta_{x2} \end{Bmatrix} = \left[-\frac{1}{L} \ \frac{1}{L} \right] \begin{Bmatrix} \theta_{x1} \\ \theta_{x2} \end{Bmatrix} \tag{i}$$

$\{\epsilon\} = [\partial][N]\{W_e\} = [B]\{W_e\}$에서

$$[B] = \left[-\frac{1}{L} \quad \frac{1}{L} \right] \tag{i'}$$

수식화 방법 적용

총 퍼텐셜 에너지, 변분원리, 평형조건은 (1) Truss 요소의 식 (j), (k), (l)과 같다.

요소방정식 구성

$$[k]\{W_e\} = \{f_e\} \tag{m}$$

여기서, $[k] = \int_L [B]^T [D][B] dx$

$$[B] = \left[-\frac{1}{L} \quad \frac{1}{L} \right]$$

$[D] = [GI_x]$(표 4.8 이용)

$$[k] = \begin{bmatrix} \frac{GI_x}{L} & -\frac{GI_x}{L} \\ -\frac{GI_x}{L} & \frac{GI_x}{L} \end{bmatrix} \tag{n}$$

Torsion에서는 분포하중[$r(x)$]과 집중하중이 작용할 수 있으므로 식 (4.72)에서

$$\{f_e\} = \int_l [N]^T \{r\} dx + \sum_i [N_i]^T \{m_i\} = \begin{Bmatrix} m_{x1} \\ m_{x2} \end{Bmatrix}$$

그러므로 요소방정식은 다음과 같이 구성된다.

$$\begin{bmatrix} \frac{GI_x}{L} & -\frac{GI_x}{L} \\ -\frac{GI_x}{L} & \frac{GI_x}{L} \end{bmatrix} \begin{Bmatrix} \theta_{x1} \\ \theta_{x2} \end{Bmatrix} = \begin{Bmatrix} m_{x1} \\ m_{x2} \end{Bmatrix} \qquad (m')$$

3 Beam 2D 굽힘요소(Euler Beam)

해석대상 : Beam 2D 굽힘요소

모델링 ➜ 가정

① Euler Beam 이론에 따른 관계식 결정(표 4.8 이용)

$\{\epsilon\} = [\partial]\{W\}$에서

$$\{\kappa_{xz}\} = \left[\frac{d^2}{dx^2}\right]\{v\} \qquad (a)$$

② 요소형상, 절점 및 자유도 결정 → 변위장 가정

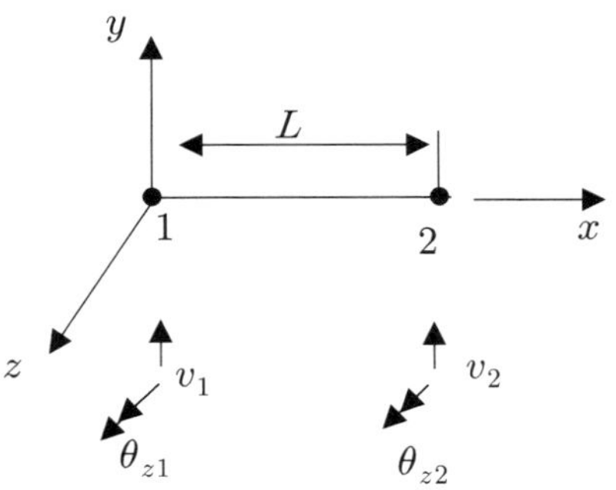

그림 4.40 2절점 4자유도 2D Beam 굽힘요소

변위장 가정

식 (a)에서 변위벡터는 v 하나이고, 그림 4.40에서 절점의 자유도가 v, θ_z 2개이지만 $\theta_z = \frac{dv}{dx}$로 v에 종속되므로 변위장은 v 하나만 가정한다. 이때 요소의 총 자

유도가 4개이므로 미정계수를 4개로 한다.

$$v = v(x) = a_1 + a_2x + a_3x^2 + a_4x^3$$

$$= [1 \quad x \quad x^2 \quad x^3] \begin{Bmatrix} a_1 \\ a_2 \\ a_3 \\ a_4 \end{Bmatrix} \tag{b}$$

$\{W\} = [X]\{a\}$에서

$$\{W\} = \{v\}$$

$$[X] = [1 \quad x \quad x^2 \quad x^3] \tag{c}$$

$$\{a\} = \{a_1\, a_2\, a_3\, a_4\}^T \tag{d}$$

모델링 ➜ 수학모델(요소방정식)

요소경계조건 적용

$$\begin{aligned} x = 0 \text{일 때 } v = v_1, \quad \theta_z = \frac{dv}{dx} = \theta_{z1} \\ x = L \text{일 때 } v = v_2, \quad \theta_z = \frac{dv}{dx} = \theta_{z2} \end{aligned} \tag{e}$$

식 (e)를 식 (b)에 대입하여 행렬형태로 나타내면,

$$\begin{aligned} v_1 &= a_1 \\ \theta_{z1} &= \left(\frac{dv}{dx}\right)_1 = a_2 \\ v_2 &= a_1 + a_2L + a_3L^2 + a_4L^3 \\ \theta_{z2} &= \left(\frac{dv}{dx}\right)_2 = a_2 + 2a_3L + 3a_4L^2 \end{aligned} \tag{f}$$

$$\begin{Bmatrix} v_1 \\ \theta_{z1} \\ v_2 \\ \theta_{z2} \end{Bmatrix} = \begin{bmatrix} 1 & 0 & 0 & 0 \\ 0 & 1 & 0 & 0 \\ 1 & L & L^2 & L^3 \\ 0 & 1 & 2L & 3L^2 \end{bmatrix} \begin{Bmatrix} a_1 \\ a_2 \\ a_3 \\ a_4 \end{Bmatrix}$$

$\{W_e\} = [\overline{X}]\{a\}$에서

$\{W_e\} = \{v_1\,\theta_{z1}\,v_2\,\theta_{z2}\}^T$: 절점변위벡터

$$[\overline{X}] = \begin{bmatrix} 1 & 0 & 0 & 0 \\ 0 & 1 & 0 & 0 \\ 1 & L & L^2 & L^3 \\ 0 & 1 & 2L & 3L^2 \end{bmatrix} \tag{f'}$$

식 (f)에서 미정계수 벡터를 구하면,

$$\{a\} = [\overline{X}]^{-1}\{W_e\} \tag{g}$$

$$[\overline{X}]^{-1} = \frac{1}{L^3}\begin{bmatrix} L^3 & 0 & 0 & 0 \\ 0 & L^3 & 0 & 0 \\ -3L & -2L^2 & 3L & -L^2 \\ 2 & L & -2 & L \end{bmatrix} \tag{g'}$$

실제로 행렬 연산에 관한 것은 mathcad, matlab, mathematica 등의 수학관련 소프트웨어를 사용하면 쉽게 얻을 수 있으므로, 이 이후로는 행렬연산 결과는 필요한 것을 제외하고는 생략하도록 한다.

요소 내 변위분포를 절점변위로 치환

식 (g)를 식 (b)에 대입하면,

$$v = v(x) = [X][\overline{X}]^{-1}\begin{Bmatrix} v_1 \\ \theta_{z1} \\ v_2 \\ \theta_{z2} \end{Bmatrix} = [N]\{W_e\} \tag{h}$$

$$[N] = [N_1 \quad N_2 \quad N_3 \quad N_4] \tag{h'}$$

여기서, $N_1 = 1 - 3\left(\frac{x}{L}\right)^2 + 2\left(\frac{x}{L}\right)^3$

$$N_2 = x - 2\left(\frac{x^2}{L}\right) + \left(\frac{x^3}{L^2}\right)$$

$$N_3 = 3\left(\frac{x}{L}\right)^2 - 2\left(\frac{x}{L}\right)^3$$

$$N_4 = -\left(\frac{x^2}{L}\right) + \left(\frac{x^3}{L^2}\right)$$

절점변위에 의한 변형률

식 (h)를 식 (a)에 대입하면,

$$\{\kappa_{xz}\} = \left[\frac{d^2}{dx^2}\right] [N_1\ N_2\ N_3\ N_4\ ] \begin{Bmatrix} v_1 \\ \theta_{z1} \\ v_2 \\ \theta_{z2} \end{Bmatrix} \tag{i}$$

$\{\epsilon\} = [\partial][N]\{W_e\} = [B]\{W_e\}$에서

$$[B] = \left[\frac{d^2N_1}{dx^2}\ \frac{d^2N_2}{dx^2}\ \frac{d^2N_3}{dx^2}\ \frac{d^2N_4}{dx^2} \right] \tag{i$'$}$$

수식화 방법 적용

총 퍼텐셜 에너지, 변분원리, 평형조건은 (1) Truss 요소의 식 (j), (k), (l)과 같다.

요소방정식 구성

$$[k]\{W_e\} = \{f_e\} \tag{m}$$

여기서, $[k] = \int_L [B]^T [D][B]dx$

$[D] = [EI_z]$(표 4.8 이용)

하중은 식 (4.72)에 의해 절점하중으로 치환되며 Beam에서는 전단력과 모멘트가 있으므로 요소방정식은 다음과 같이 된다.

$$\frac{EI_z}{L}\begin{bmatrix} \frac{12}{L^2} & \frac{6}{L} & -\frac{12}{L^2} & \frac{6}{L} \\ \frac{6}{L} & 4 & -\frac{6}{L} & 2 \\ -\frac{12}{L^2} & -\frac{6}{L} & \frac{12}{L^2} & -\frac{6}{L} \\ \frac{6}{L} & 2 & -\frac{6}{L} & 4 \end{bmatrix} \begin{Bmatrix} v_1 \\ \theta_{z1} \\ v_2 \\ \theta_{z2} \end{Bmatrix} = \begin{Bmatrix} f_{y1} \\ m_{z1} \\ f_{y2} \\ m_{z2} \end{Bmatrix} \tag{m$'$}$$

❹ Beam 2D 굽힘요소(Timoshenko Beam)

◎ 해석대상 : Beam 2D 굽힘요소

◎ 모델링 ➜ 가정

① Timoshenko Beam 이론에 따른 관계식 결정(표 4.8 이용)

$\{\epsilon\} = [\partial]\{W\}$에서

$$\begin{Bmatrix} \gamma_{xy} \\ \kappa_{xz} \end{Bmatrix} = \begin{bmatrix} -\dfrac{d}{dx} & 1 \\ 0 & \dfrac{d}{dx} \end{bmatrix} \begin{Bmatrix} v \\ \theta_z \end{Bmatrix} \tag{a}$$

② 요소형상, 절점 및 자유도 결정 → 변위장 가정

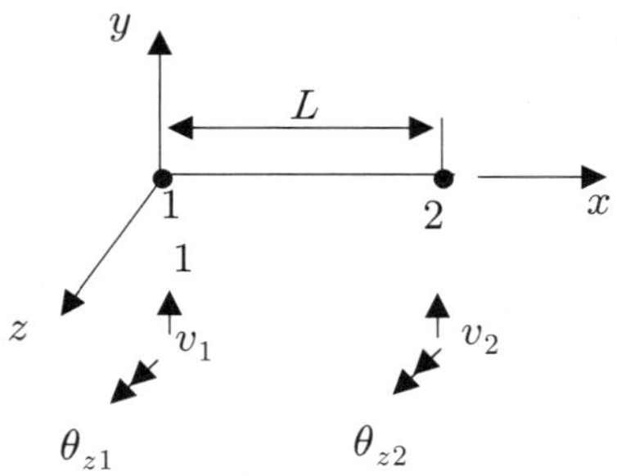

그림 4.40

◎ 변위장 가정

식 (a)에서 변위벡터가 2개이고 서로 독립적이므로 각각 가정한다. 그림 4.40에서 v, θ_z의 자유도가 각각 2개씩이므로 미정계수를 2개씩 총 4개로 일치시킨다.

$$\begin{aligned} v &= v(x) = a_1 + a_2 x = [1 \quad x]\begin{Bmatrix} a_1 \\ a_2 \end{Bmatrix} \\ \theta_z &= \theta_z(x) = b_1 + b_2 x = [1 \quad x]\begin{Bmatrix} b_1 \\ b_2 \end{Bmatrix} \end{aligned} \tag{b}$$

$\{W\} = [X]\{a\}$에서

$$\begin{Bmatrix} v \\ \theta_z \end{Bmatrix} = \begin{bmatrix} 1\,x\,0\,0 \\ 0\,0\,1\,x \end{bmatrix} \begin{Bmatrix} a_1 \\ a_2 \\ b_1 \\ b_2 \end{Bmatrix} \tag{b'}$$

$$[X] = \begin{bmatrix} 1\,x\,0\,0 \\ 0\,0\,1\,x \end{bmatrix} \tag{c}$$

$$\{a\} = \{a_1 \quad a_2 \quad b_1 \quad b_2\}^T \tag{d}$$

모델링 ➜ 수학모델(요소방정식)

요소경계조건 적용

$$x = 0\text{일 때},\ v = v_1,\quad \theta_z = \theta_{z1}$$

$$x = L\text{일 때},\ v = v_2,\quad \theta_z = \theta_{z2} \tag{e}$$

식 (e)를 식 (b′)에 대입하여 행렬형태로 나타내면,

$\{W_e\} = [\overline{X}]\{a\}$에서 식 (f)와 같이 된다.

$$\begin{Bmatrix} v_1 \\ \theta_{z1} \\ v_2 \\ \theta_{z2} \end{Bmatrix} = \begin{bmatrix} 1\,0\,0\,0 \\ 0\,0\,1\,0 \\ 1\,L\,0\,0 \\ 0\,0\,1\,L \end{bmatrix} \begin{Bmatrix} a_1 \\ a_2 \\ b_1 \\ b_2 \end{Bmatrix} \tag{f}$$

식 (f)에서 미정계수 벡터를 구하면,

$$\{a\} = [\overline{X}]^{-1}\{W_e\} \tag{g}$$

$$[\overline{X}]^{-1} = \frac{1}{L}\begin{bmatrix} L & 0 & 0\,0 \\ -1 & 0 & 1\,0 \\ 0 & L & 0\,0 \\ 0 & -1 & 0\,1 \end{bmatrix} \tag{g'}$$

요소 내 변위분포를 절점변위로 치환

식 (g)를 식 (b′)에 대입하면,

$\{W\} = [X][\overline{X}]^{-1}\{a\}$에서

$$\begin{Bmatrix} v \\ \theta_z \end{Bmatrix} = \begin{bmatrix} 1\,x\,0\,0 \\ 0\,0\,1\,x \end{bmatrix} \frac{1}{L} \begin{bmatrix} L & 0 & 0\,0 \\ -1 & 0 & 1\,0 \\ 0 & L & 0\,0 \\ 0 & -1 & 0\,1 \end{bmatrix} \begin{Bmatrix} v_1 \\ \theta_{z1} \\ v_2 \\ \theta_{z2} \end{Bmatrix}$$

$$= \begin{bmatrix} (1-\frac{x}{L}) & 0 & \frac{x}{L} & 0 \\ 0 & (1-\frac{x}{L}) & 0 & \frac{x}{L} \end{bmatrix} \begin{Bmatrix} v_1 \\ \theta_{z1} \\ v_2 \\ \theta_{z2} \end{Bmatrix} = [N]\{W_e\} \tag{h}$$

$$[N] = \begin{bmatrix} N_1 & 0 & N_2 & 0 \\ 0 & N_1 & 0 & N_2 \end{bmatrix} \tag{h'}$$

여기서, $N_1 = 1 - \dfrac{x}{L}$

$N_2 = \dfrac{x}{L}$

절점변위에 의한 변형률

식 (h)를 식 (a)에 대입하면,

$$\begin{Bmatrix} r_{xy} \\ \kappa_{xz} \end{Bmatrix} = \begin{bmatrix} -\frac{d}{dx} & 1 \\ 0 & \frac{d}{dx} \end{bmatrix} \begin{bmatrix} N_1 & 0 & N_2 & 0 \\ 0 & N_1 & 0 & N_2 \end{bmatrix} \begin{Bmatrix} v_1 \\ \theta_{z1} \\ v_2 \\ \theta_{z2} \end{Bmatrix} \tag{i}$$

$\{\epsilon\} = [\partial][N]\{W_e\} = [B]\{W_e\}$에서

$$[B] = \begin{bmatrix} -\frac{dN_1}{dx} & N_1 & -\frac{dN_2}{dx} & N_2 \\ 0 & \frac{dN_1}{dx} & 0 & \frac{dN_2}{dx} \end{bmatrix} \tag{i'}$$

$$= \begin{bmatrix} -\frac{1}{L} & (1-\frac{x}{L}) & -\frac{1}{L} & \frac{x}{L} \\ 0 & -\frac{1}{L} & 0 & \frac{1}{L} \end{bmatrix} \tag{i''}$$

수식화 방법 적용

총 퍼텐셜 에너지, 변분원리, 평형조건은 (1) Truss 요소의 식 (j), (k), (l)과 같다.

◎ **요소방정식 구성**

$$[k]\{W_e\}=\{f_e\} \tag{m}$$

여기서, $[k]=\int_L [B]^T[D][B]dx$

$[D]=\begin{bmatrix} GA & 0 \\ 0 & EI_z \end{bmatrix}$(표 4.8 이용)

$$\begin{bmatrix} \frac{GA}{2} & -\frac{GA}{2} & \frac{GA}{2} & -\frac{GA}{2} \\ -\frac{GA}{2} & \left(\frac{GAL}{3}+\frac{EI_z}{L}\right) & -\frac{GA}{2} & \left(\frac{GAL}{6}-\frac{EI_z}{L}\right) \\ \frac{GA}{L} & -\frac{GA}{2} & \frac{GA}{L} & -\frac{GA}{2} \\ -\frac{GA}{2} & \left(\frac{GAL}{6}-\frac{EI_z}{L}\right) & -\frac{GA}{2} & \left(\frac{GAL}{3}+\frac{EI_z}{L}\right) \end{bmatrix} \begin{Bmatrix} v_1 \\ \theta_{z1} \\ v_2 \\ \theta_{z2} \end{Bmatrix} = \begin{Bmatrix} f_{y1} \\ m_{z1} \\ f_{y2} \\ m_{z2} \end{Bmatrix} \tag{m'}$$

5 일반화된 Beam 요소(Euler Beam 3D; Truss+Torsion+3D Beam 굽힘)

◎ **해석대상 : 일반화된 3D Beam 요소(Euler Beam)**

◎ **모델링 ➜ 가정**

① Euler Beam 이론에 근거하여 Truss, Torsion, Beam 굽힘(3D)이 조합된 관계식 결정(표 4.8 이용)

$\{\epsilon\}=[\partial]\{W\}$에서

$$\begin{Bmatrix} \epsilon_x \\ \kappa_{xx} \\ \kappa_{xy} \\ \kappa_{xz} \end{Bmatrix} = \begin{bmatrix} \frac{d}{dx} & 0 & 0 & 0 \\ 0 & 0 & 0 & \frac{d}{dx} \\ 0 & 0 & \frac{d^2}{dx^2} & 0 \\ 0 & \frac{d^2}{dx^2} & 0 & 0 \end{bmatrix} \begin{Bmatrix} v \\ v \\ w \\ \theta_x \end{Bmatrix} \tag{a}$$

② 요소형상, 절점 및 자유도 결정 → 변위장 가정

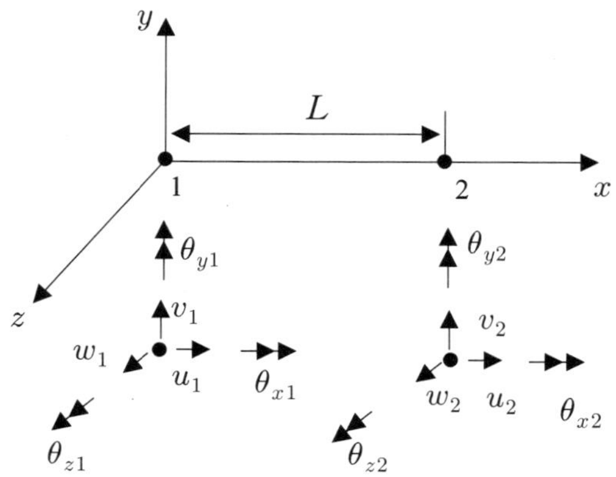

그림 4.41 2절점 12자유도의 일반화된 3D Beam 요소

변위장 가정

식 (a)의 변위벡터에서 u는 Truss, θ_x는 Torsion, v, w는 3D Beam 굽힘이므로 각각 이론에 따라 가정하되 그림 4.41에서의 관계되는 자유도 수와 미정계수를 일치시켜야 한다. 여기서 Beam 굽힘은 Euler Beam 이론이므로 θ_y, θ_z는 v, w에 종속된다.

$$\begin{aligned} u &= u(x) = a_1 + a_2 x \\ v &= v(x) = b_1 + b_2 x + b_3 x^2 + b_4 x^3 \\ w &= w(x) = c_1 + c_2 x + c_3 x^2 + c_4 x^3 \\ \theta_x &= \theta_x(x) = d_1 + d_2 x \end{aligned} \tag{b}$$

미정계수가 총 12개로 요소의 자유도 수와 일치하며 행렬형태로 나타내면,

$\{W\} = [X]\{a\}$에서

$$[X] = \begin{bmatrix} 1 & x & 0 & 0 & 0 & 0 & 0 & 0 & 0 & 0 & 0 & 0 \\ 0 & 0 & 1 & x & x^2 & x^3 & 0 & 0 & 0 & 0 & 0 & 0 \\ 0 & 0 & 0 & 0 & 0 & 0 & 1 & x & x^2 & x^3 & 0 & 0 \\ 0 & 0 & 0 & 0 & 0 & 0 & 0 & 0 & 0 & 0 & 1 & x \end{bmatrix} \tag{c}$$

$$\{a\} = \{a_1 \quad a_2 \quad b_1 \quad b_2 \quad b_3 \quad b_4 \quad c_1 \quad c_2 \quad c_3 \quad c_4 \quad d_1 \quad d_2\}^T \tag{d}$$

모델링 ➜ 수학모델(요소방정식)

요소경계조건 적용

$$
\begin{aligned}
&x=0\text{일 때}\ \ u=u_1,\quad v=v_1,\quad w=w_1\\
&\theta_x=\theta_{x1},\quad \theta_y=\frac{dw}{dx}=\theta_{y1},\quad \theta_z=\frac{dv}{dx}=\theta_{z1}\\
&x=L\text{일 때}\ \ u=u_2,\quad v=v_2,\quad w=w_2\\
&\theta_x=\theta_{x2},\quad \theta_y=\frac{dw}{dx}=\theta_{y2},\quad \theta_z=\frac{dv}{dx}=\theta_{z2}
\end{aligned}
\tag{e}
$$

식 (e)를 식 (b)에 대입하여 행렬형태로 나타내면,

$$\{W_e\}=[\overline{X}]\{a\} \tag{f}$$

식 (f)에서 미정계수 벡터를 구하면,

$$\{a\}=[\overline{X}]^{-1}\{W_e\} \tag{g}$$

요소 내 변위분포를 절점변위로 치환

식 (g)를 식 (b)에 대입하면,

$$\{W\}=[X][\overline{X}]^{-1}\{W_e\}=[N]\{W_e\} \tag{h}$$

$$\{W\}=\{u \quad v \quad w \quad \theta_x\}^T$$

$$[N]=\begin{bmatrix} N_1' & 0 & 0 & 0 & 0 & 0 & N_2' & 0 & 0 & 0 & 0 & 0 \\ 0 & N_1 & 0 & 0 & 0 & N_2 & 0 & N_3 & 0 & 0 & 0 & N_4 \\ 0 & 0 & N_1 & 0 & N_2 & 0 & 0 & 0 & N_3 & 0 & N_4 & 0 \\ 0 & 0 & 0 & N_1' & 0 & 0 & 0 & 0 & 0 & N_2' & 0 & 0 \end{bmatrix} \tag{h$'$}$$

$$\{W_e\}=\{u_1 \quad v_1 \quad w_1 \quad \theta_{x1} \quad \theta_{y1} \quad \theta_{z1} \quad u_2 \quad v_2 \quad w_2 \quad \theta_{x2} \quad \theta_{y2} \quad \theta_{z2}\}^T$$

여기서 형상함수 $[N]$은 식 (h)를 mathcad나 matlab을 이용하여 연산하여도 얻어지지만 독립적인 Truss, Torsion, Beam 굽힘의 조합이므로 앞에서 구한 그들의 형상함수를 조합해도 결과는 동일하다. 따라서 앞의 결과를 이용하면 Truss와

Torsion의 형상함수는 같으므로 N_1', N_2'은 (1) Truss와 (2) Torsion의 식 (h')과 같다. N_1, N_2, N_3, N_4는 (3) 2D Beam(Euler)의 형상함수 식 (h')과 같다.

◎ 절점변위에 의한 변형률

식 (h)를 식 (a)에 대입하면 변형률-변위행렬 $[B]$를 구할 수 있다.

$$\{\epsilon\} = [\partial][N]\{W_e\} = [B]\{W_e\} \qquad \text{(i)}$$

◎ 수식화 방법 적용

총 퍼텐셜 에너지, 변분원리, 평형조건은 (1) Truss 요소의 식 (j), (k), (l)과 같다.

◎ 요소방정식 구성

$$[k]\{W_e\} = \{f_e\} \qquad \text{(m)}$$

여기서, $[k] = \int_L [B]^T [D][B] dx$

$$[D] = \begin{bmatrix} EA & & & \\ & GI_x & & \\ & & EI_y & \\ & & & EI_z \end{bmatrix} \text{(표 4.8 이용)}$$

하중벡터는 다음과 같이 요소 내 지역좌표계에서 구성된다.

$$\{f_e\} = \{f_{x1} \quad f_{y1} \quad f_{z1} \quad m_{x1} \quad m_{y1} \quad m_{z1} \quad f_{x2} \quad f_{y2} \quad f_{z2} \quad m_{x2} \quad m_{y2} \quad m_{z2}\}^T$$

6 일반화된 Beam 요소(Timoshenko Beam 3D) (Truss+Torsion+3D Beam 굽힘)

◎ 해석대상 : 일반화된 3D Beam 요소(Timoshenko Beam)

◎ 모델링 → 가정

① Timoshenko Beam 이론에 근거하여 Truss, Torsion, Beam 굽힘(3D)이 조합된

관계식 결정(표 4.8 이용)

$$\{\epsilon\} = [\partial]\{W\} \tag{a}$$

② 요소형상, 절점 및 자유도 결정 → 변위장 가정

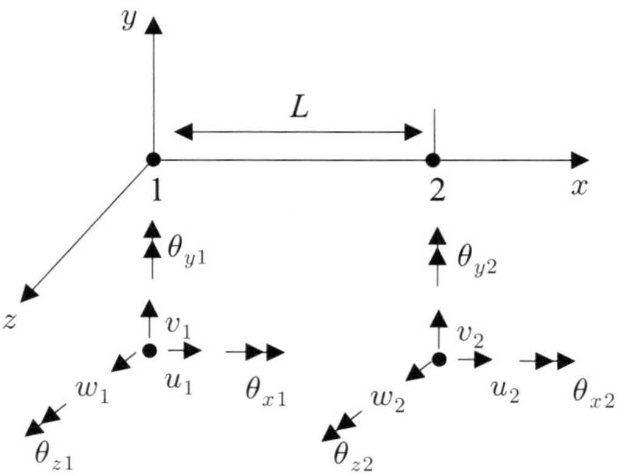

그림 4.41 2절점 12자유도의 일반화된 3D Beam 요소

변위장 가정

표 4.8에 있는 일반화된 Beam(Timoshenko)의 변위벡터를 모두 가정하되 그림 4.41에서 각각의 변위의 자유도가 2개씩이므로 각각의 변위의 미정계수를 2개씩 가정하여 총 12개가 되게 한다.

$$\begin{aligned} u &= u(x) = a_1 + a_2 x \\ v &= v(x) = b_1 + b_2 x \\ w &= w(x) = c_1 + c_2 x \\ \theta_x &= \theta_x(x) = d_1 + d_2 x \\ \theta_y &= \theta_y(x) = e_1 + e_2 x \\ \theta_z &= \theta_z(x) = f_1 + f_2 x \end{aligned} \tag{b}$$

행렬형태로 나타내면,

$$\{W\} = [X]\{a\} \tag{c}$$

$$\{a\} = \{a_1 \quad a_2 \quad b_1 \quad b_2 \quad c_1 \quad c_2 \quad d_1 \quad d_2 \quad e_1 \quad e_2 \quad f_1 \quad f_2\}^T \tag{d}$$

모델링 ➜ 수학모델(요소방정식)

요소경계조건 적용

$$\begin{aligned} &x = 0\text{일 때, } u = u_1, \quad v = v_1, \quad w = w_1 \\ &\theta_x = \theta_{x1}, \quad \theta_y = \theta_{y1}, \quad \theta_z = \theta_{z1} \\ &x = L\text{일 때, } u = u_2, \quad v = v_2, \quad w = w_2 \\ &\theta_x = \theta_{x2}, \quad \theta_y = \theta_{y2}, \quad \theta_z = \theta_{z2} \end{aligned} \tag{e}$$

식 (e)를 식 (b)에 대입하여 행렬형태로 나타내면,

$$\{W_e\} = [\overline{X}]\{a\} \tag{f}$$

식 (f)에서 미정계수 벡터를 구하면,

$$\{a\} = [\overline{X}]^{-1}\{W_e\} \tag{g}$$

요소 내 변위분포를 절점변위로 치환

식 (g)를 식 (b)에 대입하면

$$\{W\} = [X][\overline{X}]^{-1}\{W_e\} = [N]\{W_e\} \tag{h}$$

$$[N] = \begin{bmatrix} N_1 & 0 & 0 & 0 & 0 & 0 & N_2 & 0 & 0 & 0 & 0 & 0 \\ 0 & N_1 & 0 & 0 & 0 & 0 & 0 & N_2 & 0 & 0 & 0 & 0 \\ 0 & 0 & N_1 & 0 & 0 & 0 & 0 & 0 & N_2 & 0 & 0 & 0 \\ 0 & 0 & 0 & N_1 & 0 & 0 & 0 & 0 & 0 & N_2 & 0 & 0 \\ 0 & 0 & 0 & 0 & N_1 & 0 & 0 & 0 & 0 & 0 & N_2 & 0 \\ 0 & 0 & 0 & 0 & 0 & N_1 & 0 & 0 & 0 & 0 & 0 & N_2 \end{bmatrix} \tag{h'}$$

$$\{W_e\} = \{u_1 \quad v_1 \quad w_1 \quad \theta_{x1} \quad \theta_{y1} \quad \theta_{z1} \quad u_2 \quad v_2 \quad w_2 \quad \theta_{x2} \quad \theta_{y2} \quad \theta_{z2}\}^T$$

식 (h)를 연산하여도 형상함수가 얻어지지만 모든 변위가 독립적이고 모두 Truss와 같이 1차함수로 가정하였으므로 N_1, N_2는 (1) Truss의 형상함수 식 (h′)과 같다.

이것을 행렬요소배열에 맞게 배열하면 된다.

◎ **절점변위에 의한 변형률**

식 (h)를 식 (a)에 대입하면 변형률-변위행렬 [B]를 구할 수 있다.

$$\{\epsilon\} = [\partial][N]\{W_e\} = [B]\{W_e\} \tag{i}$$

◎ **수식화 방법 적용**

총 퍼텐셜 에너지, 변분원리, 평형조건은 (1) Truss 요소의 식 (j), (k), (l)과 같다.

◎ **요소방정식 구성**

$$[k]\{W_e\} = \{f_e\} \tag{m}$$

여기서, $[k] = \int_L [B]^T [D][B]dx$

$$[D] = \begin{bmatrix} EA & & & & & \\ & GA & & & & \\ & & GA & & & \\ & & & GI_x & & \\ & & & & EI_y & \\ & & & & & EI_z \end{bmatrix}$$ (표 4.8 이용)

하중벡터는 (5) 일반화된 Euler Beam 요소와 같다.

7 Plane stress 요소(삼각형 요소)

◎ **해석대상 : Plane stress 요소(삼각형 요소)**

◎ **모델링 → 가정**

① Plane stress & strain 이론에 따른 관계식 결정(표 4.8 이용)

$\{\epsilon\} = \{\partial\}\{W\}$에서

$$\begin{Bmatrix} \epsilon_x \\ \epsilon_y \\ \gamma_{xy} \end{Bmatrix} = \begin{bmatrix} \frac{\partial}{\partial x} & 0 \\ 0 & \frac{\partial}{\partial y} \\ \frac{\partial}{\partial y} & \frac{\partial}{\partial x} \end{bmatrix} \begin{Bmatrix} u \\ v \end{Bmatrix} \tag{a}$$

② 요소형상, 절점 및 자유도 결정 → 변위장 가정

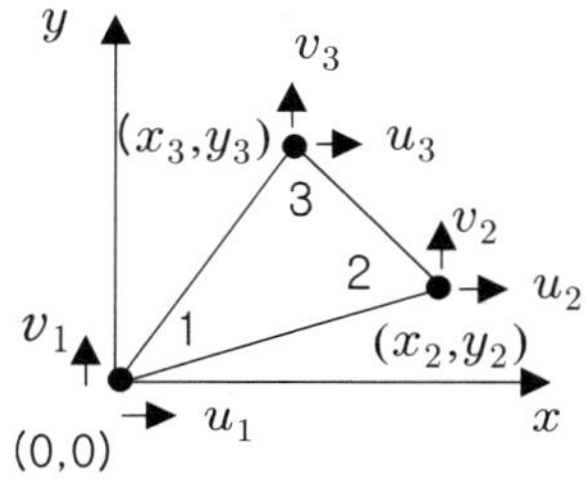

그림 4.42 3절점 6자유도 삼각형 Plane stress 요소

변위장 가정

$$u = u(x, y) = a_1 + a_2 x + a_3 y$$

$$v = v(x, y) = b_1 + b_2 x + b_3 y$$

$$\begin{Bmatrix} u \\ v \end{Bmatrix} = \begin{bmatrix} 1\ x\ y\ 0\ 0\ 0 \\ 0\ 0\ 0\ 1\ x\ y \end{bmatrix} \begin{Bmatrix} a_1 \\ a_2 \\ a_3 \\ b_1 \\ b_2 \\ b_3 \end{Bmatrix} \tag{b}$$

$\{W\} = [X]\{a\}$에서

$$\{W\} = \begin{Bmatrix} u \\ v \end{Bmatrix}$$

$$[X] = \begin{bmatrix} 1\ x\ y\ 0\ 0\ 0 \\ 0\ 0\ 0\ 1\ x\ y \end{bmatrix} \tag{c}$$

$$\{a\} = \{a_1 \quad a_2 \quad a_3 \quad b_1 \quad b_2 \quad b_3\}^T \tag{d}$$

모델링 ➜ 수학모델(요소방정식)

요소경계조건 적용

$$(x,\ y) = (0,\ 0)\text{에서 } u = u_1,\ v = v_1$$

$$(x,\ y) = (x_2,\ y_2)\text{에서 } u = u_2,\ v = v_2 \tag{e}$$

$$(x,\ y) = (x_3,\ y_3)\text{에서 } u = u_3,\ v = v_3$$

식 (e)를 식 (b)에 대입하여 행렬형태로 나타내면,

$$\begin{Bmatrix} u_1 \\ v_1 \\ u_2 \\ v_2 \\ u_3 \\ v_3 \end{Bmatrix} = \begin{bmatrix} 1 & 0 & 0 & 0 & 0 & 0 \\ 0 & 0 & 0 & 1 & 0 & 0 \\ 1 & x_2 & y_2 & 0 & 0 & 0 \\ 0 & 0 & 0 & 1 & x_2 & y_2 \\ 1 & x_3 & y_3 & 0 & 0 & 0 \\ 0 & 0 & 0 & 1 & x_3 & y_3 \end{bmatrix} \begin{Bmatrix} a_1 \\ a_2 \\ a_3 \\ b_1 \\ b_2 \\ b_3 \end{Bmatrix} \tag{f}$$

식 (f)는 간략히 식 (f′)으로 표현된다.

$$\{W\} = [\overline{X}]\{a\} \tag{f′}$$

식 (f′)에서 미정계수 벡터를 구하면,

$$\{a\} = \{\overline{X}]^{-1}\{W_e\} \tag{g}$$

$$[\overline{X}]^{-1} = \frac{1}{(x_2y_3 - x_3y_2)} \begin{bmatrix} (x_2y_3 - x_3y_2) & 0 & 0 & 0 & 0 & 0 \\ (y_2 - y_3) & 0 & y_3 & 0 & -y_2 & 0 \\ (x_3 - x_2) & 0 & -x_3 & 0 & x_2 & 0 \\ 0 & (x_2y_3 - x_3y_2) & 0 & 0 & 0 & 0 \\ 0 & (y_2 - y_3) & 0 & y_3 & 0 & -y_2 \\ 0 & (x_3 - x_2) & 0 & -x_3 & 0 & x_2 \end{bmatrix} \tag{g′}$$

$$\{W_e\} = \{u_1\ \ v_1\ \ u_2\ \ v_2\ \ u_3\ \ v_3\}^T \tag{g″}$$

요소 내 변위분포를 절점변위로 치환

식 (g)를 식 (b)에 대입하면,

$$\begin{Bmatrix} u \\ v \end{Bmatrix} = [X][\overline{X}]^{-1}\{W_e\} = [N]\{W_e\} \tag{h}$$

$$[N]=\begin{bmatrix} N_1 & 0 & N_2 & 0 & N_3 & 0 \\ 0 & N_1 & 0 & N_2 & 0 & N_3 \end{bmatrix} \tag{h'}$$

여기서, $N_1 = 1+ \dfrac{(y_2-y_3)x+(x_3-x_2)y}{(x_2y_3-x_3y_2)}$

$$N_2=\frac{y_3x-x_3y}{(x_2y_3-x_3y_2)}$$
$$N_3=\frac{-y_2x+x_2y}{(x_2y_3-x_3y_2)} \tag{h''}$$

절점변위에 의한 변형률

식 (h)를 식 (a)에 대입하면,

$$\begin{Bmatrix} \epsilon_x \\ \epsilon_y \\ \gamma_{xy} \end{Bmatrix} = \begin{bmatrix} \dfrac{\partial}{\partial x} & 0 \\ 0 & \dfrac{\partial}{\partial y} \\ \dfrac{\partial}{\partial y} & \dfrac{\partial}{\partial x} \end{bmatrix} \begin{bmatrix} N_1 & 0 & N_2 & 0 & N_3 & 0 \\ 0 & N_1 & 0 & N_2 & 0 & N_3 \end{bmatrix} \{W_e\}$$

$$= \begin{bmatrix} \dfrac{\partial N_1}{\partial x} & 0 & \dfrac{\partial N_2}{\partial x} & 0 & \dfrac{\partial N_3}{\partial x} & 0 \\ 0 & \dfrac{\partial N_1}{\partial y} & 0 & \dfrac{\partial N_2}{\partial y} & 0 & \dfrac{\partial N_3}{\partial y} \\ \dfrac{\partial N_1}{\partial y} & \dfrac{\partial N_1}{\partial x} & \dfrac{\partial N_2}{\partial y} & \dfrac{\partial N_2}{\partial x} & \dfrac{\partial N_3}{\partial y} & \dfrac{\partial N_3}{\partial x} \end{bmatrix} \{W_e\} \tag{i}$$

$$= \frac{1}{(x_2y_3-x_3y_2)} \begin{bmatrix} (y_2-y_3) & 0 & y_3 & 0 & -y_2\ 0 \\ & 0 & (x_3-x_2) & 0 & -x_3\ 0 \\ x_2 & & (x_3-x_2)\,(y_2-y_3) & -x_3y_3 & \\ x_2 & -y_2 & \{W_e\} & & \\ & & & & \end{bmatrix}$$

$\{\epsilon\}=[\partial][N]\{W_e\}=[B]\{W_e\}$에서 식 (i)에 의하면 변형률-변위행렬 $[B]$를 (i′)과 같이 얻을 수 있다. 여기서 $[B]$는 좌표값만으로 구성되는 상수행렬이 된다.

$$[B]= \frac{1}{(x_2y_3-x_3y_2)} \begin{bmatrix} (y_2-y_3) & 0 & y_3 & 0 & -y_2\ 0 \\ & 0 & (x_3-x_2) & 0 & -x_3\ 0 \\ x_2 & & (x_3-x_2)\,(y_2-y_3) & -x_3y_3 & \\ x_2 & -y_2 & & & \\ & & & & \end{bmatrix} \tag{i'}$$

수식화 방법 적용

총 퍼텐셜 에너지, 변분원리, 평형조건은 (1) Truss요소의 식 (j), (k), (l)과 같다.

요소방정식 구성

$$[k]\{W_e\} = \{f_e\} \tag{m}$$

여기서, $[k] = \int_A [B]^T[D][B]dA$ (m′)

$$[D] = \frac{E}{1-\nu^2}\begin{bmatrix} 1\,\nu & 0 \\ \nu\,1 & 0 \\ 0\,0 & \frac{1-\nu}{2} \end{bmatrix} \text{ (Plane stress)} \tag{m″}$$

$$[D] = \frac{E}{(1+\nu)(1-2\nu)}\begin{bmatrix} (1-\nu) & \nu & 0 \\ \nu & (1-\nu) & 0 \\ 0 & 0 & \frac{1-\nu}{2} \end{bmatrix} \text{ (Plane strain)} \tag{m‴}$$

(m″), (m‴)은 표 4.8을 이용하는데, Plane stress로 해석하고자 하면 구성행렬을 (m″)을 사용하고, Plane strain으로 해석하고자 하면 (m‴)을 사용한다. Plane stress와 Plane strain의 유한요소 해석 차이는 구성행렬에만 의존한다. 하중벡터는 다음과 같다.

$$\{f_e\} = \{f_{x1} \quad f_{y1} \quad f_{x2} \quad f_{y2} \quad f_{x3} \quad f_{y3}\} \tag{m⁗}$$

실제로 여기에서 기술된 Plane stress의 3절점 6자유도의 삼각형 요소는 식 (i′), (m′)에서 보면 적분기호 내부가 모두 상수항이 되므로 요소의 면적만 계산되면 간단하게 강성행렬이 산출된다. 요소모델링 과정에서의 변위장 가정 및 적분의 간편함과 전체 구조물을 요소분할할 때 날카로운 예각, 둔각 모서리의 삼각형 요소처리의 간편함이 함께 하는 장점이 있다. 그러나 요소의 정확도에 있어서는 사각형 요소보다 못하므로 이와 같은 점은 다른 관점에서 살펴보아야 한다.

이 절(4.4.4)에서는 요소를 모델링하는 방법의 일관성을 유지하기 위하여 삼각형 요소만 설명한다. 정확한 요소를 개발하기 위한 변위장 가정의 세세한 방법은 별도로 논의되어야 할 필요가 있다.

예를 들면, 사각형 요소를 이 절에서 설명한 일관성 있는 변위장 가정방법에 따라 모델링하려면 그림 4.43과 같이 생각할 수 있다. 그림 4.43은 직사각형 요소이고 가로, 세로가 a, b로 결정되어 있는 것을 나타낸 것이다.

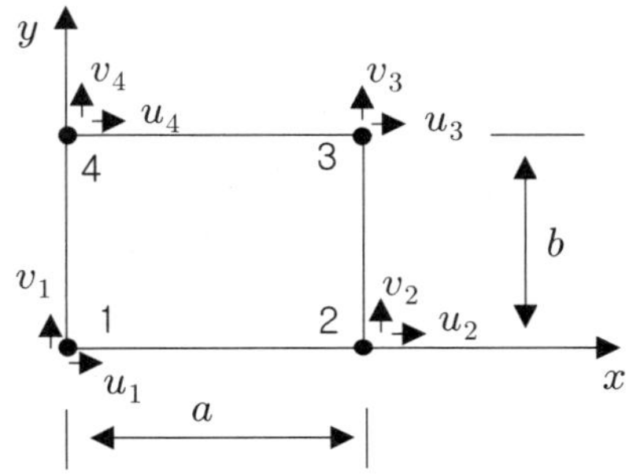

그림 4.43 4절점 8자유도 직사각형 Plane stress 요소

변위장 가정

$$
\begin{aligned}
u &= u(x, y) = a_1 + a_2 x + a_3 y + a_4 xy \\
v &= v(x, y) = b_1 + b_2 x + b_3 y + b_4 xy
\end{aligned} \tag{n}
$$

나머지 과정은 모두 앞에서 한 대로 따르면 되는데, 이렇게 하였을 때 얻어지는 형상함수는 다음과 같다.

$$
\begin{aligned}
N_1 &= \left(1 - \frac{x}{a}\right)\left(1 - \frac{y}{b}\right) \\
N_2 &= \frac{x}{a}\left(1 - \frac{y}{b}\right) \\
N_3 &= \frac{xy}{ab} \\
N_4 &= \left(1 - \frac{x}{a}\right)\frac{y}{b}
\end{aligned} \tag{o}
$$

형상함수 식 (o)를 이용하여 변형률-변위행렬 $[B]$를 구하고, 요소방정식을 구성함에 있어 면적에 대한 적분을

$$
[k] = \int_0^b \int_0^a [B]^T [D] [B] dx\, dy
$$

와 같이 처리하면 강성행렬의 적분이 가능하다.

그러나 전체 구조물을 요소분할할 때 직사각형으로만 분할할 수가 없는 경우가 있다. 물론 오차를 많이 허용하겠다고 하면 가능하지만 경계에서 보다 정확하게 요소분할을 하여 실제와 근사하게 만들려면 그림 4.46과 같은 일반적인 사변형 요소가 필요하다. 그림 4.46과 같은 일반적인 사변형 요소를 이 절에서 설명한 대로 수식화하려면 면적을 적분하는 데 어려움이 따른다. 이것은 다음 절 (4.4.5)에서 설명하는 isoparametric 유한요소모델링의 방법을 사용하게 된다.

8 Plate 요소

해석대상 : Plate 요소(Kirchhoff Plate)

모델링 → 가정

① Plate 이론에 따른 관계식 결정(표 4.8 이용)

$\{\epsilon\} = \{\partial\}\{W\}$에서

$$\begin{Bmatrix} \kappa_x \\ \kappa_y \\ \kappa_{xy} \end{Bmatrix} = \begin{bmatrix} \dfrac{\partial^2}{\partial x^2} \\ \dfrac{\partial^2}{\partial y^2} \\ \dfrac{\partial^2}{\partial x \partial y} \end{bmatrix} \{W\} \tag{a}$$

② 요소형상, 절점 및 자유도 결정 → 변위장 가정

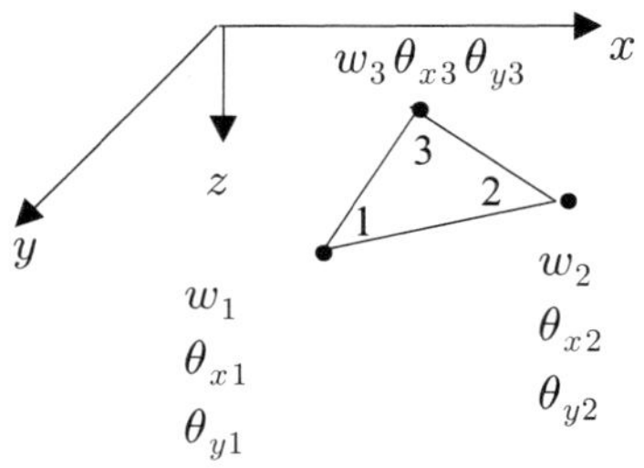

그림 4.44 3절점 9자유도 삼각형 Plate 요소

변위장 가정

$$w = w(x, y) = a_1 + a_2 x + a_3 y + a_4 x^2 + a_5 xy + a_6 y^2 + a_7 x^3 + a_8 (x^2 y + xy^2) + a_9 y^3 \tag{b}$$

행렬형태로 나타내면,

$\{W\} = [X]\{a\}$에서

$$\{W\} = \{w\}$$

$$[X] = [1 \quad x \quad y \quad x^2 \quad xy \quad y^2 \quad x^3 \quad (x^2 y + xy^2) \quad y^3] \tag{c}$$

$$\{a\} = \{a_1 \quad a_2 \quad a_3 \quad a_4 \quad a_5 \quad a_6 \quad a_7 \quad a_8 \quad a_9\}^T \tag{d}$$

◎ 모델링 ➜ 수학모델(요소방정식)

◎ 요소경계조건 적용

$$\begin{aligned}
&(x, y) = (x_1, y_1)\text{에서 } w = w_1, \quad \theta_x = \frac{\partial w}{\partial x} = \theta_{x1}, \quad \theta_y = \frac{\partial w}{\partial y} = \theta_{y1} \\
&(x, y) = (x_2, y_2)\text{에서 } w = w_2, \quad \theta_x = \frac{\partial w}{\partial x} = \theta_{x2}, \quad \theta_y = \frac{\partial w}{\partial y} = \theta_{y2} \\
&(x, y) = (x_3, y_3)\text{에서 } w = w_3, \quad \theta_x = \frac{\partial w}{\partial x} = \theta_{x3}, \quad \theta_y = \frac{\partial w}{\partial y} = \theta_{y3}
\end{aligned} \tag{e}$$

식 (e)를 식 (b)에 대입하여 행렬형태로 나타내면,

$$\{W_e\} = [\overline{X}]\{a\} \tag{f}$$

식 (f)에서 미정계수 벡터를 구하면,

$$\{a\} = [\overline{X}]^{-1}\{W_e\} \tag{g}$$

$$\{W_e\} = \{w_1 \quad \theta_{x1} \quad \theta_{y1} \quad w_2 \quad \theta_{x2} \quad \theta_{y2} \quad w_3 \quad \theta_{x3} \quad \theta_{y3}\}^T \tag{g'}$$

◎ 요소 내 변위분포를 절점변위로 치환

식 (g)를 식 (b)에 대입하면,

$$\{W\} = [X][\overline{X}]^{-1}\{W_e\} = [N]\{W_e\} \tag{h}$$

여기서, $[N]$은 형상함수(shape function)가 된다.

절점변위에 의한 변형률

식 (h)를 식 (a)에 대입하면,

$$\begin{Bmatrix} \kappa_x \\ \kappa_y \\ \kappa_{xy} \end{Bmatrix} = \begin{bmatrix} \dfrac{\partial^2}{\partial x^2} \\ \dfrac{\partial^2}{\partial y^2} \\ \dfrac{\partial^2}{\partial x \partial y} \end{bmatrix} [N]\{W_e\} = [B]\{W_e\} \tag{i}$$

수식화 방법 적용

총 퍼텐셜 에너지, 변분원리, 평형조건은 (1) Truss 요소의 식 (j), (k), (l)과 같다.

요소방정식 구성

$$[k]\{W_e\} = \{f_e\} \tag{m}$$

여기서, $$[k] = \int_A [B]^T [D][B] dA \tag{m$'$}$$

$$[D] = \frac{Et^3}{12(1-\nu^2)} \begin{bmatrix} 1 & \nu & 0 \\ \nu & 1 & 0 \\ 0 & 0 & 2(1-\nu) \end{bmatrix} \tag{m$''$}$$

여기서 식 (m″)의 $[D]$는 Kirchhoff Plate 이론에서의 구성행렬이다.

9 요소모델링의 결언

지금까지 4.4.4절에서 기술한 것을 유한요소법에 대해 독자들이 보다 체계적으로 쉽게 이해할 수 있도록 요소모델링을 패턴화하여 설명한 것이다. 요소모델링도 자연현상을 모델링하는 것과 같이 가정과 물리법칙을 적용하고 수식화하여야 하며, 가정이 잘 되었을 때 요소의 정확도와 수식화의 간편성 및 기타 요소성능(performance)이 좋아질 수 있음을 이해시키고자 하였다. 4.4.4절 요소모델링을 모두 공부하고 난 뒤 여러분들은 요소모델링에서 변위장의 가정이 가장 중요한 문제임을 알게 될 것이다.

유한요소법에서 변위장의 가정방법은 보편적으로 크게 두 가지가 알려져 있다. 하나는 일반화된 좌표계에 의한 유한요소모델(generalized coordinate finite element models)이고, 다른 하나는 isoparametric 유한요소모델(isoparametric finite element models)이다. 이 절(4.4.4절 요소모델링)에서는 독자들이 개념을 쉽게 이해할 수 있도록 (1) Truss에서 (8) Plate 요소까지 모두 일반화된 좌표계에 의한 유한요소모델의 방법으로 변위장을 가정하였다.

즉, 지역좌표계 x, y, z를 사용하고, 변위장 $u(x, y, z)$, $v(x, y, z)$를 x, y, z 좌표계의 polynomials로 가정하고 미정계수($a_1, a_2 \cdots$)를 일반화된 좌표계(generalized coordinates)로 하는 방법을 '일반화된 좌표계에 의한 유한요소모델(generalized coordinate finite element models)'이라 하는 것이다. 이해를 돕기 위하여 이 방법으로 처음부터 끝까지 기술하였지만, 이 방법은 역행렬 $[\overline{X}]^{-1}$을 구해야 하고, 적분의 어려움도 갖고 있으며 그 외 효과적인 처리에 있어서 isoparametric 요소보다 효율적이지 못한 부분이 있다.

특히, 선요소(line element : truss, beam)에서는 큰 차이가 없지만 면요소(surface element: plane, plate), 체적요소(volume element: solid)에서는 자유도 수가 많아지고, 형상이 2D, 3D가 되므로 적분과 기타 처리에 있어서 isoparametric 요소가 훨씬 효율적이 된다.

Isoparametric 요소의 가장 큰 장점은 형상함수(shape function) $[N]$을 곧바로 가정하여 얻고, 이 형상함수를 이용하여 변위장을 곧바로 절점변위로 치환할 수 있다는 것이다. 즉, 4.4.4절에서 (b)~(g) 과정이 생략되고, 곧바로 (h) 과정부터 시작할 수 있다는 것이다. 이렇게 되면 요소경계조건을 대입하고[(e), (f) 과정], 역행렬을 구한 뒤[(g) 과정], 역행렬과 변위장을 곱하여 요소 내 변위분포를 절점변위로 치환하는 과정이 생략되게 된다.

즉, (h) 과정에서 변위장과 역행렬을 곱하는 것이 생략되고, 곧바로 요소 내 변위분포를 다음과 같이 절점변위로 표현할 수 있게 된다.

$$\{W\} = [N]\{W_e\}$$

여기서, $[N]$: Isoparametric interpolation function(shape function)

나머지 과정[(h)~(m)]은 이 절에서 설명한 것과 동일하고, 다만 미분과 적분에서 Jacobian과 Gauss 적분을 이용하는 것이 차이가 있다.

이를 위하여 다음 절에 Isoparametric 요소에 대하여 간략히 기술하고자 한다.

4.4.5 Isoparametric 유한요소 모델링

앞절의 '(9) 요소모델링의 결언'에서 설명하였듯이, 유한요소 모델링의 변위장을 가정하는 방법에는 보편적으로 크게 두 가지가 있다고 하였다.

> ① 일반화된 좌표계에 의한 유한요소모델
> (generalized coordinate finite element model)
> ② Isoparamentric 유한요소모델
> (isoparamentric finite element model)

①은 4.4.4절에서 기술된 방법이고, 이 절에서는 ②를 설명하고자 한다. ②를 이해하기 위하여 먼저 알아야 할 내용이 parametric mapping, mapping 함수로써 Lagrange interpolation function, mapping 함수의 미분, 수치적분 등에 관한 것이다. 이 절에서는 이들에 대한 개념을 먼저 설명하고, Plane stress에 대한 isoparametric 유한요소 모델링을 하나의 예로 기술하고자 한다.

1 parametric mapping과 Lagrange interpolation function

그림 4.45, 4.46과 같이 1차원과 2차원의 형상은 parameter를 이용하여 mapping을 할 수 있다. 이때 이 둘의 관계를 이어주는 함수를 mapping function(사상함수)이라 한다.

mapping에서는 가장 기본적인 것이 mapping function을 이용한 mapping 전후의 좌표 사이의 관계이다. 이 관계가 정해지면 그림 4.45, 4.46에서 점 A에 대응하는 점 A'의 좌표값을 또는 점 A'에 대응하는 점 A의 좌표값을 호환적으로 알 수 있기 때문이다. 이 관계를 1차원, 2차원, 3차원에서 각각 다음과 같이 나타낼 수 있다.

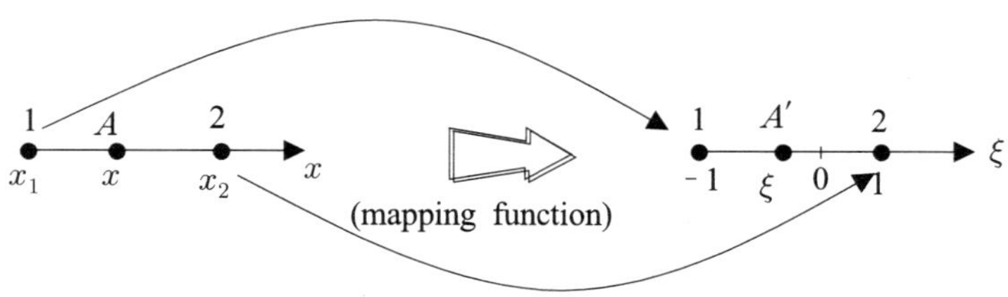

(a) mapping 전 (b) mapping 후

그림 4.45 1차원 mapping

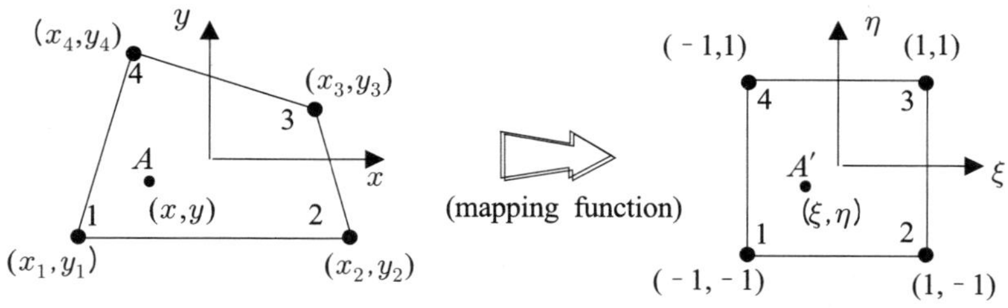

(a) mapping 전 (b) mapping 후

그림 4.46 2차원 사변형 mapping

$$1차원 : x = [N(\xi)]\{a\} \tag{4.140}$$

$$2차원 : x = [N(\xi, \eta)]\{b\} \tag{4.141}$$

$$y = [N(\xi, \eta)]\{c\}$$

$$3차원 : x = [N(\xi, \eta, \zeta)]\{d\} \tag{4.142}$$

$$y = [N(\xi, \eta, \zeta)]\{e\}$$

$$z = [N(\xi, \eta, \zeta)]\{f\}$$

식 (4.140), (4.141), (4.142)에서 함수 N과 벡터 $\{a\}, \{b\} \cdots \{f\}$를 알고 있다면 mapping 전과 mapping 후의 관계는 명확히 알게 되는 것이다. 여기서 벡터 $\{a\}, \{b\} \cdots \{f\}$는 mapping 전의 형상에서 이미 알고 있는 정보를 이용할 수 있는데, 경계점의 정보를 다음과 같이 이용할 수 있다.

그림 4.45 1차원 : $x = N_i x_i = N_1 x_1 + N_2 x_2$ (4.140)′

그림 4.46 2차원 : $x = N_i x_i = N_1 x_1 + N_2 x_2 + N_3 x_3 + N_4 x_4$ (4.141)′

$$y = N_i y_i = N_1 y_1 + N_2 y_2 + N_3 y_3 + N_4 y_4$$

식 (4.140)′, (4.141)′과 같이 바깥경계의 정보로 내부의 정보를 추정하는 것을 interpolation이라 하며, 내부의 정보로 바깥의 정보를 추정해 가는 extrapolation의 반대가 된다.

유한요소법에서는 interpolation 함수로 Lagrange interpolation polynomial을 보편적으로 사용한다. 그것은 자신의 절점에서는 자신의 값을 그대로 갖고 자신의 절점 이외에서는 Zero 값을 갖는다는 유한요소 절점에서의 조건들을 쉽게 만족시켜주기 때문이다.

Lagrange interpolation polynomial은 1차원에서 다음과 같이 표현된다.

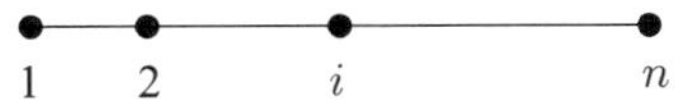

그림 4.47 n개 절점을 갖는 1차원

$$N_i = f_i^{\,n}(\xi) = \frac{\Pi_j(\xi - \xi_j)}{\Pi_j(\xi_i - \xi_j)}, j = 1, 2, 3, \cdots \; i-1, i+1, n : (n-1\text{개})$$

$$= \frac{(\xi-\xi_1)(\xi-\xi_2)\cdots \; (\xi-\xi_{i-1})(\xi-\xi_{i+1})\cdots \; (\xi-\xi_n)}{(\xi_i-\xi_1)(\xi_i-\xi_2)\cdots \; (\xi_i-\xi_{i-1})(\xi_i-\xi_{i+1})\cdots \; (\xi_i-\xi_n)} \tag{4.143}$$

(분모, 분자 모두 자신의 절점은 빠져야 함)

식 (4.143)은 2차원, 3차원으로 확장할 수 있으며 각각 다음과 같다.

$$\text{2차원} : N_i = f_j^{\,n}(\xi) f_k^{\,n}(\eta)$$
$$\text{3차원} : N_i = f_j^{\,n}(\xi) f_k^{\,n}(\eta) f_l^{\,n}(\zeta) \tag{4.144}$$

그림 4.45의 1차원과 그림 4.46의 2차원에서 식 (4.143), (4.144)를 이용하여 예를 들어보자.

예제 1 그림 4.45의 1차원($(\xi_1 = -1, \xi_2 = 1)$)

$$N_1 = \frac{\xi - \xi_2}{(\xi_1 - \xi_2)} = \frac{1}{2}(1 - \xi)$$
$$N_2 = \frac{\xi - \xi_1}{(\xi_2 - \xi_1)} = \frac{1}{2}(1 + \xi) \tag{4.145}$$

■

예제 2 그림 4.46의 2차원 $(\xi_1, \eta_1) = (-1, 1) \cdots (\xi_4, \eta_4) = (-1, 1)$

$$N_1 = \frac{\xi - \xi_2}{(\xi_1 - \xi_2)} \cdot \frac{\eta - \eta_4}{(\eta_1 - \eta_4)} = \frac{1}{4}(1 - \xi)(1 - \eta)$$
$$N_2 = \frac{\xi - \xi_1}{(\xi_2 - \xi_1)} \cdot \frac{\eta - \eta_3}{(\eta_2 - \eta_3)} = \frac{1}{4}(1 + \xi)(1 - \eta)$$
$$N_3 = \frac{\xi - \xi_4}{(\xi_3 - \xi_4)} \cdot \frac{\eta - \eta_2}{(\eta_3 - \eta_2)} = \frac{1}{4}(1 + \xi)(1 + \eta) \tag{4.146}$$
$$N_4 = \frac{\xi - \xi_3}{(\xi_4 - \xi_3)} \cdot \frac{\eta - \eta_1}{(\eta_4 - \eta_1)} = \frac{1}{4}(1 - \xi)(1 + \eta)$$

■

식 (4.145), (4.146)과 식 (4.140)′, (4.141)′을 이용하여 그림 4.45와 4.46에서 mapping 후의 점 A'의 좌표값을 정하면 mapping 전의 점 A의 좌표값을 알 수 있다. 이것이 형상에 대한 (좌표정보에 대한) mapping이다.

이제 좌표 다음으로 2차적으로 발생할 수 있는 변위정보에 대한 mapping을 생각할 수가 있다. mapping 전에 발생하는 변위정보가 mapping 후에는 어떻게 될까? 이 또한 mapping function을 이용하는데, 좌표값(형상) mapping function과 똑같을 필요는 없다.

$$u = [\overline{N}]\{a\}$$
$$[N] \neq [\overline{N}] \tag{4.417}$$

그러나 편의상 변위정보의 mapping function을 좌표정보의 mapping function과 동일한(Iso) 것을 사용한다면 ($[N] = [\overline{N}]$) 이러한 경우를 Isoparametric 유한요소라 한다. 그리고 Lagrange interpolation polynomial을 이용하여 요소 내부의 변위분포를 절점변위로 나타낼 수 있게 된다.

즉, 4.4.4절에서의 형상함수(shape function)를 다음과 같이 곧바로 얻을 수 있게 되는 것이다.

$$\text{1차원: } u = N_i u_i = N_1 u_1 + N_2 u_2 \tag{4.148}$$

$$\text{2차원: } u = N_i u_i = N_1 u_1 + N_2 u_2 + N_3 u_3 + N_4 u_4$$
$$v = N_i v_i = N_1 v_1 + N_2 v_2 + N_3 v_3 + N_4 v_4 \tag{4.149}$$

다음 그림 4.48은 2차원, 3차원의 여러 형상에 대한 mapping 후의 기본형상을 나타낸다. 이들의 형상함수는 Lagrange interpolation polynomial을 이용하여 식 (4.144)에 의해 <예시 4>, <예시 5>와 같이 구하면 된다.

표 4.9에 그림 4.48의 각각에 대한 형상함수를 나타내어 본다.

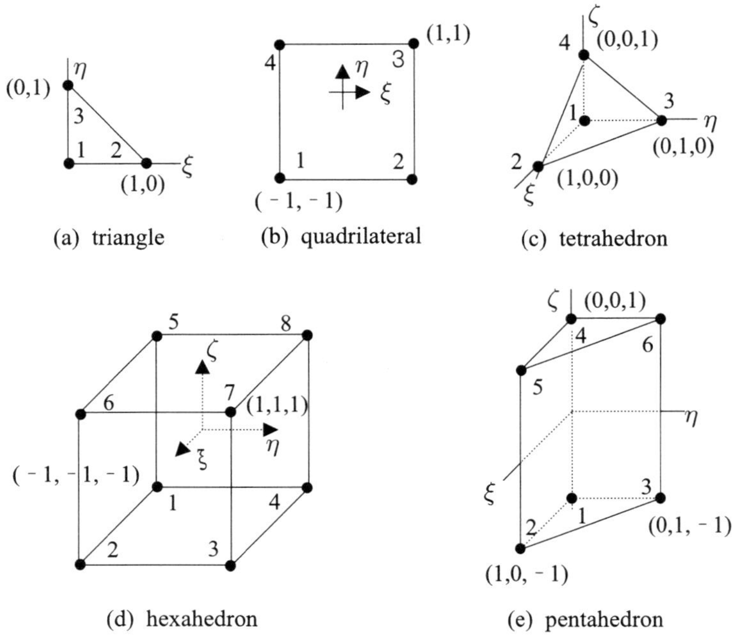

그림 4.48 2차원, 3차원의 여러 형상의 parametric mapping

표 4.9 그림 4.48의 각각에 대한 형상함수

그림 4.48		형상함수(shape function)
(a)	triangle (3절점)	$N_1 = 1 - \xi - \eta$ $N_2 = \xi$ $N_3 = \eta$
(b)	quadrilateral (4절점)	$N_i = \frac{1}{4}(1+\xi\xi_i)(1+\eta\eta_i), \quad i = 1, 2, 3, 4$
(c)	tetrahedron	$N_1 = 1 - \xi - \eta - \zeta$ $N_2 = \xi$ $N_3 = \eta$ $N_4 = \zeta$
(d)	hexahedron	$N_i = \frac{1}{8}(1+\xi\xi_i)(1+\eta\eta_i)(1+\zeta\zeta_i),$ $i = 1, 2, 3, \cdots, 8$
(e)	pentahedron	$N_i = \frac{1}{2}(1-\xi-\eta)(1+\zeta\zeta_i), \quad i = 1, 4$ $N_i = \frac{1}{2}\xi(1+\zeta\zeta_i), \quad i = 2, 5$ $N_i = \frac{1}{2}\eta(1+\zeta\zeta_i), \quad i = 3, 6$

❷ mapping function의 미분

parametric 좌표로 표현된 형상함수를 직교좌표로 편미분하는 과정이 isoparametric 유한요소 모델링 과정에 나타난다.

$N_i = N_i(\xi, \eta, \zeta)$일 때,

$\frac{\partial N_i}{\partial x}, \quad \frac{\partial N_i}{\partial y}, \quad \frac{\partial N_i}{\partial z}$는 어떻게 구하는가?

chain rule을 이용하면 다음과 같이 된다.

$$\begin{aligned}\frac{\partial N_i}{\partial x} &= \frac{\partial N_i}{\partial \xi}\frac{\partial \xi}{\partial x} + \frac{\partial N_i}{\partial \eta}\frac{\partial \eta}{\partial x} + \frac{\partial N_i}{\partial \zeta}\frac{\partial \zeta}{\partial x} \\ \frac{\partial N_i}{\partial y} &= \frac{\partial N_i}{\partial \xi}\frac{\partial \xi}{\partial y} + \frac{\partial N_i}{\partial \eta}\frac{\partial \eta}{\partial y} + \frac{\partial N_i}{\partial \zeta}\frac{\partial \zeta}{\partial y} \\ \frac{\partial N_i}{\partial z} &= \frac{\partial N_i}{\partial \xi}\frac{\partial \xi}{\partial z} + \frac{\partial N_i}{\partial \eta}\frac{\partial \eta}{\partial z} + \frac{\partial N_i}{\partial \zeta}\frac{\partial \zeta}{\partial z}\end{aligned} \tag{4.150}$$

식 (4.150)에서 문제는 $\frac{\partial \xi}{\partial x}, \quad \frac{\partial \eta}{\partial x}, \quad \frac{\partial \zeta}{\partial x}, \quad \cdots \quad \frac{\partial \zeta}{\partial z}$를 구하는 것이다.
이들을 처리하기 위하여 Jacobian 행렬이라 불리는 정방행렬을 구성해 보자.

$$[J] = \begin{bmatrix} \frac{\partial x}{\partial \xi} & \frac{\partial y}{\partial \xi} & \frac{\partial z}{\partial \xi} \\ \frac{\partial x}{\partial \eta} & \frac{\partial y}{\partial \eta} & \frac{\partial z}{\partial \eta} \\ \frac{\partial x}{\partial \zeta} & \frac{\partial y}{\partial \zeta} & \frac{\partial z}{\partial \zeta} \end{bmatrix} \tag{4.151}$$

[J]의 역행렬은 식 (4.52)와 같이 되는데 이것은 우리가 식 (4.150)에서 구하려는 것들이 된다.

$$[J]^{-1} = \begin{bmatrix} \frac{\partial \xi}{\partial x} & \frac{\partial \eta}{\partial x} & \frac{\partial \zeta}{\partial x} \\ \frac{\partial \xi}{\partial y} & \frac{\partial \eta}{\partial y} & \frac{\partial \zeta}{\partial y} \\ \frac{\partial \xi}{\partial z} & \frac{\partial \eta}{\partial z} & \frac{\partial \zeta}{\partial z} \end{bmatrix} \tag{4.152}$$

$[J]$의 역행렬이 식 (4.152)와 같이 되는 이유를 간단히 설명하기 위하여 $[J][J]^{-1}$의 결과를 하나만 살펴보자. 식 (4.151)의 1행과 식 (4.152)의 1열, 2열을 연산하면 다음과

같이 된다.

$$\frac{\partial x}{\partial \xi}\frac{\partial \xi}{\partial x}+\frac{\partial y}{\partial \xi}\frac{\partial \xi}{\partial y}+\frac{\partial z}{\partial \xi}\frac{\partial \xi}{\partial z}=\frac{\partial \xi(x,\ y,\ z)}{\partial \xi}=1$$

$$\frac{\partial x}{\partial \xi}\frac{\partial \eta}{\partial x}+\frac{\partial y}{\partial \xi}\frac{\partial \eta}{\partial y}+\frac{\partial z}{\partial \xi}\frac{\partial \eta}{\partial z}=\frac{\partial \eta(x,\ y,\ z)}{\partial \xi}=0$$

이 연산을 계속해 보면 $[J][J]^{-1}=[I]$가 되어 식 (4.152)는 성립하게 되는 것이다. 그러면 식 (4.152)는 어떻게 얻어지는가? 즉, Jacobian 역행렬은 어떻게 얻어지는가? 이해를 돕기 위하여 2차원 예를 식 (4.153)에 기술하고, 3차원은 보다 복잡한 관계로 기술을 생략하도록 한다.

$$[J]^{-1}=\begin{bmatrix}\frac{\partial \xi}{\partial x} & \frac{\partial \eta}{\partial x}\\ \frac{\partial \xi}{\partial y} & \frac{\partial \eta}{\partial y}\end{bmatrix}=\frac{1}{\det \mathrm{J}_2}\begin{bmatrix}\frac{\partial y}{\partial \eta} & -\frac{\partial y}{\partial \xi}\\ -\frac{\partial x}{\partial \eta} & \frac{\partial x}{\partial \xi}\end{bmatrix} \tag{4.153}$$

$$\det \mathrm{J}_2=\frac{\partial \mathrm{x}}{\partial \xi}\frac{\partial \mathrm{y}}{\partial \eta}-\frac{\partial \mathrm{x}}{\partial \eta}\frac{\partial \mathrm{y}}{\partial \xi}$$

여기서 $\det \mathrm{J}_2$는 2차원 Jacobian 행렬의 행렬식(determinant)이다. 식 (4.153)에서 $\frac{\partial x}{\partial \xi}\cdots$ 등은 식 (4.141)′에서

$$x=N_i(\xi,\ \eta)x_i$$

$$y=N_i(\xi,\ \eta)y_i$$

이므로

$$\frac{\partial x}{\partial \xi}=\frac{\partial N_i(\xi,\ \eta)}{\partial \xi}\cdot x_i \tag{4.154}$$

와 같이 형상함수의 parameter 미분결과 함수와 절점좌표값으로 얻어지게 된다.

❸ 수치적분(numerical intergration)

유한요소법에서는 요소형상이 2차원, 3차원이 되면 형상의 복잡성 때문에 수치적분을 활용한다. 많이 알려져 있는 수치적분 방법으로 1차원 문제에서 Trapezium rule, Mid-point rule, Simpson's rule, Newton-cotes formulae, Gauss quadrature가 있다. 여기에서는 유한요소법에서 가장 보편적으로 많이 사용하는 Gauss quadrature에 대하여만 설명

한다.

Gauss quadrature는 Gauss-Legendre quadrature라 불리기도 하는데, 가중치(weighting factor)와 적분점(Gauss integration point)을 이용하여 적분오차를 최소화하도록 공식이 구성되었다. 특히 이것이 유한요소법에서 많이 사용되는 이유는 적분구간이 -1에서 1까지로 된 상태에서 공식이 적용되므로 앞에서 mapping 후의 형상함수들의 적분구간과 일치하는 편리한 점이 있기 때문이다.

Gauss-Legendre quadrature의 공식은 식 (4.155)와 같다.

$$\int_{-1}^{1} f(x)dx = \sum_{k=1}^{n} \alpha_k f(x_k) + R_n \tag{4.155}$$

여기서, α_k: 가중치(Gauss quadrature weights)

x_k: 적분점(Gauss integration points)

R_n: 오차(error)

오차 R_n이 최소화되도록 하는 가중치와 적분점의 관계는 표 4.10과 같다.

표 4.10 Gauss - Legendre quadrature에서 적분점과 가중치

n	α_k	x_k
1	2	0
2	1	$\pm\frac{1}{\sqrt{3}}$
3	$\frac{5}{9}$ $\frac{8}{9}$	$\pm\sqrt{0.6}$ 0

예제 3 다음 적분을 Gauss-Legendre quadrature를 이용하여 구하여라.

① 적분점의 수를 3개로 선택하였을 때

$$I = \int_{-1}^{1} (x^4 + x^2 + 1)dx$$

$$I \approx \sum_{k=1}^{3} \alpha_k f(x_k)$$

$$\approx \frac{5}{9}((\sqrt{0.6})^4 + (\sqrt{0.6})^2 + 1) + \frac{8}{9}(1)$$
$$+ \frac{5}{9}((-\sqrt{0.6})^4 + (-\sqrt{0.6})^2 + 1)$$
$$\approx 3.0666$$

② 적분점의 수를 2개로 선택하였을 때

$$I \approx \sum_{k=1}^{2} \alpha_k f(x_k)$$
$$\approx 1 \cdot \left(\left(\frac{1}{\sqrt{3}}\right)^4 + \left(\frac{1}{\sqrt{3}}\right)^2 + 1\right) + 1 \cdot \left(\left(-\frac{1}{\sqrt{3}}\right)^4 + \left(-\frac{1}{\sqrt{3}}\right)^2 + 1\right)$$
$$\approx 2.8888$$

■

<예제 3>에서 보듯이 Gauss 적분점을 몇 개를 선택하느냐에 따라 값의 차이가 나타난다. 이것은 수치적분이 어차피 근사해이므로 나타나는 현상인데, 일반적으로 적분점을 많이 선택하면 할수록 적분의 정확도가 높아지는 것은 수학적으로 분명한 사실이다. 그러나 유한요소법에서는 무조건 적분점을 많이 선택하는 것이 요소의 정확도를 높인다고 단적으로 말할 수 없다. 이런 이유로 유한요소법에서는 보통 적분점을 2~4개 사이에서 많이 선택한다. 이것은 요소의 정확도에 관계되는 별도의 논의이므로 여기에서는 생략하도록 한다.

식 (4.155)는 1차원 문제의 적분이지만 2차원, 3차원 문제도 x, y, z가 각 방향으로 독립적이므로 확장하여 다음과 같이 생각할 수 있다. 물론 x, y, z가 ξ, η, ζ로 mapping된 경우도 동일하다.

$$\int_{-1}^{1}\int_{-1}^{1} f(x, y)dx\,dy \doteqdot \sum_{k=1}^{n}\sum_{k=1}^{n} \alpha_k \alpha_k f(x_k, y_k) \tag{4.156}$$

$$\int_{-1}^{1}\int_{-1}^{1}\int_{-1}^{1} f(x, y, z)dx\,dydz \doteqdot \sum_{k=1}^{n}\sum_{k=1}^{n}\sum_{k=1}^{n} \alpha_k \alpha_k \alpha_k f(x_k, y_k, z_k) \tag{4.157}$$

Gauss-Legendre 적분은 적분구간이 a에서 b까지일 때에는 다음과 같이 -1에서 1까지로 mapping을 한 뒤에 공식을 적용하여야 한다.

$$\int_a^b f(x)dx = \frac{b-a}{2}\int_{-1}^{1} f\left(\frac{b-a}{2}\bar{x}+\frac{b+a}{2}\right)d\bar{x}$$
$$= \frac{b-a}{2}\sum_{k=1}^{n}\alpha_k f\left(\frac{b-a}{2}x_k+\frac{b+a}{2}\right) \quad (4.158)$$

앞의 isoparametric 유한요소에서는 mapping이 이미 -1에서 1 사이의 구간으로 되어 있으므로 식 (4.158)과 같이 전환하는 불편함 없이 곧바로 식 (4.156), (4.157)을 사용할 수가 있다. 이 점이 유한요소법의 수치적분에서 Gauss–Legendre quadrature를 널리 사용하는 이유이다.

그러면 isoparametric 유한요소에서 수치적분은 어떻게 이루어지는가? 먼저 선행되어야 하는 것이 미소면적($dA = dx\,dy$), 미소체적($dV = dx\,dy\,dz$)에 대한 parametric mapping이다. 이것만 이루어지면 이 절에서 설명한

(1) parametric mapping과 Lagrange interpolation function
(2) mapping function의 미분
(3) 수치적분

의 과정을 통하여 모든 적분형태가 식 (4.156), (4.157)과 같이 표현되므로 쉽게 적분이 가능한 것이다.

다음 식은 미소면적, 미소체적에 대한 parametric mapping이고, 여기서는 그 이유를 생략하고 결과식만 소개한다.

$$dA = dx\,dy = \det \mathrm{J}_2\, d\xi\, d\eta$$
$$dV = dx\,dy\,dz = \det \mathrm{J}_3\, d\xi\, d\eta\, d\zeta \quad (4.159)$$

식 (4.159)에서 $\det J_2$, $\det J_3$는 2차원과 3차원의 Jacobian 행렬식(determinant)을 나타낸다. 이 식을 이용하면 isoparametric 유한요소의 요소방정식이 모두 parametric 좌표로 표현되고, 적분구간도 -1에서 1까지가 된다. 즉, 다음과 같이 표현된다.

$$\int_A [B]^T[D][B]dx\,dy = \int_\eta\int_\xi [B]^T[D][B]\det \mathrm{J}_2\, d\xi\, d\eta$$
$$\int_V [B]^T[D][B]dx\,dy\,dz = \int_\zeta\int_\eta\int_\xi [B]^T[D][B]\det \mathrm{J}_3\, d\xi\, d\eta\, d\zeta \quad (4.160)$$

4 Plane stress 요소(사변형 isoparametric 요소)

해석대상 : plane stress 요소

모델링 → 가정

① plane stress & strain 이론에 따른 관계식 결정(표 4.8 이용)

$\{\epsilon\} = \{\partial\}\{W\}$에서

$$\begin{Bmatrix} \epsilon_x \\ \epsilon_y \\ r_{xy} \end{Bmatrix} = \begin{bmatrix} \frac{\partial}{\partial x} & 0 \\ 0 & \frac{\partial}{\partial y} \\ \frac{\partial}{\partial y} & \frac{\partial}{\partial x} \end{bmatrix} \begin{Bmatrix} u \\ v \end{Bmatrix} \tag{a}$$

② 요소형상, 절점 및 자유도 결정 → 변위장 가정

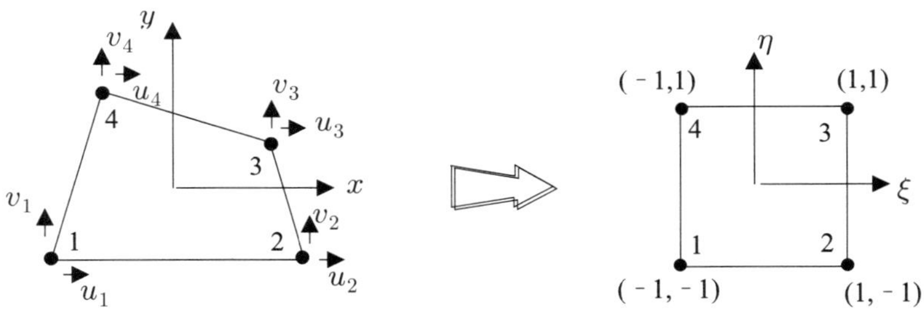

그림 4.49 4절점 8자유도 사변형 plane stress 요소

변위장 가정 & 요소 내 변위분포를 절점변위로 치환

mapping을 하였고, mapping function으로 식 (4.146), [표 4.9의 (b)]의 Lagrange interpolation function을 사용하면 좌표와 변위의 mapping이 다음과 같이 된다.

$$\text{좌표} : x = N_i(\xi, \eta)x_i \qquad y = N_i(\xi, \eta)y_i \tag{b}$$

$$\text{변위장} : u = u(x, y) = N_i(\xi, \eta)u_i \qquad v = v(x, y) = N_i(\xi, \eta)v_i \tag{c}$$

식 (c)를 행렬형태로 나타내면,

$$\begin{Bmatrix} u \\ v \end{Bmatrix} = [N]\{W_e\} \tag{d}$$

$$[N] = \begin{bmatrix} N_1 & 0 & N_2 & 0 & N_3 & 0 & N_4 & 0 \\ 0 & N_1 & 0 & N_2 & 0 & N_3 & 0 & N_4 \end{bmatrix} \tag{d'}$$

$$\{W_e\} = \{u_1 \quad v_1 \quad u_2 \quad v_2 \quad u_3 \quad v_3 \quad u_4 \quad v_4\}^T \tag{d''}$$

절점변위에 의한 변형률

식 (d)를 식 (a)에 대입하면,

$$\begin{Bmatrix} \epsilon_x \\ \epsilon_y \\ r_{xy} \end{Bmatrix} = \begin{bmatrix} \frac{\partial N_1}{\partial x} & 0 & \frac{\partial N_2}{\partial x} & 0 & \frac{\partial N_3}{\partial x} & 0 & \frac{\partial N_4}{\partial x} & 0 \\ 0 & \frac{\partial N_1}{\partial y} & 0 & \frac{\partial N_2}{\partial y} & 0 & \frac{\partial N_3}{\partial y} & 0 & \frac{\partial N_4}{\partial y} \\ \frac{\partial N_1}{\partial y} & \frac{\partial N_1}{\partial x} & \frac{\partial N_2}{\partial y} & \frac{\partial N_2}{\partial x} & \frac{\partial N_3}{\partial y} & \frac{\partial N_3}{\partial x} & \frac{\partial N_4}{\partial y} & \frac{\partial N_4}{\partial x} \end{bmatrix} \{W_e\} \tag{e}$$

$\{\epsilon\} = [\partial][N]\{W_e\} = [B]\{W_e\}$에서 식 (e)에 의하면 변형률-변위행렬 $[B]$를 얻는다. $[B]$ 행렬은 이 절 (2)항의 parametric function의 미분에 해당된다. 예를 한 가지 들어보자.

$$\begin{aligned} \frac{\partial N_1(\xi, \eta)}{\partial x} &= \frac{\partial N_1}{\partial \xi}\frac{\partial \xi}{\partial x} + \frac{\partial N_1}{\partial \eta}\frac{\partial \eta}{\partial x} \\ \frac{\partial N_1(\xi, \eta)}{\partial y} &= \frac{\partial N_1}{\partial \xi}\frac{\partial \xi}{\partial y} + \frac{\partial N_1}{\partial \eta}\frac{\partial \eta}{\partial y} \end{aligned} \tag{f}$$

식 (e)의 다른 요소들도 식 (f)와 같은 방법으로 전개되고, 식 (f)에서 $\frac{\partial \xi}{\partial x}$, $\frac{\partial \eta}{\partial x}$, $\frac{\partial \xi}{\partial y}$, $\frac{\partial \eta}{\partial y}$만 얻게 되면 식 (e)의 $[B]$ 행렬은 모두 ξ, η의 함수로 표현된다.

이것은 식 (4.153)의 Jacobian 역행렬에서 각 요소를 등치시킴으로써 다음과 같이 얻어진다.

$$\frac{\partial \xi}{\partial x} = \frac{1}{\det J_2}\frac{\partial y}{\partial \eta}, \quad \frac{\partial \eta}{\partial x} = -\frac{1}{\det J_2}\frac{\partial y}{\partial \xi}$$

$$\frac{\partial \xi}{\partial y} = -\frac{1}{\det J_2}\frac{\partial x}{\partial \eta}, \quad \frac{\partial \eta}{\partial y} = \frac{1}{\det J_2}\frac{\partial x}{\partial \xi} \tag{g}$$

$$\det J_2 = \frac{\partial \mathrm{x}}{\partial \xi}\frac{\partial \mathrm{y}}{\partial \eta} - \frac{\partial \mathrm{x}}{\partial \eta}\frac{\partial \mathrm{y}}{\partial \xi}$$

식 (g)에 식 (b)를 대입하면 완전히 ξ, η의 함수로만 표현되는데, 예를 들면 다음과 같다.

$$\frac{\partial \xi}{\partial x} = \frac{1}{\det J_2}\frac{\partial y}{\partial \eta} = \frac{1}{\det J_2}\frac{N_i(\xi, \eta)}{\partial \eta}y_i \tag{g'}$$

이와 같이 변형률-변위행렬 $[B]$가 모두 parameter ξ, η의 함수로만 표현되었다 [4.4.4절에서 (i) 과정까지 진행된 것과 같음].

수식화 방법 적용

식 (e)를 이용하여 총 퍼텐셜 에너지, 변분원리, 평형조건을 사용하면[4.4.4절의 (1) Truss 요소의 식 (j), (k), (l)과 같음] 다음과 같이 요소방정식이 구성된다.

요소방정식 구성

$$[k]\{W_e\} = \{f_e\} \tag{h}$$

$$[k] = \int_A [B]^T [D][B] dA \tag{i}$$

식 (i)에서 $[B]$는 ξ, η의 함수로 되어 있지만 미소면적 $dA = dx\,dy$는 x, y로 표현되어 있다.

이것을 앞의 수치적분 식 (4.159)를 이용하여 ξ, η로 다시 표현한다.

$$\underset{(8\times8)}{[k]} = \int_\eta \int_\xi \underset{(8\times3)}{[B]^T} \underset{(3\times3)}{[D]} \underset{(3\times8)}{[B]} \det J_2 \, d\xi \, d\eta \tag{i'}$$

이렇게 되면 요소의 강성행렬 $[k]$는 모두 parameter(ξ, η)의 함수로 표현되어 수치적분의 Gauss-Legendre 적분을 이용하면 쉽게 강성행렬을 얻을 수 있다.

4.5 유한요소의 시스템 방정식 구성(형상 전체의 선형연립방정식 구성)

다음의 표 4.11은 4.2.9절에서 설명한 유한요소해석 프로그램의 구조와 흐름도를 다시 간략히 나타낸 것이다.

표 4.11 유한요소해석 프로그램의 순서도

① 형상 및 재질정보 입력: 형상을 요소로 분할하여 각 요소의 절점정보를 전체 좌표계에서 입력

② 각 요소의 절점정보를 각 요소의 지역좌표계로 전환

$$\{x\}_l = [T]\{X\}_g$$

③ 각 요소의 지역좌표계에서 해당요소의 요소방정식 구성(강성행렬 구성)

$$[k]_l^e$$

④ 요소 강성행렬의 전체 좌표계로 전환

$$[k]_g^e = [T]^T [k]_l^e [T]$$

⑤ 각 요소의 전체 좌표계에서의 강성행렬을 조합하여 형상 전체의 선형연립방정식(시스템 방정식) 구성

$$[k]_g \{W\}_g = \{F\}_g$$

⑥ 하중조건과 경계조건 적용

⑦ 시스템 방정식 풀이 및 전체 좌표계에서의 변위산출

$$\{W\}_g = [k]_g^{-1}\{F\}_g$$

⑧ 산출된 변위를 이용하여 2차 변수들[변형률, 응력, 요소절점력(내력)]을 각 요소마다 산출

$$\{\epsilon\}_l^e = [B]\{W\}_l^e = [B][T]\{W\}_g^e$$

$$\{\sigma\}_l^e = [D][B]\{W\}_l^e = [D][B][T]\{W\}_g^e$$

$$\{F_r\}_g^e = [k]_g \{W\}_g^e$$

4.5.1 요소강성행렬의 조합

표 4.11에서 보면 4.4절은 '유한요소의 요소방정식 도출'로 ③항에 해당된다. 이 절에서는 표 4.11에서 ⑤항에 해당되는 시스템 방정식 구성에 대하여 설명하고자 한다. 시스템 방정식은 전체 좌표계에서 만들어지므로 각 요소의 요소강성행렬을 전체 좌표계로 전환하는 표 4.11에서 ④ 과정이 선행되어야 한다. 이에 관한 내용은 '4.2.7절의 유한요소법에서 좌표변환과 텐서량'에 자세히 설명되어 있으므로 여기에서는 생략하고 곧바로 ⑤항에 해당되는 요소강성행렬의 조합방법을 기술하기로 한다.

요소강성행렬은 요소의 강성이 절점으로 치환되어 절점변위벡터와 연동되어 표현된다. 따라서 요소가 이어져서 절점이 중첩되는 경우에는 그 절점변위에 해당되는 강성이 선형적으로 중첩된다. 이것은 예를 들어 보여주는 것이 훨씬 이해를 빠르게 할 것이므로 가장 간단한 Truss 요소에 대한 전체 강성행렬 구성을 다음 예에 나타내었다. 실제로 원론적인 방법은 이와 같지만 프로그램상에 구현하는 것은 프로그래머들의 테크닉에 따라 다양한 방법이 있을 수 있다.

예제 1 그림 4.50은 3개의 요소로 구성된 Truss 구조물이다. 이 구조물의 각 요소 강성행렬을 조합하여 전체 구조물 시스템 방정식을 만들어 보라.

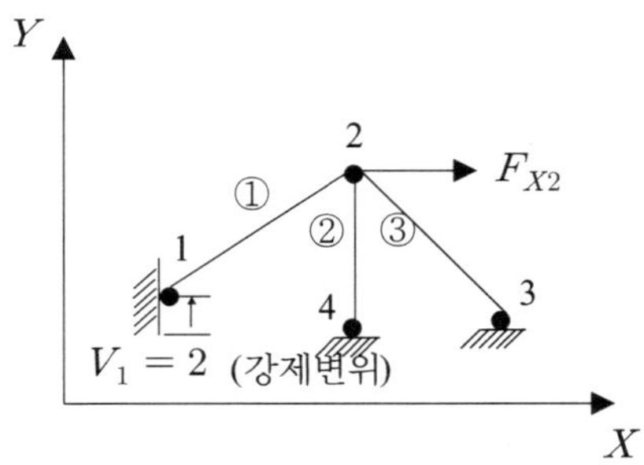

그림 4.50 Truss 구조물

풀이 Truss 요소의 지역좌표계에서 요소방정식은 4.4.4절 (1) Truss 요소의 식 (n)과 (m′) 으로 표현되며, 다음과 같이 (2×2)행렬이 된다.

$$\begin{bmatrix} k_{11} & k_{12} \\ k_{21} & k_{22} \end{bmatrix} \begin{Bmatrix} u_1 \\ u_2 \end{Bmatrix} = \begin{Bmatrix} f_{x1} \\ f_{x2} \end{Bmatrix} \tag{4.161}$$

식 (4.161)을 표 4.11의 ④항, 즉 전체 좌표계로 전환하면 U, V 모두 변위가 발생하여 다음과 같이 (4×4)행렬이 된다.

$$\begin{bmatrix} k_{U1U1} & k_{U1V1} & k_{U1U2} & k_{U1V2} \\ k_{V1U1} & k_{V1V1} & k_{V1U2} & k_{V1V2} \\ k_{U2U1} & k_{U2V1} & k_{U2U2} & k_{U2V2} \\ k_{V2U1} & k_{V2V1} & k_{V2U2} & k_{V2V2} \end{bmatrix} \begin{Bmatrix} U_1 \\ V_1 \\ U_2 \\ V_2 \end{Bmatrix} = \begin{Bmatrix} F_{X1} \\ F_{Y1} \\ F_{X2} \\ F_{Y2} \end{Bmatrix} \tag{4.162}$$

식 (4.162)와 같은 꼴로 그림 4.50의 각 요소의 요소방정식을 구하면 다음과 같다.
①번 요소 절점번호 1, 2: 식 (4.162)와 동일함

②번 요소 절점번호 2, 4

$$\begin{bmatrix} k_{U2U2} & k_{U2V2} & k_{U2U4} & k_{U2V4} \\ k_{V2U2} & k_{V2V2} & k_{V2U4} & k_{V2V4} \\ k_{U4U2} & k_{U4V2} & k_{U4U4} & k_{U4V4} \\ k_{V4U2} & k_{V4V2} & k_{V4U4} & k_{V4V4} \end{bmatrix} \begin{Bmatrix} U_2 \\ V_2 \\ U_4 \\ V_4 \end{Bmatrix} = \begin{Bmatrix} F_{X2} \\ F_{Y2} \\ F_{X4} \\ F_{Y4} \end{Bmatrix} \tag{4.163}$$

③번 요소 절점번호 2, 3

$$\begin{bmatrix} k_{U2U2} & k_{U2V2} & k_{U2U3} & k_{U2V3} \\ k_{V2U2} & k_{V2V2} & k_{V2U3} & k_{V2V3} \\ k_{U3U2} & k_{U3V2} & k_{U3U3} & k_{U3V3} \\ k_{V3U2} & k_{V3V2} & k_{V3U3} & k_{V3V3} \end{bmatrix} \begin{Bmatrix} U_2 \\ V_2 \\ U_3 \\ V_3 \end{Bmatrix} = \begin{Bmatrix} F_{X2} \\ F_{Y2} \\ F_{X3} \\ F_{Y3} \end{Bmatrix} \tag{4.164}$$

식 (4.162), (4.163), (4.164)를 선형적으로 조합하면 전체 구조물의 강성행렬이 되는데 하첨자가 같은 것끼리 합(summation)해지게 된다.
<예제 4>의 그림 4.50에서는 2번 절점에서만 중첩이 되고 나머지는 중첩되지 않는다. 따라서 식 (4.162), (4.163), (4.164)에서 빗금친 부분이 합해지게 되는 것이다. 이들을 모두 조합한 시스템 방정식은 다음과 같다.

$$\begin{matrix} U_1 & V_1 & U_2 & V_2 & U_3 & V_3 & U_4 & V_4 \end{matrix}$$

$$\begin{bmatrix} k_{U1U1} & k_{U1V1} & k_{U1U2} & k_{U1V2} & 0 & 0 & 0 & 0 \\ k_{V1U1} & k_{V1V1} & k_{V1U2} & k_{V1V2} & 0 & 0 & 0 & 0 \\ k_{U2U1} & k_{U2V1} & k_{U2U2} & k_{U2V2} & k_{U2U3} & k_{U2V3} & k_{U2U4} & k_{U2V4} \\ k_{V2U1} & k_{V2V1} & k_{V2U2} & k_{V2V2} & k_{V2U3} & k_{V2V3} & k_{V2U4} & k_{V2V4} \\ 0 & 0 & k_{U3U2} & k_{U3V2} & k_{U3U3} & k_{U3V3} & 0 & 0 \\ 0 & 0 & k_{V3U2} & k_{V3V2} & k_{V3U3} & k_{V3V3} & 0 & 0 \\ 0 & 0 & k_{U4U2} & k_{U4V2} & 0 & 0 & k_{U4U4} & k_{U4V4} \\ 0 & 0 & k_{V4U2} & k_{V4V2} & 0 & 0 & k_{V4U4} & k_{V4V4} \end{bmatrix} \begin{Bmatrix} U_1 \\ V_1 \\ U_2 \\ V_2 \\ U_3 \\ V_3 \\ U_4 \\ V_4 \end{Bmatrix} \tag{4.165}$$

식 (4.165)에서 음영으로 표시된 부분은 2번 절점이 중첩된 것으로 식 (4.162), (4.163), (4.164)에서 음영으로 표시된 부분의 총합을 의미한다(문자는 동일하지만 강성수치값은 요소별로 다를 수 있으므로 단순히 3배가 되지는 않는다).

4.5.2 경계조건 및 하중조건의 적용방법

각 요소의 전체 좌표계에서 강성행렬을 조합하여 형상 전체의 선형연립방정식이 구성되면 경계조건과 하중조건을 적용한다. 이것은 표 4.11의 ⑥항에 해당된다. 경계조건과 하중조건의 적용방법은 프로그래머들의 테크닉과 사용하는 선형연립방정식 풀이 수치해법에 따라 미세하게 다를 수 있지만, 가장 기본적인 방법은 다음과 같다. 그림 4.50 (예제 4)의 경계조건과 하중을 식 (4.165)에 적용하여 설명해보자.

경계조건(구속조건)의 적용방법은 구속되어 있는 절점의 자유도에 대한 변위가 구속되어 있는 만큼 발생하도록 강제적으로 처리한다. 전체 시스템의 선형연립방정식에서 이와 같이 강제로 처리하려면 해당 절점변위의 강성행렬의 대각항(diagonal term)을 1로 놓고, 나머지는 0으로 처리하고, 해당 하중벡터의 값을 구속되어 있는 양만큼의 크기로 놓으면 된다. 예를 들어 그림 4.50에서 1번 절점은 $U_1 = 0$, $V_1 = 2$의 구속조건이다. 이때 $V_1 = 2$의 구속조건은 강제변위 또는 변위하중이라고도 불리는데, 식 (4.165)에서 다음과 같이 강제로 그 값들을 입력처리한다는 말이다.

$$\begin{bmatrix} 1\,0\,0\,0\;\,0\;\,0\,0\,0 \\ 0\,1\,0\,0\;\,0\;\,0\,0\,0 \\ 0\,0 & \\ 0\,0 & \\ 0\,0 & k_{ij} \\ 0\,0 & \\ 0\,0 & \\ 0\,0 & \end{bmatrix} \begin{Bmatrix} U_1 \\ V_1 \\ U_2 \\ V_2 \\ \vdots \\ \vdots \\ \vdots \\ V_4 \end{Bmatrix} = \begin{Bmatrix} 0 \\ 2 \\ \vdots \\ \vdots \\ \vdots \\ \vdots \\ \vdots \\ \vdots \end{Bmatrix} \tag{4.166}$$

식 (4.166)을 연산하면 U_1과 V_1에 대한 결과식은

$$U_1 = 0$$

$$V_1 = 2$$

가 되므로 경계조건이 처리된 것이다. 이와 같은 방법으로 <예제 4> 그림 4.50의 경계

조건 $U_1 = U_3 = V_3 = U_4 = V_4 = 0$, $V_1 = 2$와 하중조건 F_{X2}를 식 (4.165)에서 처리하면 다음과 같다.

$$\begin{bmatrix} 1 & 0 & 0 & 0 & 0 & 0 & 0 & 0 \\ 0 & 1 & 0 & 0 & 0 & 0 & 0 & 0 \\ 0 & 0 & k_{U2U2} & k_{U2V2} & 0 & 0 & 0 & 0 \\ 0 & 0 & k_{V2U2} & k_{V2V2} & 0 & 0 & 0 & 0 \\ 0 & 0 & 0 & 0 & 1 & 0 & 0 & 0 \\ 0 & 0 & 0 & 0 & 0 & 1 & 0 & 0 \\ 0 & 0 & 0 & 0 & 0 & 0 & 1 & 0 \\ 0 & 0 & 0 & 0 & 0 & 0 & 0 & 1 \end{bmatrix} \begin{Bmatrix} U_1 \\ V_1 \\ U_2 \\ V_2 \\ U_3 \\ V_3 \\ U_4 \\ V_4 \end{Bmatrix} = \begin{Bmatrix} 0 \\ 2 \\ F_{X2} \\ 0 \\ 0 \\ 0 \\ 0 \\ 0 \end{Bmatrix} \tag{4.167}$$

식 (4.167)이 하중과 경계조건이 모두 적용된 전체 구조물(시스템)의 선형연립방정식이 된다. 이것을 표 4.11의 ⑦항과 같이 역행렬을 구하여 풀면 변위에 대한 정보를 모두 얻게 되는 것이다. 실제로 유한요소 프로그램에서는 수치해법을 사용할 때에 기술적으로 처리하여 행렬의 크기를 줄이고 방정식 풀이가 효율적으로 이루어지도록 한다. 여기에서는 가장 기본적인 방법으로 이해를 돕기 위한 것임을 밝혀둔다.

4.5.3 2차 변수들의 산출(recovery of secondary variables)

변위(displacement)를 1차 변수라 하고, 응력(stress), 변형률(strain), 요소절점력(element nodal forces) 등을 2차 변수라 한다. 시스템 방정식을 풀어서 산출된 변위를 이용하여 2차 변수를 각 요소에서 산출하게 되는데, 이 과정에서 주의해야 하는 문제가 있다.

시스템 방정식을 풀어서 산출된 변위는 전체 좌표계에서의 변위이고, 응력, 변형률은 각 요소의 지역좌표계에서의 값들이고, 요소절점력(element nodal forces)은 전체 좌표계에서의 값이 된다는 것이다. 이 과정은 표 4.11의 마지막 항인 ⑧항에 해당되며 각 변수의 복원식을 다시 쓰면 다음과 같다.

변 형 률 $\{\epsilon\}_l^e = [B]\{W\}_l^e = [B][T]\{W\}_g^e$ (4.168)

응 력 $\{\sigma\}_l^e = [D][B]\{W\}_l^e = [D][B][T]\{W\}_g^e$ (4.169)

요소절점력 $\{F_r\}_g^e = [k]_g^e\{W\}_g^e$ (4.170)

엄밀히 말해 변형률과 응력은 전체 좌표계나 지역좌표계에 관계없이 산출되어도 상관이 없다. 2.6절 좌표계와 좌표변환에서 식 (4.4)와 같이 이들은 2차 텐서이다. 그러므로 좌표계(관측계)가 달라져서 관측된 물리량이 달라졌다 하여도 관측계(좌표계)에 관계없이 불변으로 존재하는 물리법칙인 텐서방정식[식 (4.4)]에 의한 변환이므로 그 값은 유효하게 사용할 수 있기 때문이다. 그런데 유한요소법에서 변형률과 응력을 굳이 지역좌표계에서 산출하는 이유는 그 편의성에 있다.

즉, 식 (4.168), (4.169)의 변형률, 응력 복원식에서 보면 변형률-변위행렬인 $[B]$가 핵심적으로 사용되는데, 이것이 지역좌표계에서 이미 계산되어 있는 것이다. 2차 텐서인 이 $[B]$ 행렬을 전체 좌표계로 변환하는 것보다 1차 텐서인 변위를 변환하는 것이 더 간편하기 때문이다. 이런 이유로 변형률, 응력의 산출은 지역좌표계에서 하고 식 (4.168), (4.169)와 같은 방법으로 계산되는 것이다. 여기에서 $[B]$ 행렬은 요소 내에서 상수가 될 수도 있고(이때에는 요소 내 모든 점에서 변형률이 동일함), 요소 내 좌표의 함수가 될 수도 있다(이때에는 요소 내 각 위치에서 변형률이 달라짐). 변형률-변위행렬 $[B]$가 요소 내 좌표의 함수로 되어 있을 때 어느 점에서의 변형률을 대표값으로 하여 표현할 것인가의 문제가 남게 된다. 이것은 요소개발자들마다 다를 수 있지만 보편적으로 Gauss 적분을 이용할 때에는 Gauss 적분점에서의 변형률을 간편하게 구할 수 있으므로 이것을 나타낸다.

식 (4.170)의 요소절점력(element nodal forces)은 요소의 절점에서 나타나는 힘과 모멘트로 요소에 작용하는 외력에 해당되며, 변형률, 응력과 마찬가지로 각 요소마다 산출된다. 이것은 전체 시스템이 힘과 모멘트의 평형조건이 성립될 때 각 요소가 분담해 내는 외력을 절점에서 표현하는 것으로 전체 좌표계에서 산출된다. 따라서 전체 좌표계에서 요소의 강성행렬과 요소의 절점변위를 곱하여 산출된다.

CHAPTER 05 CHAPTER

유한요소법의 응용 (CAE를 이용한 구조설계 방법)

5.1 서론

"유한요소법(FEM)을 이용하여 실제 구조물을 해석하려면 현실적으로 어떻게 하는 것이 효과적인가" 이 질문에 대한 가장 간결하고 적합한 답은 "상업용 코드를 구입하거나 빌리거나 하라"이다. 상업용 코드가 매우 고가임에도 불구하고 이렇게 말하는 데는 이유가 있다. 그 이유를 비유적으로 한 마디로 설명하면 다음과 같다.

복잡한 유리수, 무리수가 섞여 있는 수의 연산을 현실적으로 어떻게 하는가? 계산기(Calculator)를 사거나 빌려서 계산한다.

CAE에서 상업용 코드는 계산기와 같은 도구(tool)에 해당된다. 우리가 계산기를 사용할 때 자신에게 익숙한 기종을 쓰다가 익숙치 않은 기종을 만나면 어떻게 되는가? 사용법 전체를 처음부터 배우지는 않지만 몇몇 기능키들이 다른 위치에 있고, 연산방법이 조금씩 다를 수 있으므로 매뉴얼을 조금은 참조하게 된다.

CAE에서 상업용 코드도 프로그래밍한 회사마다 기능키들이 다를 수 있지만 근본적인 개념과 원칙, 알고리듬은 동일하다. 그것을 지금까지 이 책에서 설명한 것이다. 그러므로 근본적인 개념과 원칙을 어느 정도 이해하고 있다면 어떤 상업용 코드에 대하여도 쉽게 접근할 수가 있다. 그것은 초, 중, 고등학교에서 수의 연산에 대한 개념과 원칙을 잘 이해한 사람이라면 누구나 어떤 기종의 계산기도 쉽게 사용할 수 있는 것과 마찬가지이다.

수의 연산에 대한 개념이 분명치 않은 사람이 계산기를 사용할 때에는 계산과정의 오류, 계산결과의 의미들을 명확하게 알 수 없다. 이 책의 전반적인 내용인 공학해석방법, 탄성론, 재료역학, 유한요소법을 이해하면 상업용 코드를 이용하여 구조해석을 할 때 개념을 분명하게 이해하고 해석할 수 있게 된다.

이 장에서는 상업용 코드를 이용하여 실제 구조 문제를 해석하고 설계에 반영하는 방법을 설명하도록 한다.

5.2 상용 코드의 구조

상용코드의 구조는 크게 다음 세 단계로 구성되어 있다.

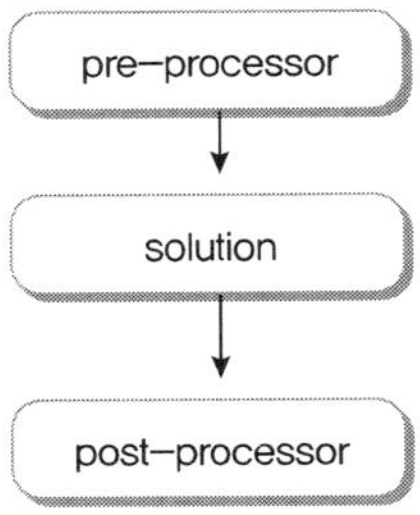

그림 5.1 상용코드의 기본구조

이것을 그림 1.7(공학해석과정), 그림 1.9(FEM을 이용한 공학해석과정), 그림 1.10(수학적 모델링과 유한요소를 이용한 모델링 비교)에 대비시켜 보면 그림 5.2와 같다.

수학적 해석은 전 과정의 중요성이 고르게 분포되어 있지만 상업용 코드를 이용한 FE 해석은 pre-processor에 90% 이상의 중요성이 집중되어 있다. solution은 버튼 하나만 누르면 해석이 진행되어 완료되고, post-processor는 이미 해석된 결과를 원하는 대로 보는 과정에 불과하다.

그러면 pre-processor는 무엇으로 어떻게 이루어지는가?

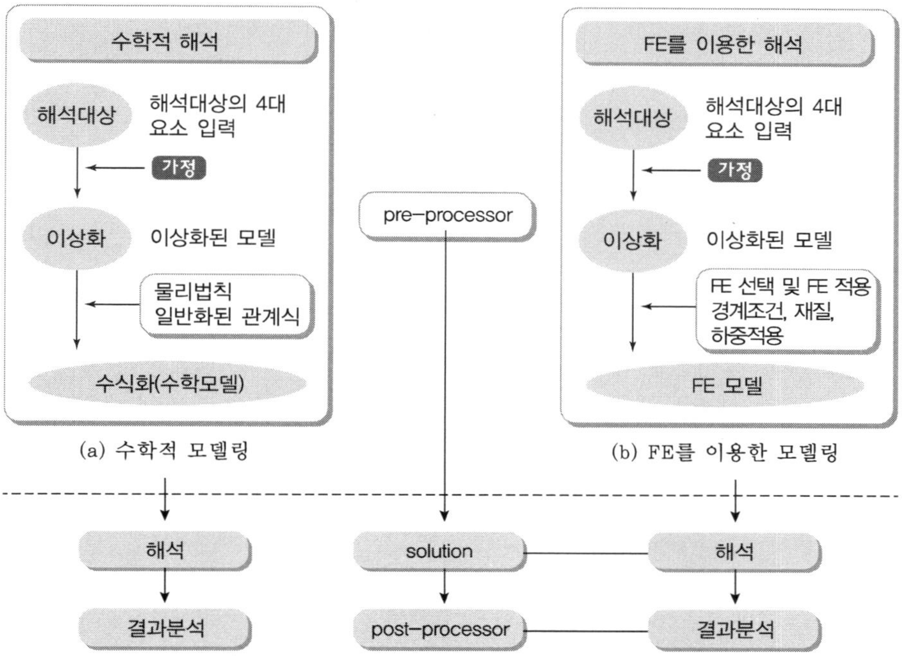

그림 5.2

pre-processor는 FE 모델링 과정이고, 해석대상의 4대 요소를 입력하는 과정이다.

해석대상의 4대 요소

- 형상(geometry)
- 재질(materials)
- 하중(loads)
- 경계조건(boundary conditions)

여기에 해석방법과 유한요소의 선택 및 적용이 추가된다.

- 해석방법
- FE 선택 및 적용

따라서 pre-processor의 구성요소는 다음과 같다.

pre-processor의 구성요소

- 해석방법
- FE 선택 및 적용
- 형상
- 재질
- 하중
- 경계조건

그림 5.3 pre-processor의 구성요소

pre-processor의 구성요소 입력에는 지켜야 할 순서가 있다. 대부분의 상용코드는 이 순서에 맞게 순차적으로 구성하여 놓았다.

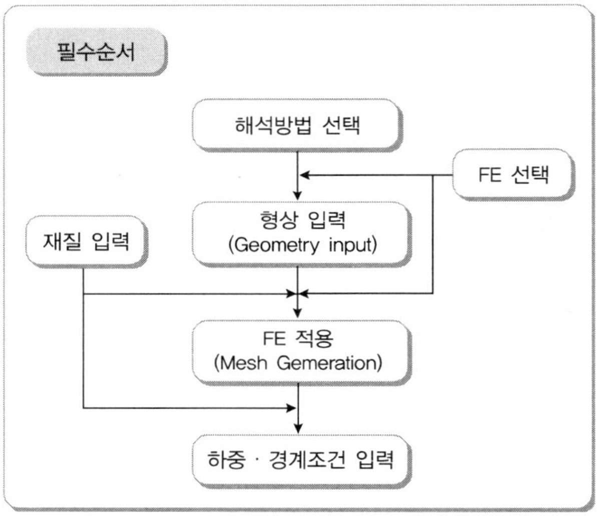

그림 5.4 입력순서

재질입력, FE 선택은 그림 5.4에서 나타낸 대로 입력단계가 선택적이어도 되지만 해석방법, 형상, FE 적용, 하중 및 경계조건 입력은 필수적으로 지켜야 할 순서이다. 이 순서를 어기면 상용코드는 error 메시지를 내보내거나 순서를 지키라는 메시지를 보내게 된다. 하중과 경계조건은 순서를 바꾸어도 상관이 없다.

이 모든 순서는 크게 세 단계로 다시 생각해 볼 수 있으며, 첫 번째 단계는 해석방법을 선택하여 수행할 알고리즘을 준비하는 단계, 두 번째 단계는 형상 입력과 그에 따른 절점을 생성하는 단계, 세 번째 단계는 생성된 절점에 하중과 경계구속조건을 부여하는

단계라 할 수 있다. 이와 같은 단계의 순서가 생기는 가장 큰 이유는 유한요소법은 모든 정보가 절점 위에 존재하게 되기 때문이다. 절점 위에 하중, 경계구속조건이 생성되어야 하기 때문에 절점이 없는 상태에서는 하중과 경계조건을 부여할 수 없게 된다. 따라서 절점을 생성하는 과정을 먼저 하고, 하중과 경계조건을 그 뒤에 부여하게 되는 것이다. 절점을 생성하는 과정은 사용할 요소를 선택하고, 입력한 형상에 그것을 적용하여 요소분할(Mesh Generation)을 수행하면 절점이 생성되는 과정이 된다. 재질은 엄밀하게 해석(Solve) 전 즉, 그림 5.4 입력순서의 어느 단계에서 입력 처리하여도 해석이 가능하지만 상용코드 회사마다 다양한 해석방법에 따른 재질을 통합적으로 관리하기 때문에 자신들의 프로그램 과정상 특정 순서 위에서 순서를 지키도록 하는 경우가 대부분이다.

대부분의 상용코드는 풀다운 메뉴 방식으로 순차적 입력순서에 맞게 구성되어 있으므로 그들 코드의 순차성을 따르는 것이 효율적이다. 그러나 그림 5.4는 유한요소 알고리즘에서 포괄적으로 가능한 것이므로 그림 5.4를 이해하고 있으면 다양한 상용코드의 풀다운 메뉴 순서를 이해하는 데 도움이 된다.

형상(geometry) 입력은 요소 선택(FE 선택)과 함께 생각해야 한다. 즉, 실제 해석대상을 어떤 요소로 해석하겠다고 판단하면 그 요소에 대응되는 형상으로 모델링하여야 한다는 뜻이다[그림 5.5(a)]. 그러므로 어떤 면에서는 요소선택이 마음속으로는 가장 먼저 이루어지는 과정이라 할 수 있다. 그러나 마음속으로 가장 먼저 정한 선택요소도 적용할 때에는 형상이 모델링된 뒤에 적용되어야 한다. 형상은 점, 선, 면, 체적의 순서로 구현된다[그림 5.5(b)].

유한요소 상용코드가 세상에 나온지 대략 50년이 지나가는 지금은 그림 5.3, 그림 5.4

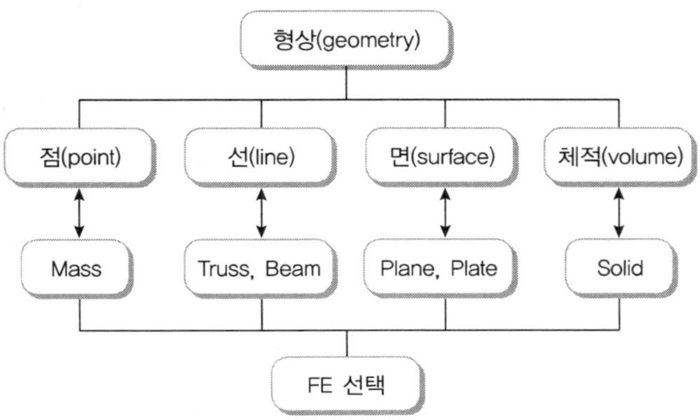

(a) FE 선택과 형상 모델링

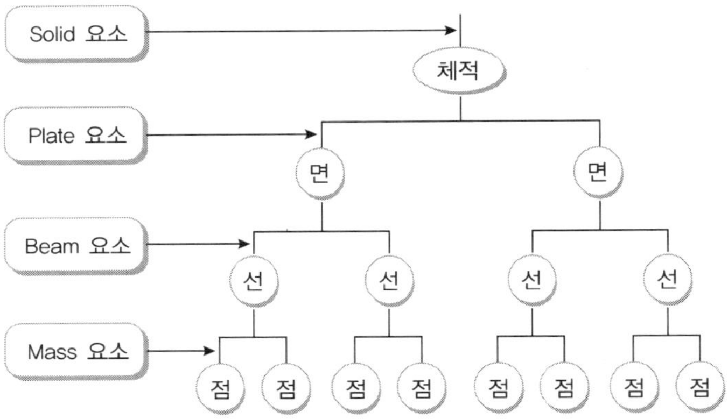

(b) 형상모델링과 FE 적용

그림 5.5

의 데이터를 사용자가 편하게 입력하고 수정할 수 있도록 모듈 형태로 프로그램이 되어 있다.

5.3 구조물(Structure)

'**구조물이란 <u>하중을</u> <u>지탱하는</u> <u>물체</u>를 말한다.**'

가깝게는 책상과 의자, 모바일 폰, 멀리는 현수교, 고층빌딩, 자동차, 항공기 모두 구조물에 해당된다.

그림 5.6 자동차, 항공기, 교량, 건물, 가전제품, 모바일 폰

앞에서 일반인들의 용어로 구조물의 정의를 매우 짧은 한 문장으로 정의하였지만 이 짧은 문장의 단어 속에 공학에서 설명하는 구조물의 속성이 모두 들어 있다. 그러므로 구조설계 엔지니어들은 이 짧은 문장의 단어 속에서 다음의 공학적 요소들을 생각할 수 있어야 한다.

'**하중(Loads)**'은 경계에 작용하는 외력으로 작용력과 지점 반력이 모두 하중에 해당되고, 하중은 작용위치, 작용방향, 크기, 작용형태(집중, 분포), 작용매체(고체, 유체, 열)를 동시에 모두 갖고 있다. '**지탱한다**'는 것은 경계구속조건에서 지점 반력으로 구조물을 지탱한다는 말이다. '**물체**'는 모든 물체가 형상과 재질을 갖고 있고, 형상과 재질이 하중을 받아 내력을 일으키게 되고, 그 내력을 지탱해야 구조물의 역할을 하게 된다. 따라서 구조설계 엔지니어는 구조물을 보면 하중의 작용방향, 위치, 크기, 형태, 매체를 생각하고, 경계구속조건에 의한 지점반력은 어느 위치에 어떤 형태로 발생하는지, 형상과 재질은 외력(하중)에서 비롯된 내력을 지탱할 수 있는지를 생각할 수 있어야 한다.

이것을 엔지니어들의 용어로 조금 더 엄밀하게 정의해 보면 다음과 같이 할 수 있다. '**구조물이란 목적에 맞는 하중을 지탱하고, 경계구속조건을 갖고 있는 형상과 재질이 있는 물체를 말한다**'.

따라서 모든 구조물은 예외 없이 다음 네 가지 조건을 구비하고 있다.

- 형상(geometry)
- 재질(materials)
- 하중(Loads): 작용위치, 작용방향, 크기, 작용형태(집중, 분포), 작용매체(고체, 유체, 열)
- 경계구속조건(Boundary constraint conditions)

위 네 가지 조건은 구조물이라는 말이 성립하기 위한 필요충분 조건이므로 어느 한 조건만 없어도 구조물이라 할 수 없다. 따라서 구조설계 엔지니어는 구조물을 볼 때 반드시 위 네 가지가 어떤 상태에 있는지 관찰하는 훈련을 하여야 한다. 한눈에 구조물의 네 가지 조건을 파악할 수 있는 눈을 가지는 것이 구조설계 엔지니어에게 필요한 능력이다.

특히, 하중의 작용위치와 작용방향은 그 크기 못지 않게 중요하다. 일반적으로 대학에서 가르칠 때, 또 CAE를 이용하여 해석할 때, 하중의 크기를 중요하게 여기지만 구조설계자들이 쉽게 놓치고 지나치는 사실이 하중의 작용위치와 작용방향이다.

그 이유는 어떤 구조물도 모든 방향의 하중, 모든 경우의 구속조건, 모든 재질, 모든 형상에 대하여 설계되어 지는 것은 없기 때문이다. 즉, 거의 모든 경우에 어떤 구조물이 설계될 때에는 하중의 작용위치, 방향, 경계구속조건, 형상, 재질 등이 목적에 맞게 지탱할 수 있도록 몇 가지 경우 내에서 조건 지어지기 때문이다.

조건이 결정된 구조물은 첫째, 주어진 재질, 형상, 경계구속조건 상태에서 구조물이 지탱할 수 있는 최대 하중은 얼마인가? 즉, 최대 허용하중(Maximum allowable Load)을 알아내는 것과 둘째, 주어진 경계구속조건과 지탱하여야 할 하중(설계하중, Design Load)에서 재질, 형상을 설계하는 것, 이 두 가지가 구조설계의 핵심이다. 일반적으로 설계하중을 주고 형상과 재질을 안전하게 설계하고 난 뒤에는 아래와 같은 관계가 되게 된다.

$$\text{설계하중(Design Load)} \leq \text{최대 허용하중(Maximum allowable load)} \tag{5.1}$$

5.4 정적 구조설계(Static Structural Design)

정적 구조해석 및 설계 관점에서 최상위 설계조건은 다음 두 가지이다.

$$\begin{aligned} &\text{① 발생응력} < \text{허용응력}(\sigma < \sigma_a) \\ &\text{② 발생변위} < \text{허용변위}(\delta < \delta_a) \end{aligned} \tag{5.2}$$

①, ②의 설계조건을 만족하도록 구조물을 설계하여야 한다. 대부분의 구조설계는 ① 조건만 만족하여도 되지만 구조물에 따라 ①과 ②가 동시에 모두 만족하여야 하는 경우도 있을 수 있다.

①, ②에서 발생응력과 발생변위는 탄성론 해석, 재료역학 해석, 또는 CAE를 이용하여 계산하여 알아내는 것이고, 허용응력과 허용변위는 설계자가 결정하는 것이다.

허용응력은 재질이 선정되면 재질의 고유 특성값인 항복응력(yield stress) 또는 극한 인장응력(ultimate tensile stress)값에 40%~100% 사이의 비율을 적용(안전율 Sf의 적용)한 값으로 어떤 경우에도 명확하게 결정된다. 예를 들면, ASME Section II Part D에는 여러 재질에 대한 허용응력을 규정해 놓았다. A36은 항복응력(σ_y)이 250Mpa, 인장응력(σ_u)이 400Mpa이다. ASME는 A36재질의 사용에 따른 설계조건에서 허용응력을 각각 114Mpa(45.6%, $S_f = 2.19$), 133Mpa(53.2%, $S_f = 1.87$, 165Mpa(66%, $S_f = 1.51$)으로 제시하고 있다. Code에 따른다면 저와 같이 규정된 허용응력을 사용하면 되고, Code에 따르지 않고 설계자가 결정한 허용응력에 따라 설계하고자 한다면 그렇게 하면 된다.

그러나 허용변위는 구조물의 사용상태, 사용환경 등 다양한 조건과 그에 따른 축적된 정보와 경험으로 결정하는 것이어서 모든 경우에 명확하게 결정하는 것이 쉽지 않다. 정적 구조설계는 대부분 ①조건으로 설계하고, ②조건이 추가로 필요한 구조물에서는 다양한 자료와 조건과 축적된 정보를 조사하여 허용변위를 결정하고 설계하도록 한다.

5.5 유한요소법을 이용한 탄성 구조해석 및 설계 흐름도

5.5.1 재료역학적 설계(최대 허용하중 산출)

일반적으로 재료역학이나 탄성론을 이용한 구조 설계에서는 그림 5.8의 C.1 응력설계 조건식에서 (발생응력= 허용응력)이 되는 형상 및 치수 조건을 찾게 된다. 따라서 이와 같이 결정 되는 치수는 자연스럽게 최대 허용하중을 받게 되는 치수가 될 수 있다. 그러므로 재료역학에서 결정된 치수는 설계하중과 최대 허용하중이 일치하거나 크게 차이가 나지 않는 경우가 많다.

간단한 예를 들어 그 이유를 설명하면 다음과 같다.

예제 1 허용전단응력 τ_a인 재질이 회전 토크 T를 전달할 때 회전축 지름 d의 설계식은 (발생응력≤ 허용응력)의 조건식 $\tau_{\max} \le \tau_a$을 적용하면 아래 식 5.3과 같다.

$$\frac{16\,T}{\pi d^3} \le \tau_a \tag{5.3}$$

■

식 (5.3)에서 결정되는 토크 T는 결정된 지름 d가 견딜 수 있는 최대 허용하중이 된다.

예제 2 허용응력 σ_a인 재질로 된 사각 단면의 양단 지지보 중앙에 집중하중 P가 작용할 때, 보의 길이 L, 단면의 가로b, 높이 h의 설계식은(발생응력 ≤ 허용응력)의 조건식 $\sigma_{\max} \le \sigma_a$ 을 적용하면 아래 식 5.4와 같다.

$$\frac{3PL}{2bh^2} \le \sigma_a \tag{5.4}$$

■

식 (5.4)에서 결정되는 P는 해당 b, h, L의 형상, 치수, 경계조건에서 최대 허용하중이 된다.

그러므로 설계 이후에 별도의 최대 허용하중을 계산해야 할 필요가 없게 된다.

5.5.2 유한요소 상용코드에 의한 설계(최대 허용하중 산출필요)

그러나 오늘날의 구조물과 같이 복잡한 형상과 다양한 치수 조건에서는 이와 같이 재료역학과 탄성론의 단순한 모델의 Shaft, Beam, Plate 계산식 만으로 설계되는 것은 거의 없다고 볼 수 있다. 유한요소 구조해석을 통하여 설계가 결정되는 경우가 대부분이라고 할 수 있다. 이와 같은 경우에는 결정된 형상과 치수가 그림 5.8의 C.1 응력설계 조건식에서 (발생응력<허용응력)이 되는 형상및 치수를 근사적으로 먼저 찾게 된다. 그리고 필요시 해석을 통하여 형상과 치수를 (발생응력 = 허용응력)의 근처까지 좁혀가게 된다. 이때 해석을 통하여 형상과 치수를 (발생응력= 허용응력)의 근처까지 좁혀가지 않을 경우 그림 5.8의 C.2와 같이 허용응력에 대응되는 최대 허용하중을 유한요소 해석을 통하여 산출하여야 한다.

탄성 구조해석을 하는 경우에는 선형성이 보장되므로 다음과 같이 최대 허용하중을 구한다.

응력은 다음 식 (5.5)와 같이 하중, 형상과 치수, 구속조건의 함수라 할 수 있다.

$$\sigma=\sigma(\text{하중, 형상과 치수, 구속조건}) \tag{5.5}$$

$$\sigma=\sigma(\text{Forces, Shape \& Dimensions, Constraints}) \tag{5.5}$$

식 (5.5)에서 형상과 치수, 구속조건이 결정되어 지면 식 (5.6)와 같이 오직 하중만의 함수로 선형적 관계로 남게 된다.

$$\sigma=\sigma(\text{F,Constant Shape\&D, Constant Constraints}) = \sigma(F) \tag{5.6}$$

$$\sigma = aF \tag{5.6}$$

식 (5.6)는 원점을 지나므로 임의의 하중으로 해석하여 발생한 응력을 (하중, 응력) 좌표로 하여 원점과 연결하는 직선을 그리고, 허용응력을 그림 5.7과 같이 직선으로 그어 하중, 응력 1차 함수 그래프와 만나는 교점의 하중값이 최대 허용하중이 된다. 이것

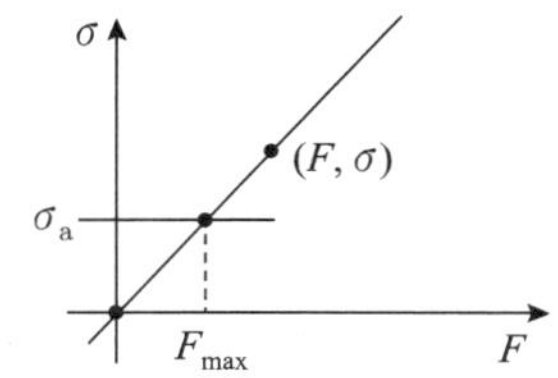

그림 5.7 유한요소 구조 선형해석에서 최대 허용하중과 최대 허용응력 관계

은 매우 간단하고 당연한 것이지만 실제 유한요소 상용코드 탄성 설계에서 간단히 사용할 수 있는 내용이어서 기술해 놓는다.

그러므로 오늘날 상용코드를 이용하여 설계와 해석을 하는 경우의 일반적인 해석 및 설계 흐름도는 그림 5.8과 같다.

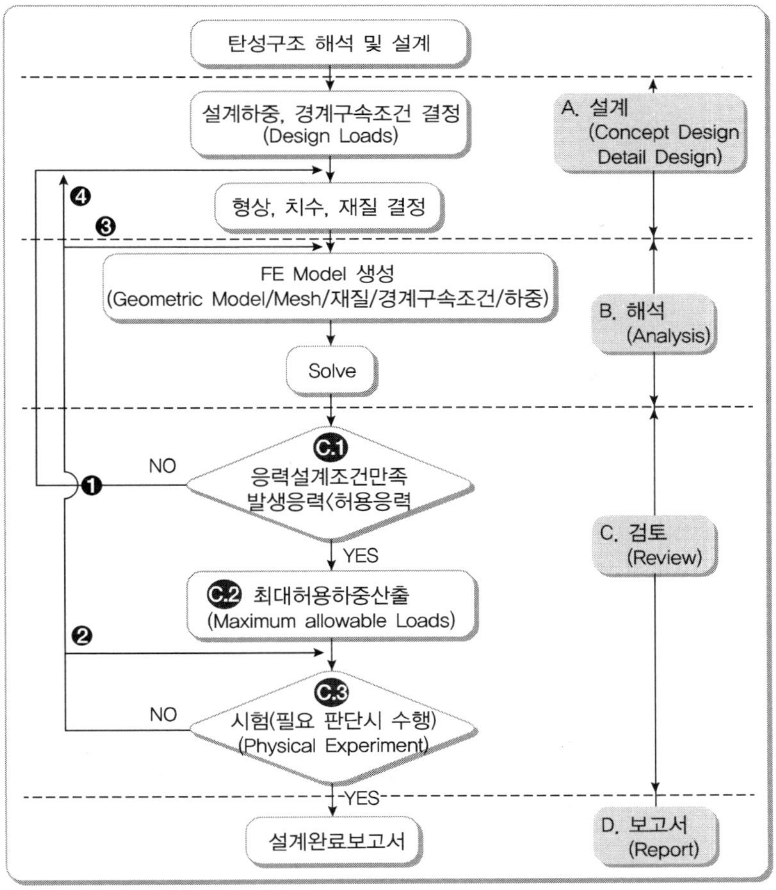

그림 5.8 FE 탄성 구조해석 및 설계흐름도

그림 5.8 C.의 검토 단계에서 물리 실험을 하였을 때 해석 결과와 큰 차이를 보이게 되면 ②, ③, ④의 세 경우를 생각해야 한다. ②는 실험에서 오류가 있었는지 확인해야 하고, 그것이 아니라면 ③의 해석에서 오류가 있었는지 확인해야 하고, 그것도 아니라면 물리실험 결과인 (C.3)을 수치실험 결과인 (C.1)보다 우선적으로 신뢰하면서 ④의 설계를 다시 하여야 한다.

5.6 상용코드를 이용한 유한요소 모델링과 해석

5.6.1 상용코드에서 요소선택과 모델링

상용코드에서는 요소의 선택과 적용이 모델링과 직접 연관되어 있다. 탄성론의 유형화 과정에서 Truss 이론, Torsion 이론, Beam 이론, Plane Stress & Strain 이론, Plate 이론이 나왔다. 이들을 유한요소법으로 정식화하면서 Truss 요소, Torsion 요소, Beam 요소, Plane Stress & Strain 요소, Plate 요소가 생겼다. 그러나 상용코드에서는 이들이 조합되어 다음 세 가지 요소로 크게 분류할 수 있다.

3D Beam 요소 Truss 요소 + Torision 요소 + 순수 Beam 요소

Plate 요소 Plane Stress & Strain 요소 + 순수 Plate 요소

Solid 요소 Plane Stress의 3차원적 적용 요소

Truss 이론도 있고 Truss 요소도 있지만, 실제 대상에서 Truss 요소로 해석할 대상은 거의 없다. 또한 Plane Stress 이론도 있고 Plane Stress 요소도 있지만, 실제 대상에서 Plane Stress 요소로 해석할 대상은 많지 않다. 대부분의 실제 대상은 상용코드에서 3D Beam 요소, Plate 요소, Solid 요소로 모델링하면 된다. 따라서 상용코드 사용자들은 3D Beam 요소, Plate 요소, Solid 요소의 모델링과 사용에 익숙하도록 연습할 필요가 있으며, 그들 요소의 특성과 요소모델링에서 사용된 가정을 잘 이해할 필요가 있다.

Truss 요소로 해석할 Truss 구조물은 없다.

대부분의 정역학 또는 구조해석은 물론, 상용코드를 활용하는 유한요소 책에서조차 Truss 구조물을 해석하는 방법을 취급하고 있다. Truss 해법은 1800년대에 Truss 구조물을 정확하게 해석할 방법이 없던 시절, 지나친 가정(assumptions)을 하여 Truss 구조물을 해석하기 위한 것이었다. 즉, 부재가 인장/압축 하중만 받고 인장/압축 자유도만 존재한다는 가정이었다. 이렇게 가정하면 Truss 구조물은 정역학 책에 있는 방법으로 해석이 가능하다. 그러나 그 결과는 현실(실제)과 크게 맞지 않는 것이다. 실제로 어떤 Truss 구조물의 부재도 굽힘 모멘트를 받고 있는 것을 알 수 있고, 핀으로 연결되었다 하더라도 핀에서의 마찰력이나 모든 것을 살펴보아도 프레임 구조에 더 가깝기 때문에 부재가 인장/압축 자유도만 갖는다고 하는 것은 오늘날 지나친 가정임을 알아야 한다. 더구나 상용코드를 이용한 유한요소법으로 구조물을 해석할 수 있는 오늘날에 Truss 구조물을 Truss 요소로 해석하는 것은 요소의 특성과 가정을 생각하지 않는 잘못된 해석방법의 대표적인 예이다.

다음 그림 5.9에서 그림 5.13까지는 ANSYS V.8.0을 이용하여 Truss 형태의 구조물을 Truss 요소와 Beam 요소를 이용하여 해석해 본 것이다. Truss 요소를 사용한 해석에서는 모멘트가 없는 것을 확인할 수 있을 것이다(그림 5.11). 그러나 Beam 요소를 사용한 해석에는 부재 내부의 절점 위치에 따라 모멘트가 다름을 그림 5.13에서 알 수 있을 것이다. 이것은 2006년 이 책의 초판을 낼 때 ANSYS의 초기 버전이라 할 수 있는 V.8.0을 이용한 것이지만 V.17의 현재와 결과는 다르지 않다. 오히려 유한요소법의 내부 구조를 나타내는 데에는 초기 버전이 효과적일 수 있어서 2006년 초판 그대로를 사용하였다.

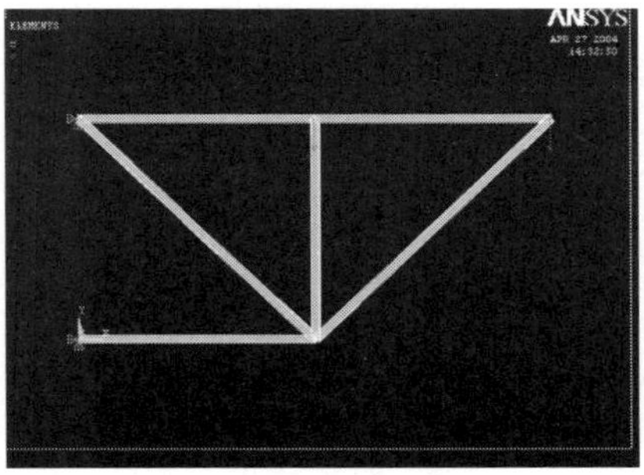

그림 5.9 Truss 형태의 구조물

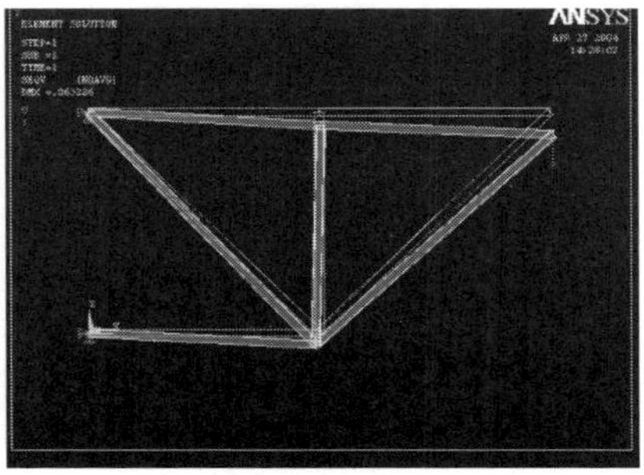

그림 5.10 Truss 요소를 이용한 해석 결과

```
PRINT SUMMED NODAL LOADS

 ***** POST1 SUMMED TOTAL NODAL LOADS LISTING *****

 LOAD STEP=     1  SUBSTEP=     1
  TIME=    1.0000      LOAD CASE=   0

 THE FOLLOWING X,Y,Z SOLUTIONS ARE IN GLOBAL COORDINATES

   NODE      FX           FY           FZ
      1  -1500.0
      3               500.00
      4   1500.0     -1000.0
      5               500.00

TOTAL VALUES
VALUE   0.22737E-12 0.68212E-12  0.0000
```

그림 5.11 Truss 요소를 이용한 해석 결과 (절점력, 모멘트 없음)

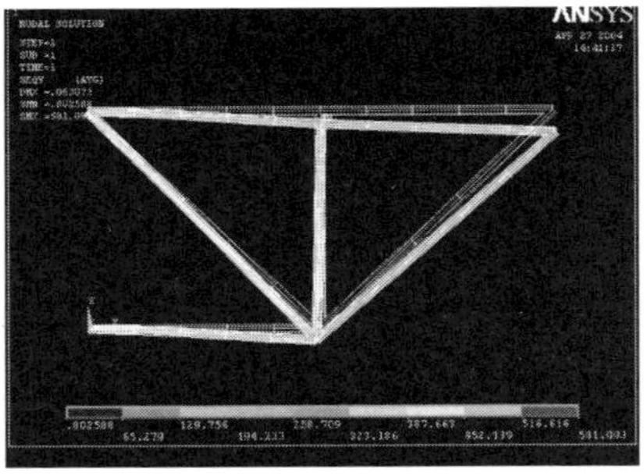

그림 5.12 Beam 요소를 이용한 해석 결과

```
PRINT FORC ELEMENT SOLUTION PER ELEMENT

***** POST1 ELEMENT NODE TOTAL FORCE LISTING *****

 LOAD STEP=     1  SUBSTEP=     1
  TIME=    1.0000      LOAD CASE=   0

 THE FOLLOWING X,Y,Z FORCES ARE IN GLOBAL COORDINATES


 ELEM=       1  FX          FY          FZ          MX          MY          MZ
      1  -1495.3     -2.9776      0.0000    -0.59913E-16 0.10417E-14 -93.328
      3   1495.3      2.9776      0.0000     0.59913E-16-0.10417E-14  63.552

 ELEM=       2  FX          FY          FZ          MX          MY          MZ
      3  -1495.3     -2.9776      0.0000    -0.59913E-16 0.64624E-15 -63.552
      4   1495.3      2.9776      0.0000     0.59913E-16-0.64624E-15  33.776

 ELEM=       3  FX          FY          FZ          MX          MY          MZ
      4  -1495.3     -2.9776      0.0000    -0.59913E-16 0.25082E-15 -33.776
      5   1495.3      2.9776      0.0000     0.59913E-16-0.25082E-15  3.9995

 ELEM=       4  FX          FY          FZ          MX          MY          MZ
      5  -1495.3     -2.9776      0.0000    -0.59913E-16-0.14460E-15 -3.9995
      6   1495.3      2.9776      0.0000     0.59913E-16 0.14460E-15 -25.777

 ELEM=       5  FX          FY          FZ          MX          MY          MZ
      6  -1495.3     -2.9776      0.0000    -0.59913E-16-0.54002E-15  25.777
      2   1495.3      2.9776      0.0000     0.59913E-16 0.54002E-15 -55.553
```

그림 5.13 Beam 요소를 이용한 해석 결과(절점력, 모멘트 존재함)

위와 같이 FE 모델링에서 요소를 선택할 때에는 해석대상의 변형상태를 잘 이해하고, 요소의 특징을 고려하여 모델링을 하여야 한다. 실제로 3D Beam 요소, Plate 요소, Solid 요소 중 실제 모델에 가장 근사하게 거동을 묘사하는 순서는 그림 5.14와 같다.

물론 요소모양에서 형상비(aspect ratio)를 최적으로 했을 때 그림 5.14가 의미를 갖고,

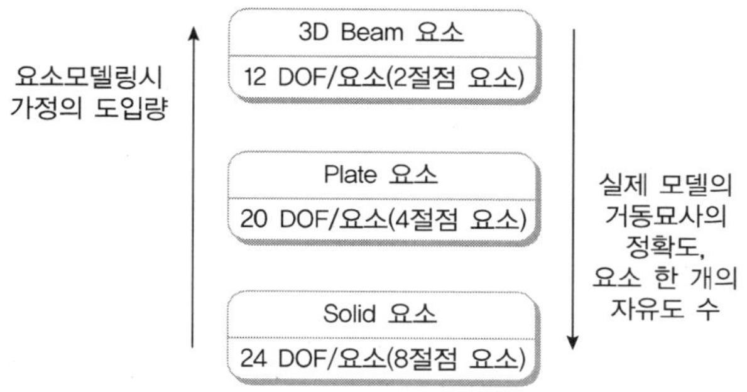

그림 5.14

또 Beam과 Plate는 그 쓰임새가 서로 다를 수 있지만 일반적으로 논하면 성립되는 말이다. 엄밀히 말하면 Solid 요소는 아무 가정도 도입되지 않았고 탄성론 이론을 그대로 수식화하였다고 할 수 있다. 따라서 모든 구조물을 형상비를 적절하게 하여 Solid 요소로 모델링할 수 있다면 가장 정확한 해석을 할 수 있게 된다. 그렇게 되면 극단적으로 Beam 요소와 Plate 요소는 해석만을 위한다면 필요 없는 요소로 전락될 수도 있다.

그러나 오늘날의 컴퓨터 성능은 이와 같은 요소 수와 절점 수의 제한이 거의 없다고 볼 수 있다. 따라서 컴퓨터 성능제한에 따른 모델링보다는 해석 목적에 따른 요소 선택이 보다 지배적으로 작용한다.

또한 CAD 프로그램과 해석 프로그램을 이원화하여 사용하는 것이 일반적인 추세로 자리 잡혀 있는 실정이므로 기하학적 모델링은 CAD 프로그램에서 작업하고, 그것을 해석 프로그램에 넘겨서 FE 모델은 해석 프로그램에서 작업하는 것이 일반화된 현실이다. 이때 FE 해석을 알고있는 엔지니어가 CAD 프로그램으로 기하모델을 작업하는 것이 바람직하다. FE 해석을 알고 있는 엔지니어는 기하모델을 구성할 때 FE 모델을 구성할 때 필요한 점, 선, 면, 체적을 훨씬 효과적으로 미리 작업하여 놓을 수 있다. 그리고 이 파일을 FE 상용코드에 넘겨 받아 FE 모델을 구성하게 되므로 FE 모델 구성이 빠르고 정확하게 이루어 질 수 있다.

5.6.2 유한요소 모델링의 예

» 탄성론 이론해와 유한요소의 Beam 요소, Shell 요소, Solid 요소 해석 결과 비교 검토 문제

그림 5.15와 같은 하중조건을 갖는 구조물은 탄성론과 재료역학에서 수학적 해를 갖

고 있는 모델이다. 유한요소법에서 요소를 개발하여 상용코드에 탑재할 때에는 요소의 정확도가 어느 정도인지 검증 확인하는 단계가 있다. 이와 같은 요소 정확도 검증 단계에서는 탄성론의 수학적 해가 있는 모델을 해석하여 비교함으로써 검증한다. 논문에 발표되는 요소들의 정확도는 수학적 해와 5% 이내의 오차가 되어야 가치를 가질 수 있으며 대부분 상용 코드에 탑재된 요소들은 수학적 해와 2~3% 이내의 오차를 갖고 있다.

아래 예제 문제는 탄성론에서 수학적 해를 갖고 있는 구조문제의 모델에 대하여 탄성론 해석 결과(Saint-Venant 해석)와 재료역학 해석 결과(Navier 해석)를 계산하여 서로 비교해 보고, 유한요소로 모델링하여 사용하고 있는 상용코드를 이용하여 해석한 뒤 탄성론과 정확도를 비교해 보는 문제이다. 즉, 탄성론과 재료역학을 비교하여 두 분야의 차이를 이해하고, 유한요소 해석 결과와 탄성론 해석 결과(Saint-Venant 해석)를 비교하여 요소 선택과 모델링에 따른 유한요소 해석의 정확도를 이해해 보는 문제이다.

예제 1 다음 그림 5.15와 같은 구조물을 주어진 표 3.3을 이용하여 탄성론의 해와 재료역학의 해를 점 A, B, C, D, E, F, G, H, I에서 변위값으로 비교해 보라. 그리고 사용하고 있는 상용코드를 이용하여 Beam 요소로 모델링하여 해석하고, Plate 요소로 모델링하여 해석하고, Solid 요소로 모델링하여 해석하여 탄성론의 해석 결과와 서로 비교하여 보라.

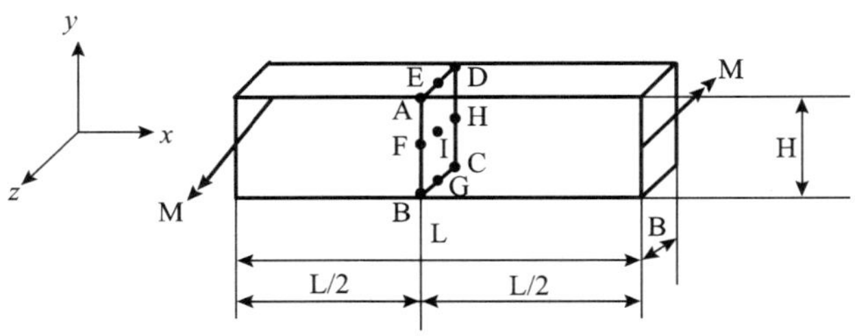

그림 5.15 해석모델의 형상,치수,하중 조건 ■

표 3.3(다시 사용) Beam 문제의 탄성론, 재료역학 해석 결과 비교

탄성론 해석 결과(Saint-Venant)	재료역학 해석 결과(Euler & Navier)
$\sigma_x = E\epsilon_x = \frac{E}{\rho}y$ $\epsilon_x = \frac{1}{\rho}y$ $u = \frac{1}{\rho}xy$ $v = -\frac{1}{2\rho}[x^2 + \nu(y^2 - z^2)]$ $w = -\frac{\nu}{\rho}yz$	$\sigma_x = E\epsilon_x = \frac{E}{\rho}y$ $\epsilon_x = \frac{1}{\rho}y$ $v = -\frac{1}{2\rho}x^2$
여기서, ρ는 곡률반경으로 $\frac{1}{\rho} = \frac{M}{EI_Z}$	

표 5.1 그림5.15 해석모델의 치수, 하중, 재질 특성값

L(mm)	B(mm)	H(mm)	M(Nmm)
200	40	20	100000

A36	
E (탄성계수)	202GPa = 2.0591×106 $\mathrm{kgf/cm^2}$
ν (프와송비)	0.3
density, 밀도	7860 $\mathrm{kg/m^3}$ = 0.00786 $\mathrm{kg/cm^3}$
σ_y(항복강도, yield stress)	250Mpa = 2548 $\mathrm{kgf/cm^2}$
σ_u(인장강도, tensile stress)	400Mpa = 4077 $\mathrm{kgf/cm^2}$

1) Beam 요소를 사용하여 해석하고, A~I 위치에서 변위 u, v, w를 이론해의 결과와 비교하여라.(Beam 요소는 선 요소이므로 A~I 모두에서 변위가 발생하지 않음에 유의하고, A~I 중 어느 점에서 변위가 발생할 수 있는 요소인지 파악하여 그 점의 값을 조사하여야 한다)
2) Shell 요소를 사용하여 해석하고, A~I 위치에서 변위 u, v, w를 이론해의 결과와 비교하여라.(Shell 요소는 면 요소이므로 A~I 모두에서 변위가 발생하지 않음에 유의하고, A~I 중 어느 점에서 변위가 발생할 수 있는 요소인지 파악하여 그 점

의 값을 조사하여야 한다)

3) Solid 요소를 사용하여 해석하고, A~I 위치에서 변위 u, v, w를 이론해의 결과와 비교하여라.(Shell 요소는 체적 요소이므로 A~I 모두에서 변위가 발생할 수 있으므로 모든 점을 비교할 수 있음을 파악하되, Solid 요소는 한 절점에서 직진 변위 자유도 3개만 존재하고 회전 자유도 3개는 없는 요소임을 유의하여야 한다. 회전 자유도가 없는 이와 같은 Solid 요소의 절점에는 기본적으로 모멘트를 부여할 수 없게 된다. 따라서 대부분의 상용코드는 이 점을 기술적으로 해결하기 위하여 각 상용코드마다 고유의 방법을 사용하고 있다. 일반적으로 사용하는 방법은 자유도 6개를 부여한 강체 요소를 연결시켜 해결하지만 각 상용코드의 활용방법에 따르도록 한다.

표 5.2 해석 결과 비교표(탄성론 이론해는 표 3.3의 수식 적용)

v

구분	탄성론 이론해 (Saint-Venant)			Beam 요소			Shell 요소			Solid 요소		
	u	v	w	u	v	w	u	v	w	u	v	w
A				-			-					
B				-			-					
C				-			-					
D				-			-					
E				-			-					
F				-								
G				-			-					
H				-								
I												

표 5.2를 보면 탄성론 이론해는 A~I까지 9개의 점에서 변위를 산출하게 된다. 실제로 이론해는 단면의 모든 점에서 변위를 산출할 수 있기 때문이다.

Beam 요소는 중립축을 나타내는 점 I 한 곳에서만 변위가 산출될 수 있다. 이것은 단면을 하나의 점으로 묘사하는 Beam 요소의 특징에 의한 것이다. Plate 요소는 중립면 위의 점 F, H, I 위에서 변위가 산출될 수 있다. 이것은 단면을 선으로 묘사하는 Plate

요소의 특징에 의한 것이다. Solid 요소는 모든 점에서 변위를 산출할 수 있다.

본 예제로부터 실제 구조물을 유한요소 해석 모델로 전환시킬 때 어떤 요소를 선택하느냐에 따라 실제 모델과 해석모델이 어떤 차이를 보이는지 이해할 수 있으리라 본다. 모양과 추출해 내는 정보의 양을 보아도 그림 5.14의 Beam, Plate, Solid 요소 순으로 실제 모델을 근사하게 묘사한다는 것을 이해할 수 있을 것이다.

각 상용코드는 자신들의 요소가 어느 정도의 정확도를 보이고 있는지 공개하고 있다. ANSYS는 ANSYS VM(Verification Manual, 요소의 정확도를 평가한 책자)에서 요소의 정확도를 공개하고 있는데, 여기에 의하면 Beam188 요소는 VM216에서 2.2%의 오차가 있으며, Shell63(Plate) 요소는 VM39에서 0.3%의 오차가 있으며, Solid45(Brick) 요소는 VM37에서 2.1%의 오차가 있음을 밝히고 있다.

실제 해석모델에서는 각 상용코드가 제시한 요소별 정확도에 완전히 따르는 것이 아니다. 예를 들면 본 예제를 ANSYS로 해석하게 되면 Beam188 요소가 Shell63 요소보다 정확하게 나올 수 있는데, 이 결과는 ANSYS VM(Shell 요소가 Beam 요소보다 정확도가 높음)과 다르게 나타난 것이다. 실제 해석모델에서는 여러 조건들의 결합으로 인하여 언제나 발생할 수 있는 차이라 할 수 있다.

즉, Beam 요소가 Plate 요소보다 정확하다든가 부정확하다고 단정지을 수 없고, 다만 Beam 요소보다는 Plate 요소가, Plate 요소보다는 Solid 요소가 실제모델을 보다 근사하게 묘사하고 보다 많은 절점에서 정보를 얻을 수 있다는 것뿐이다. 그리고 모든 상용코드에 탑재된 요소들은 이론해와 2% 이내의 오차를 가질 수 있다는 포괄적인 이해를 하고 있는 것이 요소마다 세세하게 오차를 따지는 것보다 CAE 엔지니어에겐 더 중요하다. 그러나 이것은 경계조건과 하중을 제대로 처리했을 때이고, 경계조건을 잘못 처리하면 결과가 엄청난 오차를 보일 수 있다. 이를 위하여 다음의 <예제 2>를 해석하고 그 결과를 표 5.2와 비교해 보아라.

예제 2 예제 1과 동일한 해석을 하되 경계조건만 다음과 같이 예제 1과 다르게 해보라. 해석 결과를 표 5.2에 기입하고 〈예제 1〉의 결과와 비교해 보라.

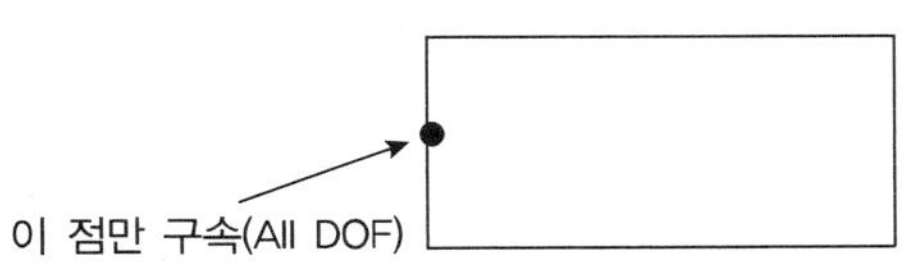

5.6.3 Euler Beam과 Timoshenko Beam의 비교 검토

일반적으로 Plate는 세 개의 카테고리로 분류한다. 소변형 얇은 판(small diflection thin plate), 대변형 얇은 판(large deflection thin plate), 두꺼운 판(thick plate)이다. 여기에서 얇은 판이라 하면, 두께와 짧은 쪽 변의 길이의 비가 대략 1/20보다 작은 것을 말한다. 이 책의 서술에 그대로 따르면 얇은 판은 표 4.8의 Kirchhoff plate로 모델링하고, 두꺼운 판은 Mindlin Plate로 모델링해야 한다.

Beam도 마찬가지로 단면의 높이(두께)와 빔의 길이의 비가 1/10보다 작으면 Euler Beam이라 하고 1/10보다 크면 Timoshenko Beam이라 부른다. 여기에서 1/20, 1/10의 경계점은 수학적으로 분명한 경계라기보다는 대략적인 값으로 이해하길 바란다. 다음 표 5.3은 그림 5.16과 같은 외팔보의 높이 H를 변화시키면서 4.4.4절 요소모델링의 (5) Euler Beam, (6) Timoshenko Beam의 유한요소로 프로그래밍하여 해석한 결과이다. 표 안의 값은 이론해(Ref. 7)와 유한요소 해석의 비를 나타낸 것이다.

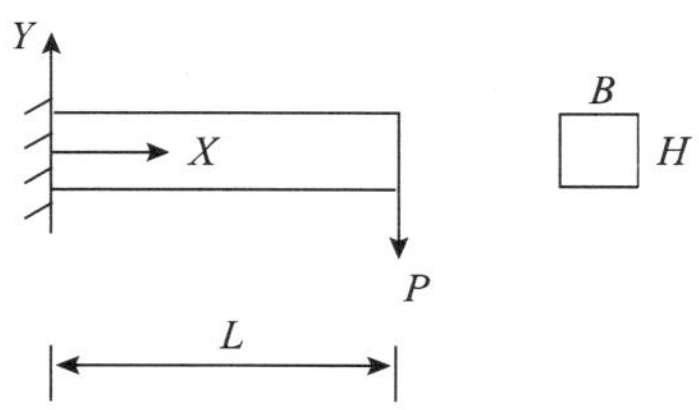

그림 5.16

표 5.3 Euler Beam, Timoshenko Beam 해석 결과

H/L	Euler Beam [4.4.4절 (5)]	Timoshenko Beam [4.4.4절 (6)]
1	0.5666	0.9985
1/5	0.9703	0.9975
1/10	0.9924	0.9975
1/20	0.9980	0.9975
1/40	0.9995	0.9975
1/80	0.9998	0.9975
1/100	0.9999	0.9975

표 5.3에서 보면 Timoshenko Beam 요소는 H/L에 관계없이 1% 이내의 정확도를 보이지만, Euler Beam 요소는 H/L이 1/10보다 작은 Euler Beam에서만 1% 이내의 오차를 보이고 H/L의 비가 커질 때 (H/L=1, 1/5) Euler Beam 요소로 해석하면 오차가 3%, 40%로 급격히 커지는 것을 알 수 있다. 이것은 전단효과가 고려되어야 하는 실제 구조물을 (Timoshenko Beam) 전단효과가 고려되지 않고 수식화된 유한요소(Euler Beam 요소)로 해석하면 오차가 커진다는 것을 보여주는 단적인 예이다. 그러나 Timoshenko Beam 요소는 Euler Beam과 Timoshenko Beam을 모두 잘 묘사하고 있음을 알 수 있다.

Plate도 마찬가지이다. 두꺼운 판을 Kirchhoff Plate 요소(얇은 판 요소)로 해석하면 Beam에서와 같이 오차가 나올 수 있다. 이런 이유로 상용코드에서는 Beam의 종류에 관계없이, 또한 Plate의 종류에 관계없이 오차가 작게 나오는 Timoshenko Beam 요소(본 책에서의 수식화 모델링과는 다를 수 있음), Mindlin Plate 요소로 수식화하여 탑재되어 있다. CAE 엔지니어들은 상용코드에서는 Euler Beam, Timoshenko Beam, 얇은 판, 두꺼운 판을 크게 구별하지 않고 사용해도 된다. 실제로 누가 더 많이 사용자(CAE 엔지니어)들에게 이런 세세한 고민을 줄이도록 상용코드를 설계할 것인가? 이것이 어느 상용코드 회사가 시장에서 성공을 거두게 되는 관건이기 때문이다.

5.6.4 유한요소 모델링의 결언

유한요소 해석은 수치적 근사해이다. 엄밀해(exact solution)가 아니다. 5.6.2, 5.6.3에서는 요소의 선택에 의한 모델링과 해석 결과 값의 차이가 있을 수 있음을 밝힌 것이다. 실제로 현장에서 해석하여 설계해야 하는 대상들은 여러 부품들이 결합되어 있는 조립된 상태의 제품이 많다. 이와 같은 경우에는 요소 선택의 문제보다 부품과 부품의 접촉조건이나 경계조건들이 결과에 더 크게 영향을 주는 일이 많다. 이와 같이 부품들 사이의 접촉조건이나 부품들의 조립된 기하모델 구성이나 그들의 경계조건을 어떻게 처리할 것인가의 문제를 모두 모델링이라고 한다.

그러므로 상용코드를 사용하는 엔지니어에게 상용코드 유한요소에서 모델링이란 해석대상을 기하모델로 구성하고, 유한요소선택을 하여 요소분할을 하되 부품과 부품의 접촉조건, 부품과 구속경계의 경계조건, 재질조건, 하중 입력조건을 최대한 엄밀해에 가까운 해를 가져오도록 결정하여 해석직전의 상태까지 해석모델을 완성해 놓는 작업을 말한다. 이와 같은 조건들이 다양하게 입력될 수 있으므로 하나의 해석대상에는 하나의 유한요소모델링이 있는 것이 아니다. 여럿의 유한요소모델링이 있을 수 있으며, 그중 엄밀해에 어느 모델링이 더 가깝게 모델링이 되었을까의 문제이다. 이것을 아는 것이 CAE 엔지니어의 실력과 능력이고, 이 능력을 향상시키는 데 CAE 엔지니어의 노력이 집중되어야 한다.

유한요소모델링은 실제 현상을 면밀히 분석하여 실제 현상에 가장 가까운 물리현상대로 해석방법을 적용하되, 주어진 상용코드의 물리현상 적용방법 내에서 적용하여야 하며, 주어진 상용코드의 물리현상 적용방법을 물리적으로 잘 이해하고 적용하여야 한다. 상용코드 판매회사들은 제품을 팔기 위하여 자신들의 물리현상 적용방법이 우수하다고 주장하지만 사용자들은 그들의 주장을 의심하는 눈을 갖고, 검증하는 자세로 사용하여야 항상 더 좋은 모델링을 할 수 있는 능력이 생긴다.

그림 5.17은 이와 같은 상용코드 유한요소모델링의 중요한 예를 보여주고 있다. 요소선택을 제외한 조건들의 모델링 방법에 따라 해석결과가 크게 달라지는 예를 보여주는 것이다. 발전플랜트나 화공플랜트는 대형 구조물과 배관으로 이루어진다. 플랜트의 배관을 지지하는 구조물 중 클램프라는 구조물이 있다. 배관이 고온, 고압의 유체를 통과시키게 되면 열하중과 유체운동에너지에 의하여 배관에 하중이 발생한다. 클램프는 이때

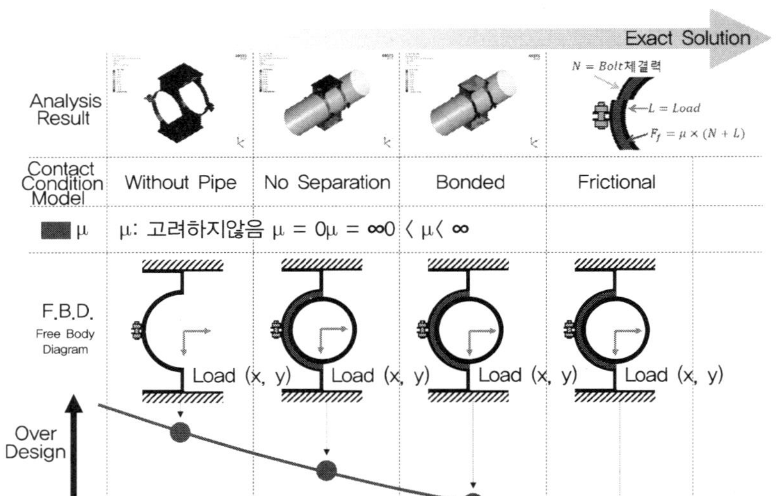

그림 5.17 배관클램프 구조물 해석 예

발생하는 배관 하중을 지지해 주는 구조물의 일종이다. 클램프를 해석하여 설계해야 한다면 어떤 조건으로 설계해야 할까?

- 배관을 제외하고 클램프만 하중을 견디는 것으로 설계할 것인가?
- 배관과 클램프가 함께 하중을 견디는 것으로 설계할 것인가?
  ① 배관과 클램프를 분리된 일체로 모델링하여 설계할 것인가?
  ② 배관과 클램프를 결합된 일체로 모델링하여 설계할 것인가?

그림 5.17은 해석 방법에 따라 결과가 크게 달라지는 설계가 있을 수 있음을 보여주는 것이다.

CAE 해석 기술자는 상용코드의 결과 그림이 보기 좋게 나왔다고 그 결과가 곧 정답일 것이라고 생각하면 안된다. 결과가 나오게 된 과정을 상세히 기억하고 기록하는 것이 중요하다. 즉 모델링을 어떻게 하였는지 상세히 기억하고 기록해 놓아야 결과가 엄밀해에 얼마만큼 가까운 가를 추정해 볼 수 있다.

어떤 유한요소 해석 결과도 결코 엄밀해가 아니라는 것을 잊지 말아야 하고, 어떤 유한요소모델링도 엄밀해를 낳는 모델링은 없다는 것을 잊지 말아야 한다. 그러므로 유한요소모델링이란 어떤 모델링이 엄밀해에 더 가까운 해를 주는가 어떤 모델링이 더 멀리 있는 해를 주는가의 문제임을 잊지 말아야 한다.

Reference
참고문헌

1. Timoshenko & Goodirer, Theory of Elasticity, 3rd Ed., McGrawHill Book Company.
2. Stephen P. Timoshenko, History of Strength of Materials, Dover publications, Inc., New York.
3. 최종근, 이성범, 해석 재료역학, 청문각.
4. Clive L. Dym & Irving H. Shames, Solid Mechanics(a variational approach), McGraw-Hill Book Company.
5. A.C. Ugural, Stresses in Plates and Shells, McGraw-Hill Book Company.
6. Robert H. Cannon, Dynamics of Physical Systems, International Student Edition.
7. Hebert Reismann & Peter S. Pawlik, Elasticity(theory and applications), Wiley Interscience.
8. John R. Brauer, WhatEvery Engineer Should Know about Finite Element Analysis, 2nd Ed, Marcel Dekker, Inc.
9. Richard H. Macneal, Finite Elements : Their Design and Performance, Marcel Dekker, Inc.
10. Robert D. Cook et al., Concepts and Applications of Finite Element Analysis,3rd Ed. John Wiley & Sons.
11. Klaus-Jurgen Bathe, Finite Element Procedures in Engineering Analysis, Prentice-Hall, Inc.
12. T.Y. Yang, Finite Element Structural Analysis, Prentice-Hall, Inc.
13. Irving H. Shames & Clive L. Dym, Energy and Finite Element Methods in Structural Mechanics, McGraw-Hill Book Company.
14. Thomas J.R. Hughes, Finite Element Method, Prentice-Hall, Inc.
15. Walter Ledermann, Handbook of Applicable Mathematics Volume Ⅲ(Numerical Methods), John Wiley & Sons.
16. ANSYS Verification Manual.

INDEX
찾아보기

기타

CAE 엔지니어를 위한
구조해석 유한요소법

2017년 9월 1일 2판 1쇄 인쇄
2017년 9월 5일 2판 1쇄 발행

저 자 ◎ **최 종 근**
발행자 ◎ **조 승 식**
발행처 ◎ (주) 도서출판 **북스힐**
서울시 강북구 한천로153길 17
등 록 ◎ 제 22-457 호

TEL (02) 994-0071(代)
FAX (02) 994-0073
E-MAIL bookshill@bookshill.com
www.bookshill.com

값 22,000원

잘못된 책은 교환해 드립니다.

ISBN 979-11-5971-089-6